suhrkamp taschenbuch
wissenschaft 334

Wissenschaftsforschung
Beratung
Wolfgang Krohn, Wolf Lepenies, Peter Weingart

Die Probleme des wissenschaftlich-technischen Fortschritts haben zu einer vielfältigen Kritik an der Wissenschaft, speziell der neuzeitlichen Naturwissenschaft, geführt. Diese Wissenschaftskritik bezieht sich nicht nur auf die Verwendung der Wissenschaft und ihre gesellschaftliche Integration, sie ist auch eine fundamentale Kritik an der Methodologie, der Begrifflichkeit, dem Naturkonzept dieser Wissenschaft. Häufig mündet sie in vage Vorstellungen von einer ›anderen Wissenschaft‹ oder einer ›anderen Natur‹. In den Aufsätzen, die der vorliegende Band versammelt, wird der Versuch gemacht, durch eine Analyse historisch realisierter oder in jüngster Zeit sich anbahnender Alternativen zur neuzeitlichen Wissenschaft diese Form von Wissenschaft in ein kritisches Licht zu rücken und in ihrer Besonderheit und spezifischen Funktionalität als Rationalitäts- und Wissensform zu beleuchten. Es zeigt sich dann,
– daß Naturwissenschaft nicht nur als Produktionswissen, sondern auch als Orientierungswissen für gegebene Naturordnungen entwickelt werden kann;
– daß eine Naturwissenschaft denkbar ist, die die Naturphänomene nicht bloß in ihrer Wechselwirkung, sondern in ihrem Bezug zum Menschen thematisiert;
– daß es Wissenschaftskonzepte gegeben hat und gibt, die einen expliziten politischen und normativen Bezug enthalten;
– daß nicht jeder wissenschaftliche Ansatz universalistisch ist, daß vielmehr partikularistische Ansätze existieren und schließlich,
– daß Einheit des Wissens nicht das unumgängliche Kriterium von Rationalität ist, sondern daß Wissenschaft mit Alternativen, ja sogar mit kontroversen Konzepten eines Gegenstandsbereiches existieren kann.

Gernot Böhme
Alternativen der Wissenschaft

Suhrkamp

suhrkamp taschenbuch wissenschaft 334
Erste Auflage 1980
© Suhrkamp Verlag Frankfurt am Main 1980
Suhrkamp Taschenbuch Verlag
Alle Rechte vorbehalten, insbesondere das
des öffentlichen Vortrags, der Übertragung
durch Rundfunk und Fernsehen
sowie der Übersetzung, auch einzelner Teile
Satz: Georg Wagner, Nördlingen
Druck: Nomos Verlagsgesellschaft, Baden-Baden
Printed in Germany
Umschlag nach Entwürfen von
Willy Fleckhaus und Rolf Staudt

CIP-Kurztitelaufnahme der Deutschen Bibliothek
Böhme, Gernot:
[Sammlung]
Alternativen der Wissenschaft / Gernot Böhme. –
1. Aufl. – Frankfurt am Main : Suhrkamp, 1980.
(Suhrkamp-Taschenbuch Wissenschaft ; 334)
ISBN 3-518-07934-4

Inhalt

I. Einleitung

Wissenschaftskritik und Wissenschaftsalternativen 9

II. Wissenschaft und Nichtwissenschaft

1. Wissenschaftliches und lebensweltliches Wissen am Beispiel der Verwissenschaftlichung der Geburtshilfe 27
2. Wissenschaft und Verdrängung. Ansätze zu einer psychoanalytischen Erkenntniskritik. 54

III. Antike Alternativen

1. Platonische Wissenschaft
   Platons Theorie der exakten Wissenschaften 81
2. Aristotelische Wissenschaft
   Aristoteles' Chemie: eine Stoffwechselchemie 101

IV. Alternative wissenschaftliche Behandlungsweisen eines Gegenstandes

1. Naturwissenschaft: Farbenlehre
   Ist Goethes Farbenlehre Wissenschaft? 123
2. Humanwissenschaft: Psychische Reaktionszeiten
   Der Streit zwischen Titchener und Baldwin über die Messung von Reaktionszeiten 154

V. Wissenschaft als Politik

1. Politische Medizin
   1848 und die Nicht-Entstehung der Sozialmedizin. Über das Scheitern einer wissenschaftlichen Entwicklung und seine politischen Ursachen. 171
2. Politische Psychologie
   Über Brückners politische Psychologie 198

VI. Aktuelle Alternativen

1. Ilona Ostner
   Wissenschaft für die Frauen – Wissenschaft im Interesse
   von Frauen 215
2. G. Böhme / J. Grebe
   Soziale Naturwissenschaft 245

Druck- und Bildnachweise 271

I. Einleitung

Wissenschaftskritik und Wissenschaftsalternativen

I. Erfahrungen mit der Wissenschaft

Kinderfragen. Das erste Gesetz, von dem ich hörte – das Hooke-'sche war es, glaube ich, oder das Hebelgesetz – erfüllte mich mit Erstaunen und Erschrecken. Die Antwort des Lehrers auf meine Frage ›Warum?‹ damals: ›Weil es der liebe Gott so eingerichtet hat.‹ Eine ungeduldige Antwort, aber strategisch richtig. Was das Kind unbefriedigt ließ, mußte der Physiker später als Ohnmacht den eigenen Kindern gegenüber erfahren: Die Wissenschaften erklären letzten Endes nichts. Kinderfragen sind ihnen zu radikal. Schon Platon stellte zur Methode der exakten Wissenschaften fest: daß sie von Voraussetzungen ausgehen, ›über die sie keine Rechenschaft glauben geben zu müssen, weder sich noch anderen‹.

*

Macht und Ohnmacht. Die Zweiteilung der Welt in zwei Machtblöcke, ihre Beherrschung von technischen Zentren aus, ihre Verwüstung durch einen Atomkrieg – das kannte ich schon aus den Romanen Hans Dominiks. Und dann Hiroshima und Nagasaki. Da fiel dem Knaben ein, man müßte diese Bomben aus der Ferne durch Strahlen unschädlich machen: Auch ein Motiv, Physik zu studieren.

*

Nichts geht auf. Klarheit und Distinktheit: in der Schule waren das noch Kriterien der Wahrheit. Die mathematischen Aufgaben lieferten ganze Zahlen oder wenigstens Brüche, und wenn ein Versuch in Physik nicht ›ging‹, war der Lehrer schuld. Welch eine Enttäuschung für den Studenten zu bemerken, daß fast alle Aufgaben nicht ›aufgehen‹, daß Näherungs- und Fehlerausgleichsverfahren die Regel sind. Welche Kränkung, als im Physikalischen Praktikum Versuche ‹hingetrimmt› wurden, weil die Natur sich Gesetzen nicht fügte.

*

Mein erster Physiker. Herr Paul, Diplomphysiker in der Papierfabrik Oker: Er ließ Papiersäcke, gefüllt mit Zement, wieder und wieder von einer Hebebühne fallen. Der Werkstudent, ich, mußte zählen, wie oft bis zum Reißen. In seinem Büro hatte er Lehrbücher über Statistik stehen, davon verstand ich noch nichts.

*

Sinnlichkeit I. Der Algebraiker, Prof. Artin, einer der wenigen, die mit den Strukturen spielen, der nie mit Konzept las, in die Pausen hetzte, um zu rauchen – er fragte mich da: ob mir die Algebra gefalle? Nach meinem Zögern, denn mir fiel sie schwer: ob sie nicht schön sei, – das Ästhetische?! αἴσϑησις heiße doch Wahrnehmung, wandte ich ein, Ästhetik habe mit Sinnlichkeit zu tun.

Das Schöne bei Platon: Kreis, Quadrat, Tetraeder. Für uns die unerträgliche Monotonie industrieller Perfektion, hinter der die Dinge verschwinden.

*

Sinnlichkeit II. Als Farbenblinder im chemischen Labor war ich *praktisch* im Nachteil: Bei der Bestimmung von Substanzen mittels Flammfärbung mußte ich den Nachbarn fragen. *Wissenschaftlich* zählt, wenn's darauf ankommt, seine Wahrnehmung so wenig wie meine: die Lage von Linien im Spektrum entscheidet.

*

Tiefe Einsicht. Ich habe Physiker getroffen, die – nachdem sie tagelang Dünnschliffe hergestellt, um Kristallisationen in metallischen Gußprodukten zu identifizieren – am Wochenende über Einsteins Uhrenparadoxon brüteten. Kaum einer, der nicht auszog zu erforschen, ›was die Welt im Innersten zusammenhält‹.

*

Vanity Fair. Hagström, der Wissenschaftssoziologe, beschreibt das System wissenschaftlichen Austauschs als Geschenk-Ökonomie. Nur schade, daß die Bezahlung (rewards) in Anerkennung besteht. Deshalb trifft man wie auf Märkten: Anbieter.

*

Originalität. Seit der Renaissance ist Wissenschaft Forschung, Wissenschaftler nicht der Wissende, sondern wer etwas Neues findet oder sich einfallen läßt. Das gilt bis heute. Merkwürdig nur, daß dieses System, das so viel auf Originalität gibt, so wenig Originale duldet.

*

Wissenschaftlicher Stil. Wenn ein Aufsatz fertig ist, noch die Anmerkungen machen müssen.

*

Kollektives Wissen. Für die Reputation eines Wissenschaftlers ist es ein Vorteil, wenn sein Name mit B anfängt.

*

Forschungsfront. Das Alte definiert, was neu ist: offenbar nur die Lehre vom Schlaraffenland, das hinter dem Berg von Hirse liegt. Aber wer sich hindurchgefressen hat, besitzt damit noch nicht die Übersicht. So ist sein Stückchen Neuheit meist unbedeutend: Schicksal von Dissertationen.

*

Subalternität. Das bekommt ihr erst in der 12. Klasse: Diese schulische Vertröstung auf spätere Erfüllung, der Verweis auf höhere Kompetenz, unterstellte noch eine eindeutige Hierarchie in der Wissenschaft. Da es aber viele Gipfel gibt, wird später niemand Souverän. Bedauerlich, daß die erworbene Subalternität den meisten damit nicht genommen ist.

*

Wissenschaftliche Relevanz. »Be relevant!« ist eine Forderung, die die Psycholinguisten als Gesprächsnorm des Alltags identifiziert haben: Im Gespräch soll man äußern, was jetzt paßt, wenn man Gehör finden will. Nicht anders in der Wissenschaft: Ein Beitrag ist, was dran ist, das radikal Neue drucken die Zeitschriften nicht ab.

*

Gesellschaftliche Relevanz. Die Forderung gesellschaftlicher Relevanz brachte den einzelnen Wissenschaftler guten Willens in große Verlegenheit. Die organisierten gesellschaftlichen Interessen haben die Wissenschaft immer schon angeeignet, – sollte er für die nicht organisierten arbeiten? Für welche? Erzogen, in Einheiten und Universalien zu denken, muß er erst lernen, daß die Gesellschaft fraktioniert ist. Aber liefert Wissenschaft für die eine Fraktion nicht ebenso dem Gegner die Waffen? Oder gibt es auch in der Wissenschaft Fraktionen?

*

Konsens durch Wissenschaft? Man müsse nur die Begriffe klären, denkt mancher im alltäglichen Diskurs. Wissenschaftlich gestellt, müßten Streitfragen verschwinden, in Daten und Zahlen gefaßt, sich das Einvernehmen errechnen lassen. ›Wenn über Zahlen wir uneinig wären‹, sagt Platon, ›würden wir zur Rechnung schreiten, sehr bald über dergleichen Dinge uns einigen.‹ Streiten ließe in Wahrheit sich nur über das Gerechte und Ungerechte, das Edle und Schlechte, das Gute und Böse.

Was sind unsere Erfahrungen aus der Kernenergie-Debatte? Daß die Wissenschaft im Streit ein Streit mit der Wissenschaft wird. Der Beobachter muß wählen: die Wissenschaftlichkeit der Argumente zu bestreiten oder Konsensus als oberstes Kriterium von Wissenschaftlichkeit aufzugeben.

*

Wissenschaft und Öffentlichkeit. Die These von der Finalisierung der Wissenschaft sollte der Selbstaufklärung der Wissenschaftler dienen. Sie ging ein in den Diskurs der Wissenschafts*soziologen* und in der Zirkus der Ideologiebildung in den Massenmedien. Bleibt Wissenschaft, was sie ist, nur in den eigenen Kreisen? In der Öffentlichkeit wirkt der Naturwissenschaftler dogmatisch, der Sozialwissenschaftler ideologisch.

*

Allianztechnik? Bei Rheas Geburt: Als der Tropf die Wehen angeregt hatte, wurde Dolantin unvermeidlich: Der Muttermund stand und wollte den Wehen nicht weichen. Oder: ob Frauen, die sich für ›schmerzlos‹ zur Peridualanästhesie entscheiden, wissen, daß sie der Zange praktisch schon zugestimmt haben?

*

Ärzte darf man nicht fragen. Als ich einen Arzt um Offenlegung seiner Analyse ersuchte, war die Kommunikation zu Ende. Hätte er sagen sollen, daß Rechtfertigung, selbst wenn sie gelingt, das Placebo zerstört?

*

Wissenschaft und Disziplin. Für den Wissenschaftler zerfällt die Welt in Disziplinen, und er hat gelernt, sich nicht über Dinge außerhalb seines Faches zu äußern: z. B. über Politik.

*

Zensur nicht mehr nötig. Man weiß: im 17. Jahrhundert hat die Neue Wissenschaft das Privileg der Zensurfreiheit mit dem expliziten Verzicht einer Einmischung in Politik, Moral, Erziehung und Religion erkauft. Daß heute Forschung und Lehre frei sind: ist das ein Fortschritt in der Liberalität des Staates oder in der Selbstzensur positiver Wissenschaft, die diesen Verzicht verinnerlichte?

II. Die Wissenschaft bewältigen

Die heute vielfach empfundene und geäußerte Sehnsucht nach einer anderen Wissenschaft steht in gar keinem Verhältnis zu den Möglichkeiten, andere Wissenschaften zu entwickeln bzw. den Fähigkeiten, sie sich überhaupt auch nur vorzustellen. Das ist zum einen natürlich eine Folge der absoluten Herrschaft dieses einen Typs von Rationalität, der Rationalität neuzeitlicher Wissenschaft. Daß Wissenschaft auch anders sein kann, ist verdrängt und vergessen, und jede Erkenntnisunternehmung beeilt sich heute, sich selbst zur Wissenschaft (im Sinne des Typs neuzeitlicher Wissenschaft) zu stilisieren, um überhaupt konkurrenzfähig zu sein – man denke beispielsweise an die Psychoanalyse. Aber auch die Philosophie, die alte Dame, die als Mutter der Wissenschaften doch eigentlich darüber erhaben sein müßte, hat sich in neuerer Zeit immer wieder bemüht, ihre Respektabilität dadurch zu erweisen, daß sie sich als ›strenge Wissenschaft‹ präsentierte.

Zum anderen liegt die Schwierigkeit aber darin, daß keine hinreichende Klarheit darüber besteht, was überhaupt als Alternative gesucht wird. Am einfachsten liegen die Verhältnisse vielleicht noch da, wo die Kritik am Status quo der Wissenschaft durch eine veränderte Organisation und gesellschaftliche Planung von Wissenschaft befriedigt werden könnte. Aus einer solchen Einschätzung der Lage haben in letzter Zeit die Länder des realen Sozialismus die Konsequenz gezogen, daß eine ›sozialistische Wissenschaft‹ die eine und universale Wissenschaft sei, aber eben anders sozial und politisch integriert.

Schwieriger wird es schon, wenn man sich klarmachen muß, daß die Suche nach dem Anderen nicht die Suche nach anderer Wissenschaft ist, sondern nach anderen Wissensformen. Dann geht es nämlich darum, die Andersartigkeit dieser Wissensformen gegenüber der Wissenschaft überhaupt erst zu erweisen, d. h. gegen das Vorurteil anzukommen, daß sie nur durch Defizienzen gegenüber der eigentlichen Wissenschaft zu charakterisieren seien. Es geht darum, ihre Eigenständigkeit und Funktionalität in bestimmten Praxiszusammenhängen zu erweisen und damit den Totalitätsanspruch der herrschenden Wissenschaft einzuschränken. Das erfordert im Grunde ein allgemeines Konzept davon, was überhaupt Wissen im sozialen Kontext bedeutet.

Ferner wird die Suche nach Alternativen dadurch erschwert, daß vorschnell die Alternativen außerhalb und gegen die neuzeitliche Wissenschaft gesucht werden. Aus Mangel an historischer Kenntnis wird die Transformationsfähigkeit unserer Wissenschaft unterschätzt, und infolge der Einheitsideologie, mit der sich die Wissenschaft selbst präsentiert, wird der innere alternative Spielraum der Wissenschaft selbst nicht ausgenutzt.

Schließlich ist auch wirklich *andere* Wissenschaft denkbar, die historischen Beispiele sind Beleg dafür. Ein anderer Bezug zur Natur und des Menschen zu sich selbst kann auch tiefgreifende logische und methodologische Konsequenzen in sich tragen. Aber hier gilt, daß der Möglichkeitsbeweis für eine andere Wissenschaft letzten Endes darin bestehen muß, sie selbst zu machen. Der Wissenschaftshistoriker und Wissenschaftstheoretiker kann nur das Feld vorbereiten, indem er durch Rekonstruktion historischer Alternativen den Spielraum von Denkmöglichkeiten offenhält bzw. erweitert und durch erkenntnistheoretische Überlegungen die Hindernisse, die der Entwicklung von Alternativen im Wege stehen, aus dem Wege räumt.

Dieses Buch ist ein Zeugnis des Versuchs, die Wissenschaft, die wir haben, zu ›bewältigen‹. Es geht darum, bei aller Anerkennung ihrer Berechtigung, Wahrheit und Effektivität eine gewisse Freiheit gegenüber dieser Wissenschaft zu gewinnen. Wer einmal in der Wissenschaft, speziell der Naturwissenschaft, sozialisiert wurde, wird sich nur schwer ihrer Herrschaft über sein Denken entziehen können und dem Eindruck ihrer absoluten Überlegenheit über alles, was sonst noch Wissen, Wissenschaft oder Erkenntnis zu sein beansprucht. Wer nicht in der Wissenschaft sozialisiert wurde, lebt heute im Gefühl einer weitgehenden Abhängigkeit von der Wissenschaft, von seiner ökonomischen und politischen Existenz bis in die trivialsten Züge seiner Lebenspraxis hinein. Seine Unfähigkeit, die Wissenschaft zu verstehen, fördert das Gefühl von Ohnmacht und Achtung gegenüber der Wissenschaft, und die aus allen Medien auf ihn einströmende Ideologie einer allzuständigen und überlegenen Wissenschaft bestärkt ihn ständig in seinem Glauben an sie. In dieser allgemeinen Lähmung des Denkens fielen Ideen über einen anderen Naturbezug, über Allianztechnik, Naturqualität, über eine Wissenschaft vom Konkreten höchst vage aus, und ihre Gegner hatten es leicht, sie als regressiv zu verhöhnen. Die Forderung nach einer Politisierung der Wissenschaft konnte leicht als unwissenschaftlich abqualifiziert werden; die Rede von ›sozialer Relevanz‹ verblaßte schnell zu einem beliebig applizierbaren Aufkleber; die Ansätze zu einem Projektstudium wurden Opfer der Trägheit des disziplinären Wissenschaftssystems. Um die Möglichkeiten alternativen Denkens über die Wissenschaft zu stärken, wird versucht, in diesem Buch die verschiedenen Möglichkeiten des ›Anderen‹ zu unterscheiden, die wirkliche Möglichkeit (objektive Realität im Sinne Kants) des Anderen an historischen Beispielen zu belegen und die Besonderheit, die Funktionalität, die Eingeschränktheit und auch die Kosten unseres herrschenden Typs von Wissenschaft im Lichte vom Alternativen sichtbar zu machen.

Die Kritik an der herrschenden Wissenschaft ist das Motiv für die Suche nach Alternativen. Umgekehrt wird die Kritik auch erst dadurch scharf, daß man sich überlegt, wie Wissenschaft denn anders sein könnte. Weil dieses Buch auch zu einer solchen Präzisierung der Wissenschaftskritik beitragen soll, möchte ich hier die verschiedenen Typen aktueller Wissenschaftskritik durchgehen und mit der Frage konfrontieren, in welcher Weise sie die Frage nach Alternativen der Wissenschaft herausfordern.

Ein großer Teil der Kritik an der Wissenschaft entspringt aus einem *sozialpsychologisch zu nennenden Unbehagen* der Wissen-

schaftler an ihrer eigenen Tätigkeit. Die Industrialisierung sehr
großer Bereiche wissenschaftlicher Arbeit erzeugt natürlich dieselben oder ähnliche Entfremdungsphänomene, wie sie auch in
der übrigen Arbeitswelt existieren. Freilich nehmen sie hier den
besonderen Charakter an, der durch die Diskrepanz der Alltags-
praxis zu einem emphatischen Begriff von Wissenschaft, Wahrheit etc. bedingt ist. Mit diesen subjektiven Enttäuschungserfah-
rungen sind auf der einen Seite durchaus nützliche und nötige
Desillusionierungen in bezug auf die Wissenschaft verbunden:
Aus der aufklärerischen Rolle, die der Wissenschaft, insbesondere
im 18. Jahrhundert, gegenüber herrschenden Weltbildern zukam,
war die fälschliche Erwartung an die Wissenschaft entstanden,
daß sie nun selbst Weltbildfunktion übernehmen könne. Auf der
anderen Seite wird hier allerdings die Destruktion des emanzipatorischen Potentials wissenschaftlicher Arbeit erfahren, das beispielsweise Marx mit der Wissenschaft als allgemeiner Arbeit, die
unmittelbar gesellschaftlich sein könne, verknüpfte. Wie bei anderer Lohnarbeit wird Wissenschaft als Job zur Verausgabung
menschlicher Wesenskräfte zum Zwecke purer Selbsterhaltung,
auch in der Wissenschaft wird das kollektiv erarbeitete Resultat
privat angeeignet. *Diese* Probleme verlangen aber nicht nach einer
anderen Wissenschaft, sondern eher nach einer anderen Gesellschaft, allenfalls einer anderen Sozialintegration von Wissenschaft.

Sozialpsychologisch zu nennen sind ferner all die Probleme, die
aus der Praxis des scientific community erwachsen. Die Irrelevanz eines großen Teils wissenschaftlicher Arbeit, die Redun-
danz, der Fetischcharakter, der Markt und die Moden innerhalb
der Wissenschaft. Ferner die Eitelkeit, der Matthäus-Effekt, die
Verschleierung der Kollektivität wissenschaftlichen Wissens, die
Selbststilisierung jedes einzelnen Wissenschaftlers als Produzent
seiner Werke und als Alleinvertreter seiner Wissenschaft, das
autoritative Verhalten. Auch dies sind Probleme, die nicht nach
einer anderen Wissenschaft verlangen, sondern nach anderen
Interaktionsformen in der Wissenschaft – es ist erstaunlich, wie
wenig hier die Studentenrevolte von 1968 verändert hat.

Anders verhält es sich vielleicht mit einer dritten Gruppe, die
ich als sozialpsychologische Probleme des Wissenschaftssystems
bezeichnen möchte. Ich denke hier an die erheblichen Persönlich-
keitsschäden, die Wissenschaft häufig mit sich bringt, an die

Entstehung besonderer Psychopathologien bzw. besonderer Anhäufung von Psychopathologie unter den Studenten und Wissenschaftlern, an die Arbeitshemmungen, die Sprachunfähigkeit, die Subalternität, die Ängstlichkeit, die hier anzutreffen sind. Natürlich haben diese Phänomene auch spezielle und aktuelle Ursachen wie Massenuniversität, Mittelknappheit, drohende Arbeitslosigkeit, Beamtenstatus der Wissenschaftler, Berufsverbots- und Überprüfungspraxis usw., aber sie sind auch Symptome des Wissenstyps, den wir als unsere Wissenschaft kennen. Es gibt sehr tiefliegende Ursachen, die in der Trennung von Wissen und Person, in der Trennung von Wert und Wahrheit liegen.

Ferner ergeben sich sozialpsychologisch relevante Probleme aus der politischen Abstinenz, die ja zu schizoidem Diskursverhalten und einer Beeinträchtigung der Wahrnehmungsfähigkeit führen kann. Und schließlich hat natürlich auch der Naturbezug Konsequenzen für die Persönlichkeitsstruktur, denn er hat ja *auch* sein Korrelat in der Beziehung zu sich selbst als Natur, als Leib.

Eine zweite Art von Wissenschaftskritik bezieht sich auf den *Einsatz von Wissenschaft als kollektiver gesellschaftlicher Anstrengung*. Hier geht es vor allem um die Mißverteilung der gesellschaftlichen Mittel für die Wissenschaft, um die Tatsache, daß sie fantastische Möglichkeiten zur Destruktion und zur Operation im Weltraum entwickelt hat, wohingegen das Wissen für so viele brennende Probleme in der Medizin und im sozialen Zusammenleben fehlt. Dies sind offenbar Probleme der Wissenschaftspolitik, aber es gibt dabei auch ein moralisches Problem der Wissenschaftler: Es ist eine beschämende Tatsache, daß noch immer ein großer Teil der Wissenschaftler und Ingenieure damit beschäftigt ist, die Möglichkeiten der Destruktion weiterzuentwickeln. Dies sind aber keine Probleme, deren Lösung eine andere Wissenschaft verlangt, sie verlangen vielmehr nach einer anderen Wissenschaftspolitik und einer anderen moralischen Einstellung der Wissenschaftler.

Anders verhält es sich beim *wissenschaftlich-industriellen Komplex*, d. h. bei der Tatsache, daß ein sehr großer Teil von Wissenschaft sowohl im Sinne von Resultat als auch als wissenschaftliche Arbeit von der Industrie angeeignet ist. Das ist natürlich auf der einen Seite *auch* eine Sache der Gesellschaftsstruktur, nämlich insofern das innovative Potential Wissenschaft, von dem her beständig unsere Lebens- und Arbeitsformen verändert werden, in der Hand einer bestimmten gesellschaftlichen Fraktion liegt. Auf der anderen Seite stellt sich aber die Frage nach einer möglichen Affinität zwischen unserem Typ von Wissenschaft und dessen industriellem bzw. kapitalistischem System. Die vielen wissenssoziologischen Untersuchungen zum Thema Wissenschaft und Kapitalismus bzw. Wissenschaft und bürgerliche Gesellschaft haben im Resultat aber doch kaum eine genetische Beziehung, die bis in die kognitive Struktur hineinreicht, demonstrieren können. Was gezeigt werden konnte, sind in der Regel Analogien, Strukturverwandtschaften. Aber auch dies reicht aus, um nach einer anderen Wissenschaft zu fragen, wenn doch die Gefahr besteht, selbst bei einer Veränderung der Gesellschaft, durch die Wissenschaft und die mit ihr verbundene Technik Herrschaftsformen, Entfremdungsphänomene und Ausbeutungsverhältnisse zu erhalten.

Daß Naturwissenschaft und Technologie für *die Umweltprobleme* mitverantwortlich sind, ist deutlich: Die Naturwissenschaft fördert ein ausbeuterisches Verhältnis zur Natur, sie ist Kontrollwissen, ihr Begriff von Objektivität und Erklärung verlangt nach einer Partialisierung, Isolierung und schließlich Destruktion bestehender Systeme. Ihre Technik zielt auf vollständige Manipulation, ein technischer Schritt erzwingt den anderen, mit einer Selbsttätigkeit der Natur wird nicht gerechnet. Ob aber diese Kritik zu einer anderen Naturwissenschaft führen muß, ob eine solche überhaupt möglich ist, dürfte bisher unklar sein. Denkbar und aussichtsreicher könnte demgegenüber eine Transformation der bisherigen sein.

Die *Verwissenschaftlichung aller Bereiche unserer gesellschaftlichen Praxis* erzeugt eine Fülle von Problemen: Probleme von Herrschaft und neuer Unmündigkeit, des Verlustes von lebensweltlichem Wissen und von gesellschaftlicher Praxis selbst. Hier müßte zunächst einmal aufgeklärt werden, worin Verwissenschaftlichung eigentlich besteht, dann müßte deutlich werden, daß Verwissenschaftlichung nicht nur auf eine Weise möglich ist, und schließlich müßte das Verhältnis von Wissenschaft zu anderen Wissensformen aufgeklärt werden. Hier wird die Frage nach dem ›Anderen‹ teils die Forderung bedeuten, in der Wissenschaft Alternativen wahrzunehmen, teils zur Rehabilitation und Kultivierung anderer Wissensformen führen müssen.

Zu diesem Buch

In Teil II geht es um das, was – wenn auch im anderen Sinne – Thema der Wissenschaftstheorie ist, es geht um Abgrenzung von Wissenschaft und Nichtwissenschaft: hier aber nicht mit Verachtung, sondern mit Sympathie für das Ausgegrenzte. Am Beispiel der Verwissenschaftlichung der Geburtshilfe wird untersucht, was die Herrschaft wissenschaftlicher Rationalität gegenüber anderen Wissensformen bedeutet, nämlich nicht nur Herrschaft des besseren Arguments im rationalen Diskurs, sondern soziale Auseinandersetzung zwischen Wissensträgern und, im Zuge der historischen Entwicklung, die systematische Verdrängung einer Wissensform. Außerdem sollte der Aufsatz deutlich machen, daß lebensweltliches Wissen, hier das Wissen von der Geburt, tatsächlich anders ist als wissenschaftliches, strukturell anders und unersetzbar – jedenfalls nicht ersetzbar durch ein medizinisches Wissen, das sich am Leitbild der neuzeitlichen Naturwissenschaft entwickelte. Der Aufweis der Berechtigung und spezifischen Funktionalität eines solchen lebensweltlichen Wissens sollte der Einschränkung des Totalitätsanspruchs der Wissenschaft dienen und einen Eindruck davon vermitteln, was die Verdrängung und Verödung von Wissensformen für die Möglichkeiten gesellschaftlichen Lebens bedeutet.

Die Kosten der Herrschaft wissenschaftlicher Rationalität werden noch deutlicher im Kapitel II.2, in dem auf dem Hintergrund der Freudschen Metapsychologie Erkenntnis und Wissenschaft als Bewußtseinsformen thematisiert werden. Die Disziplin, die Wissenschaft den Wissenschaftlern abverlangt, erweist sich als ein Teil der Disziplin und Selbstkontrolle des Subjektes, die Bewußtsein überhaupt erst ermöglicht. Gegen alle Propheten des *laissez faire* and *anything goes* folgt daraus: wenn man Wissenschaft will, ist Disziplin unerläßlich. Die Unabhängigkeit von der Übermacht der Natur, die nüchterne Einschätzung der Realität, die Kontrolle über die Objekte erkauft der Mensch mit einer Dressur seiner selbst als Subjekt. Doch es ist zu viel der Verdrängung, auch diesen Zusammenhang noch zu verdrängen, sich der Kosten von Erkenntnis nicht bewußt zu werden. Erst diese Abdrängung anderer Wissensmöglichkeiten, die sich nicht dem Schema von Erkenntnis und Wissenschaft fügen, ist ihr Verstoß ins Gemurmel, die Erzeugung von Irrationalität. Die Selbstaufklärung der

Wissenschaft, für die mit diesem Abschnitt ein Stück geleistet werden soll, könnte, ohne ihr selbst Schaden zuzufügen, dazu führen, daß wieder ein breiteres Spektrum menschlicher Möglichkeiten von Erfahrung und Fantasie wirksam werden.

Daß die neuzeitliche Wissenschaft nicht die einzige Möglichkeit von Wissenschaft, die neuzeitliche Naturwissenschaft nicht den einzig möglichen wissenschaftlichen Bezug zur Natur darstellt, wird im Kapitel III erwiesen. Schon Platon hatte ein deutliches Bewußtsein von der Unbegründetheit der Wissenschaft, die immer von irgendwelchen Axiomen, Hypothesen, Grundannahmen ausgehen muß. Nach seiner Vorstellung muß eine streng begründete Wissenschaft aus der Idee ihres Objektes eine systematische Übersicht aller in ihr vorkommenden möglichen Gegenstände entwickeln. Diese Forderung, die hier in diesem Kapitel am Beispiel der Harmonielehre exemplifiziert wird, erstreckte sich bei Platon auf alle ihm bekannten oder von ihm als Desiderata formulierten exakten Wissenschaften: Harmonielehre, allgemeine Rhythmustheorie, Geometrie, Arithmetik, Stereometrie usw. Platonische Wissenschaft unterscheidet sich von neuzeitlicher charakteristisch dadurch, daß sie als abschließbar gedacht wird und daß sie im wesentlichen der Bildung und der Orientierung in gegebenen Ordnungen, nicht der Herrschaft über Objekte und ihrer Produktion dient.

In der aristotelischen Chemie (III,2) begegnet uns ein Typ antiker Naturwissenschaft, der sich noch in anderer Weise von der neuzeitlichen unterscheidet. Ist neuzeitliche Naturwissenschaft Apparatewissenschaft, bedeutet ihr Objektivität Unabhängigkeit von den subjektiven, speziell den sinnlichen Erfahrungen des Menschen, so macht Aristoteles gerade sinnliche Qualitäten zu den Grundeigenschaften der Substanzen. Seine bekannte Lehre von den vier Qualitäten Warm, Kalt, Feucht, Trocken und vier Elementen Feuer, Wasser, Erde, Luft wird hier rekonstruiert als eine Chemie des Stoffwechsels, d. h. als eine Chemie, für die der leibliche, der sinnliche Bezug zu den Gegenständen der Natur essentiell ist und für die Vorgänge der Ernährung und Verdauung die Paradigmata chemischer Prozesse schlechthin darstellen.

Im Teil IV wird an konkreten historischen Beispielen im einzelnen demonstriert, was Habermas und vor ihm auf andere Weise schon Scheler längst behauptet haben, nämlich daß das Erkenntnisinteresse die Methoden der Erkenntnis und mit ihnen das, was erkannt wird, prägen. Goethes Farbenlehre stellt eine Alternative außerhalb des *mainstream* der neuzeitlichen Naturwissenschaft dar. Anders als Newton, dem Farben im Zusammenhang optischen Apparatebaus begegneten, ist Goethe an den Farben als Maler interessiert. Farbphänomene bleiben für ihn deshalb immer mit den Augen gesehene Farben. Seine Farbenlehre wird hier als Wahrnehmungswissenschaft vorgestellt, die zwar in allen methodischen Grundpositionen von der neuzeitlichen Naturwissenschaft abweicht, aber für sie funktionale Äquivalente besitzt.

Daß es Alternativen *in* der Wissenschaft gibt, wird für die Sozial- und Humanwissenschaften gemeinhin zugestanden. Insofern bringt die Analyse des Streits der Psychologen Titchener und Baldwin über die Messung von Reaktionszeiten (IV,2) nichts Neues. Wichtig ist aber zu sehen, wie hier das unterschiedliche Erkenntnisinteresse bis in die Einrichtung der Experimente und schließlich die Meßdaten durchschlägt.

Kapitel V beschäftigt sich mit der Möglichkeit einer Politisierung der Wissenschaft in dem Sinne, daß die Wissenschaft selbst Politik wird. Auf dem Hintergrund der – selbst politisch bedingten – Verzichterklärung der neuen Wissenschaft im 17. Jahrhundert, sich nicht in Politik einzumischen, hat sich eine ›positive‹ Wissenschaft entwickelt, der Politik prinzipiell äußerlich bleibt, für die ein essentieller Bezug zur Politik kaum denkbar erscheint. Die Fälle von Virchows politischer Medizin im 19. Jahrhundert und Brückners politischer Psychologie im 20. Jahrhundert zeigen aber, daß dieser Bezug durchaus möglich ist, mehr noch, sie demonstrieren, daß für bestimmte Zusammenhänge der Verzicht auf Politik für die Wissenschaft unhaltbar, unwissenschaftlich ist. Da Virchow die entscheidenden Ursachen bestimmter Epedemien in politischen und sozialen Verhältnissen sah, gehörte in Ätiologie und Therapie ein expliziter Bezug zur politischen Welt in die Medizin. Ebenso wurde P. Brückners Tätigkeit als wissenschaftlicher Autor unmittelbar politisch, insofern seine Psychologie politische Aufklärung ist. Wurde die Freiheit der Wissenschaft gegenüber dem Staat ursprünglich durch den Verzicht auf politische Relevanz wissenschaftlicher Arbeit erkauft, so ist es kein Wunder, daß beide Autoren, die diesen Verzicht nicht mitgemacht haben, in Kollision mit der Staatsmacht gerieten – zumal sie durch ihre Position als Beamte dem Staate noch besonders verbunden waren.

Der überwiegende Teil der Fallstudien in diesem Band ist historischen Beispielen gewidmet, Abschnitt VI behandelt dagegen aktuelle Alternativen, d. h. solche, deren Schicksal noch nicht ausgemacht ist. Die Grundfragen, die heute zur Formulierung von Alternativen der Wissenschaft herausfordern, werden gestellt durch das ökologische Problem und das Problem des Abstandes der Wissenschaft von den Interessen jener, die letzten Endes von ihr betroffen sind.

Die Idee der ›Betroffenenwissenschaft‹ enthält die Forderung einer neuen Beziehung von Wissenschaftlern und Laien, einer Öffnung der scientific community, einer Entwicklung wissenschaftlicher Probleme mit und von den Betroffenen selbst. Es geht um die Frage, ob es möglich ist, die Entmündigung der Betroffenen, die durch die Verwissenschaftlichung unserer Welt sich abzeichnet, zu vermeiden, und um die Frage, ob es denkbar ist, daß Wissenschaft, deren Grundforderung ja bisher die Universalität ist, essentiell auf die partikularen Interessen von Teilen der Gesellschaft bezogen werden kann. Das Beispiel, das hier im Abschnitt VI,1 diskutiert wird, ist das der feministischen Wissenschaft, ein Beispiel, in dem die Beteiligung von Betroffenen und die Reflexion auf die Möglichkeiten eines solchen Wissenschaftstyps wohl heute am weitesten gediehen sind. Es ist eine – wohl selbstverständliche – Konsequenz der Idee der Betroffenenwissenschaft, daß dieser Artikel von einer Frau, Ilona Ostner, geschrieben wurde.

Die ökologische Frage zwingt zu einer Überprüfung des Verhältnisses des Menschen zur Natur und damit auch des wissenschaftlichen Zugangs zur Natur, wie er der Naturwissenschaft implizit ist. Der Artikel über Soziale Naturwissenschaft, den ich zusammen mit dem Chemiker Joachim Grebe geschrieben habe, enthält die Auffassung, daß daraus nicht eine neue Naturwissenschaft neben und in Konkurrenz zur bisherigen folgt, sondern eine Transformation als Fortsetzung der bisherigen Entwicklung. Diese Transformation sollte auf der Basis des Begriffs Stoffwechsel Mensch-Natur die konkrete Wirkung des Menschen auf die Natur thematisieren. Da diese Einwirkung sozial reguliert ist, würde das zu einem normativen Naturbegriff führen und zu einer tendenziellen Überwindung der Trennung von Sozialwissenschaft und Naturwissenschaft.

Dieses Buch bleibt formal vielem verhaftet, das es bekämpft.

Eine Ausnahme davon ist vielleicht diese Einleitung und dann der Aufsatz über Virchows politische Medizin. In diesem Aufsatz hatte ich mir explizit vorgenommen, eine Alternative zur üblichen Form wissenschaftlicher Aufsätze und Argumentation zu versuchen. Die Überlegungen, die mich dabei leiteten, waren folgende: 1. Ein wissenschaftlicher Gedanke läßt sich durchaus nicht immer in der Form einer linearen Argumentation darstellen. Deshalb gliedert sich der Aufsatz in Abschnitte, deren Druckfolge nicht die notwendige Reihenfolge der Lektüre zu sein braucht. 2. Die (sehr nötige) Theoretisierung der Geschichte tut dem historischen Material notwendig Zwang an. Deshalb präsentiert der Artikel dieses Material zum Teil einfach als solches, damit auch der Leser seine eigenen Schlüsse daraus ziehen kann. 3. Ein wissenschaftlicher Aufsatz versucht in der Regel, ›das letzte Wort zu behalten‹, d. h. jede mögliche Diskussion über seine Argumente schon zu antizipieren. Statt dessen versucht dieser Artikel ›unvollständig‹ zu sein, d. h. Material und einzelne Argumente zu präsentieren, auf deren Basis beispielsweise studentische Arbeitsgruppen das angeschnittene Grundthema (Wissenschaft als Politik) von verschiedenen Seiten her bearbeiten können. Dementsprechend ist übrigens auch auf die übliche Anmerkungs- und Bibliographieapparatur verzichtet worden: Die Angaben dienen nicht der Sicherung des Autors, sie sollen Hilfe für den Leser sein, der sich mit den einzelnen Fragen beschäftigen möchte.

Das ganze Buch könnte so gelesen werden, wie es in dem Virchow-Aufsatz formal angelegt ist: nämlich als Basis dafür, sich mit der Frage nach Alternativen in und zur Wissenschaft weiter zu beschäftigen. Es will Material liefern, das das Denken über Alternativen mit Strukturen anreichert, das Feld des Möglichen erweitert und das Wesen unserer Wissenschaft nicht aus sich selbst, sondern durch die Differenz zum Anderen erhellt.

II. Wissenschaft und Nichtwissenschaft

1. Wissenschaftliches und lebensweltliches Wissen am Beispiel der Verwissenschaftlichung der Geburtshilfe°

I. Ein wissenssoziologischer Begriff von Wissen

Die Wissenssoziologie ist bisher mit einem viel zu geringen Anspruch aufgetreten: Wissenssoziologie – das las sich so wie Jugendsoziologie, Stadtsoziologie, Industriesoziologie. Wissen, ein Gegenstand, auf den sich das soziologische Interesse richten kann. Aber schlimmer noch als bei Jugend-, Stadt- und Industriesoziologie, die doch immerhin für sich in Anspruch nehmen können, auch zu sagen, was soziologisch gesehen Jugend, was Stadt, was Industrie ist, überließ die Wissenssoziologie die Bestimmung von Wissen der Erkenntnistheorie und der Wissenschaftstheorie. Sie sah ihre Aufgabe, wie Gurvitch sagt, in »The study of functional correlations which can be established between the different types ... of knowledge, and ... the social frameworks, such as global societies, social classes, particular groupings, and various manifestations of sociality (microsocial elements)« (Gurvitch 1971, 16 f.). Der Anspruch einer bloßen Untersuchung der funktionalen Beziehungen zwischen Wissensformen und Sozialformen ist zu gering, er konnte auch so gar nicht festgehalten werden, sondern wurde in den einzelnen Untersuchungen tendenziell immer überschritten – weil darin die soziale Funktion von Wissen, die Bedeutung von Wissen als Moment des Sozialen unterschätzt ist.

Zur Bestimmung eines wissenssoziologischen Begriffs von Wissen wollen wir vom Begriff der ideellen Reproduktion der Gesellschaft ausgehen: Als ideelle Reproduktion der Gesellschaft wollen wir die Reproduktion derjenigen Bestandsstücke des gesellschaftlichen Lebens bezeichnen, die durch die bloße materielle, nämlich biologische Reproduktion der Menschengattung nicht mitgegeben sind. Diese ideellen Bestände der Gesellschaft sind also die selbstproduzierten Formen des menschlichen Gattungslebens wie auch die Produkte der intellektuellen Naturaneignung. Als Wissen*inhalte* sind diese ideellen Bestände der Gesellschaft zu bezeichnen, als *Wissen* im wissenssoziologischen Sinne die

27

Partizipation an diesen ideellen Beständen. Wissen in diesem umfassenden Sinne ist sowohl Lesenkönnen, wie auch einen Schlüssel zur Öffnung einer Türe benutzen, Wissen ist sowohl die Partizipation am musikalischen Erbe als auch die Fähigkeit, sich angemessen im Straßenverkehr zu verhalten. Von hierher ergeben sich als zentrale Themen der Wissenssoziologie die unterschiedlichen Partizipationschancen der Mitglieder der Gesellschaft am ideellen Bestand der Gesellschaft, die Herausbildung von Wissensschichten, von Herrschaftsstrukturen durch die unterschiedlichen Zugangschancen; die Bildung von Subgesellschaften und Subkulturen durch den gemeinsamen Zugang zu bestimmten Wissensbeständen, die Funktion dieser Bestände für die Sozialität solcher Subgesellschaften, die Bedeutung für die Abgrenzung gegen die Restgesellschaft und die Bildung von Klientelen. Ein natürliches Thema der Wissenssoziologie ist die Auseinandersetzung zwischen den Trägern von verschiedenen Wissensbeständen. Man kann sagen, daß eine Wissenssoziologie, die die Bedeutung von Wissen für Sozialität wirklich ernst nimmt, nicht eine Bindestrichsoziologie sein kann, eine Soziologie eines bestimmten Gegenstandes, sondern vielmehr Soziologie in einer bestimmten Perspektive ist: nämlich Soziologie, die Sozialität von der Partizipation an den ideellen Beständen der Gesellschaft her betrachtet.

Man kann sagen, daß eine Überschreitung der bisherigen Wissenssoziologie in dieser Richtung bereits vollzogen wurde. Die Ethnomethodologie betrachtet Alltagswissen in seiner Funktion für den Vollzug von Sozialität überhaupt. Aber auch in der der Wissenssoziologie eigenen Rede von verschiedenen Wissensformen hat sie ihre Selbstbeschränkung längst überschritten, für ihren Partner, die Erkenntnistheorie oder die Wissenschaftstheorie, gibt es nämlich eine solche Pluralität von Wissensformen überhaupt nicht. Erkenntnistheorie ist schon bei Platon als Demarkationsdisziplin aufgetreten, und ihr später Abkömmling, die Wissenschaftstheorie von heute, ist auch nichts anderes: In ihr geht es darum, zu bestimmen, was als Erkenntnis im eigentlichen Sinne zugelassen werden soll, – d. h. umgekehrt um die Verdammung aller anderen »Wissensformen« als Nichtwissen, als Glaube, als bloße Meinung, als Mythos, als Metaphysik. Man kann also sagen, daß die Wissenssoziologie durch ihren »neutralen« empirischen Standpunkt bereits immer schon ihren eigenen

Wissensbegriff gehabt hat, d. h. empirisch als Wissen genommen hat, was sich als solches gab. Genauer besehen war sie dabei gar nicht neutral, praktizierte vielmehr eine höchst löbliche Parteilichkeit. So hat sie etwa den Wissensanspruch anderer Wissensformen gegenüber der Alleinherrschaft der Wissenschaft verteidigt: so die Metaphysik gegenüber der Naturwissenschaft bei Scheler. Oder sie hat als Ideologiekritik die Borniertheit bestimmter Wissensformen zu durchbrechen versucht (Mannheim), oder sie hat bestimmte Wissensinhalte wegen der Affinität zum Verhalten ihrer Trägerschichten kritisiert (Sohn-Rethel, O. Ulrich). Damit ist die Wissenssoziologie faktisch schon eingetreten in die gesellschaftliche Auseinandersetzung um Wissen, d. h. um die Chance, am ideellen Bestand der Gesellschaft zu partizipieren.

Die Wissenssoziologie geht also davon aus, daß alle Wissensinhalte gesellschaftlich reproduziert werden müssen. Die Unterscheidung von Wissensformen kann deshalb nicht nur durch kognitive Strukturen allein geleistet werden.[1] Vielmehr gehört zur Bestimmung einer Wissensform die Bestimmung ihres Trägers, d. h. der sozialen Kategorie, Gruppe, Gemeinschaft oder Subgesellschaft. Es gehört dazu die Bestimmung der Form der Partizipation an diesen Wissensinhalten und der Funktion dieser Partizipation für die jeweilige Sozialform, etwa für die Identifikation als Gruppenmitglied, die Interaktion in der Gruppe, die Abgrenzung nach außen usw. Ferner gehört dazu die Bestimmung der Reproduktionsform für die entsprechenden Wissensinhalte bzw. die Art ihrer Erzeugung. In diesem Sinne sind Sozialisation, Entkulturation, Lehre und Unterricht Themen der Wissenssoziologie.

Man kann den umfassenderen wissenssoziologischen Begriff von Wissen vielleicht noch deutlicher machen, wenn man ihn von dem eingeschränkten Wissensbegriff der Wissenschaftstheorie absetzt. Die Wissenschaftstheorie orientiert sich fast ausschließlich am Paradigma neuzeitlicher Naturwissenschaft. Für dieses ist charakteristisch eine Trennung von Theorie und Praxis. Demgegenüber entspricht dem wissenssoziologischen Wissensbegriff eher das französische *savoir faire*, weil Wissen als Partizipation an ideellen Beständen von Gesellschaftlichkeit unmittelbar gesellschaftliches Können ist. Unter dem Paradigma neuzeitlicher Wissenschaft hat ferner die Wissenschaftstheorie die Teilhabe an

Wissensinhalten gegenüber der Produktion neuer Wissensinhalte, die Reproduktion gegenüber der Innovation vernachlässigt. Der neuzeitliche *man of knowledge* ist nicht der Gelehrte, sondern der Forscher (Znaniecki 1975). Schließlich sind aus einem wissenschaftstheoretischen Wissensbegriff alle Relevanzstrukturen von Wissen ausgeblendet. Demgegenüber enthält der wissenssoziologische Begriff von Wissen als Partizipation unmittelbar den Aspekt der Relevanz von Wissen für den Wissensträger.

Zur Bestimmung von Alternativen in und zur neuzeitlichen Wissenschaft ist die Basis der traditionellen Erkenntnis- und Wissenschaftstheorie viel zu schmal, genauer: Diese Disziplinen waren geradezu dazu gemacht, solche Alternativen auszuschließen. So ist gegenüber dem wissenschaftlichen Wissen das lebensweltliche bisher auch entweder schlicht als Nichtwissen, oder als diffuseres, als schwächeres Wissen herausgekommen, d. h. genaugenommen gar nicht als eigenständige Wissensform. Diese Eigenständigkeit wird sich erst erweisen, wenn man die Trägerschichten hinzunimmt, die soziale Funktionalität dieser Wissensform, und wenn man sich die historischen Kämpfe und Abgrenzungsbestrebungen zwischen den Wissensträgern vor Augen führt.

II. Wissenschaftliches Wissen und lebensweltliches Wissen

Die Frage nach dem lebensweltlichen Wissen ist vielleicht gegenwärtig die interessanteste, wenn man nach Alternativen zur neuzeitlichen Wissenschaft, besonders der neuzeitlichen Naturwissenschaft fragt. Es geht nämlich dabei darum, ob wir in unserer Alltagswelt noch über das Wissen verfügen, aufgrund dessen wir die Lebensvollzüge dieser Alltagswelt selbständig bewältigen können. Denn ist dies nicht der Fall, so werden diese Lebensvollzüge an Fachleute delegiert, d. h. aber zugleich aus dem Lebenszusammenhang entfernt. Wir werden mit der Verwissenschaftlichung der Geburtshilfe einen typischen Fall für diesen Vorgang behandeln: Geburt findet nicht mehr im Lebenszusammenhang statt, kann auch gar nicht mehr dort stattfinden, weil das Wissen von der Geburtshilfe dort nicht mehr präsent ist, Geburt findet im isolierten Raum der wissenschaftlichen Medizin statt.

Wir wollen uns hier nicht im einzelnen mit der Problematik des Lebensweltbegriffs beschäftigen und den Einwänden, die man gegen eine Entgegensetzung von lebensweltlichen und wissenschaftlichen Wissen erheben kann.[2] Nur kurz soviel: Lebenswelt kann ein sehr verschwommener Begriff sein, wenn man damit das diffuse Gemisch aller Lebensvollzüge meint. Das ändert sich erst, wenn man von einer spezifischen Fragestellung ausgeht. Wenn wir von der Verwissenschaftlichung der Geburtshilfe reden, so ist die Lebenswelt, auf die wir uns beziehen, der Lebenszusammenhang der gebärenden Frauen. Ferner kann man fragen, ob man nicht mit einer Verwissenschaftlichung von lebensweltlichem Wissen in dem Sinne zu rechnen hat, daß das wissenschaftliche Wissen in die Lebenswelt diffundiert. Wir glauben, daß diese Diffusion faktisch gar nicht stattfindet, daß lediglich Ausdrücke und Einzeldaten der Wissenschaft im Lebenszusammenhang auftauchen, daß vielmehr umgekehrt die Verwissenschaftlichung darin besteht, daß bestimmte Lebensvollzüge an wissenschaftlich gebildete Fachleute delegiert werden. Ferner kann man die Entgegensetzung von Lebenswelt und Wissenschaft ideologisch oder politisch problematisieren, indem man nämlich darin gewisse irrationalistische und restaurative Züge aufzuspüren meint. Diese Argumentation unterstellt aber bereits den linearen Fortschritt in der Rationalität, den die Verwissenschaftlichung von Lebensbereichen für sich in Anspruch nimmt, der aber gerade in Frage steht. Er unterstellt, daß Verwissenschaftlichung einfach eine Verbesserung, Präzisierung von lebensweltlichem Wissen ist, eine Überwindung von Aberglauben und Irrtum. Die Möglichkeit, daß lebensweltliches Wissen vielleicht einfach anders sein und eine andere Funktionalität haben könnte als wissenschaftliches Wissen, wird dabei übergangen. Gerade dies aber sollte untersucht werden.

Wir haben schon früher[3] vorgeschlagen, das Verhältnis von lebensweltlichem Wissen und Wissenschaft an solchen Fällen zu untersuchen, wo sich für beide Wissensformen soziologisch identifizierbare Träger ausmachen lassen und wo die Entgegensetzung beider Wissensformen ein reales – d. h. nicht bloß theoretisches – Problem ist. Diese Bedingungen sind im Fall der Geburtshilfe erfüllt. In den Ärzten und Hebammen haben wir charakteristische Träger der jeweiligen Wissensformen und in der Verwissenschaftlichung der Geburtshilfe das Produkt ihrer jahrhundertelangen Auseinandersetzung. Heute stellt sich das Problem eher ex negativo: Die Lebenswelt ist faktisch vom Wissen um die Geburt entleert. Geburten finden in den meisten europäischen Ländern zu fast 100% in der Klinik statt.[4] Sie werden verantwortlich geleitet von Ärzten, wobei den Hebammen nur noch eine assistierende Funktion zukommt. Diese Situation wird trotz der dadurch erreichten außerordentlichen Sicherheit des Geburtsvorganges als Mangel empfunden. Die Frauen haben erhebliche Schwierigkeiten, das Geburtserleben, das außerhalb ihres Lebenszusammenhanges stattfindet, biographisch zu integrieren. Sie klagen über die Einsamkeit und Kälte des übertechnisierten Entbindungsraumes. Sie empfinden ihre totale Abhängigkeit vom Fachpersonal als eine Entmündigung, als Enteignung einer ihrer wichtigsten Lebensvollzüge. Die Diskontinuitäten zwischen Vorsorge, Klinikaufenthalt und Nachsorge sind objektive Mängel, die insbesondere zu Lasten der sozial schwächeren Schichten gehen. Die Professionalisierung der geburtshilflichen Betreuung führt hier wie auch sonst zu einer Spezialisierung, Arbeitsteilung und räumlichen Verteilung der Dienste, zwischen denen Diskontinuitäten und Lücken entstehen. Die subjektive Unzufriedenheit und die objektiven Mängel rechtfertigen heute die Frage, worin denn eigentlich das lebensweltliche Wissen von der Geburt bestand und was es leistete.

Wir haben gesagt, daß wir als die eigentlichen Träger lebensweltlichen Wissens von der Geburt die Hebammen benennen. Dagegen könnte eingewandt werden, daß die Hebammen bereits ein ausdifferenzierter Berufsstand sind, ihr Wissen also gerade nicht das Wissen der lebensweltlich Betroffenen, nämlich der Frauen ist. Wir geben dies zu, allerdings mit der Einschränkung, daß es im strengen Sinne erst auf die moderne Hebamme zutrifft. Ursprünglich war Geburtshilfe solidarische Hilfe, d. h. Hilfe unter den Betroffenen, den Frauen selbst. Die Hebamme war unter den Frauen nur eine, die durch besondere Erfahrung im Lebenszusammenhang das Wissen, das die anderen Frauen im Prinzip auch besaßen, in besonderer Weise akkumuliert hatte. Wir möchten die Hebamme in diesem Sinne als eine Expertin der Lebenswelt verstehen. Wir haben Hebammen dieser Art in Europa auf dem Kontinent im wesentlichen noch bis 1800, in England sogar bis 1900. Vom 18. Jahrhundert an aber findet ein Vorgang statt, den man die Verwissenschaftlichung der Geburtshilfe nennen kann, ein Vorgang, der die Hebammen nicht unberührt ließ, in dem sie sich von der Expertin der Lebenswelt zum modernen

Berufsträger entwickelten. Den Prozeß der Verwissenschaftlichung der Geburtshilfe kann man durch folgende Merkmale charakterisieren: Er bedeutet den Übergang der entscheidenden Kompetenzen von den Hebammen an die Ärzte, d. h. aus den Händen von Frauen in die Hände von Männern. Durch die Verwissenschaftlichung geschieht eine Herauslösung des Geburtsvorganges aus dem Lebenszusammenhang, eine Verlagerung in den synthetischen Raum der Klinik. Der Geburtsvorgang selbst wird dort in fortschreitendem Maße unter die Bedingungen gestellt, die für mögliche Risikofälle erforderlich sind. Der Fortschritt in der wissenschaftlichen Geburtslenkung transformiert die Geburt selbst aus einem natürlichen, spontanen Ereignis in einen kontrollierten Vorgang, die programmierte Geburt. Dadurch kommt das Gebären in der Geburtshilfe nicht mehr als subjektiv persönliches, sondern nur noch als objektiv sachliches Ereignis vor.

Wenn wir nach dem lebensweltlichen Wissen von der Geburtshilfe fragen, so also offenbar nach einem Wissen, das heute empirisch nicht mehr zu erheben ist. Wir fragen nach einem Wissen, das in Reinkultur nur unterstellt werden kann für die Zeit, bevor die Verwissenschaftlichung der Geburtshilfe einsetzte, d. h. also eine Zeit, in der die Geburtshilfe – von heute gesehen – schlecht und ohnmächtig war. Was sollen wir aus dieser Zeit lernen? Darauf ist zweierlei zu antworten: Auf der einen Seite sollen die Erfolge wissenschaftlicher Geburtshilfe hier nicht bestritten werden, es geht nicht darum, vorwissenschaftliche Praktiken als die gegenüber wissenschaftlichen überlegenen zu erweisen. Vielmehr ist die Frage, ob der Verlust lebensweltlichen Wissens von der Geburt nicht Hohlräume hinterlassen hat, die durch wissenschaftliches Wissen nicht auszufüllen sind. Ferner muß man um der historischen Gerechtigkeit willen feststellen, daß die Unzulänglichkeit traditioneller Hebammengeburtshilfe solche Fälle betraf, die wir heute als Risikofälle betrachten würden. Für die aber waren seit je Männer, insbesondere Chirurgen zuständig. Man kann also sagen, daß die Unzulänglichkeiten nicht in Schwächen der traditionalen, sondern in der Nichtexistenz der wissenschaftlichen Geburtshilfe bestanden.

Schwerwiegender ist ein methodisches Problem, das sich unserem Vorhaben entgegenstellt. Wie will man erfahren, was die traditionalen Hebammen wußten? Daß ihr Wissen nicht verwissenschaftlicht war, bedeutet ja unter anderem gerade, daß die meisten Hebammen weder lesen noch schreiben konnten, sondern ihr Wissen durch Absehen und Erfahrung erworben haben. Die wenigen von Hebammen geschriebenen Bücher sind auch nicht als eindeutige Zeugnisse zu verwenden, weil sie naturgemäß durchweg eher ein Spiegel der Anfänge der Verwissenschaftlichung ihres Wissens als ein Bericht über die traditionalen Bestände dieses Wissens sind. So haben die beiden herausragenden Figuren, nämlich Louyse Bourgeois und Justine Siegemundin ihre Hebammenkarriere auf durchaus ungewöhnliche Weise begonnen, nämlich durch Lektüre anatomischer Bücher. Ihre eigenen Bücher sind also unter der Perspektive der Frage, was die Hebammen seinerzeit wußten, nur mit Vorsicht zu gebrauchen. Ganz auszuschließen als Quellen sind sie natürlich nicht, zumal der Prozeß der Verwissenschaftlichung sich über Jahrhunderte erstreckt und sich in der Praxis der Hebammen wissenschaftliches und traditionales Wissen in dieser Zeit mischten. Das Problem aber bleibt: wie soll man ein im wesentlichen nicht dokumentiertes Wissen erforschen? Unsere Antwort ist darauf, daß es bei unserer Fragestellung auch nicht darum geht, Details dieses Wissens zu rekonstruieren. Es geht vielmehr um den Wissenstyp, d. h. wie wir oben ausgeführt haben, um die Beziehung von Wissensinhalt und Träger, um die Frage des Wissenserwerbs und die Tradition, um die soziale Bedeutung des Wissens für die Trägerschaft, um die Abgrenzungsprozesse gegenüber Klienten und anderen kompetitiven Trägerschichten, hier den Ärzten. In diesem Sinne läßt sich das traditionale Wissen der Hebammen durchaus rekonstruieren, nämlich aus der Sozialgeschichte des Hebammenstandes. Deshalb wollen wir im nächsten Abschnitt eine Skizze dieser Geschichte geben.

III. Zur Sozialgeschichte der Hebammen

Die Sozialgeschichte der Hebammen in Europa läßt sich im großen in vier Phasen einteilen, wobei die Phasen nicht scharf voneinander getrennt sind, sich jeweils Momente der einen Phase in der nachfolgenden in abgeschwächter Form wiederfinden. Diese Phasen sind: Hebammendienste als solidarische Hilfe, die

Hebammentätigkeit als Amt, als traditionaler Beruf und schließlich als moderner Beruf.

Geburtshilfe reicht sicherlich in die frühe Geschichte der Menschheit zurück. Es finden sich dafür ja bereits Vorläufer im Tierreich, etwa bei den Delphinen. Geburtshilfe ist dem Ursprung nach die Hilfe, die sich Frauen untereinander bei der Geburt leisten. Natürlich interessiert in unserem Zusammenhang die Geburtshilfe nur insoweit, als zu ihr Wissen gehört, d. h. also über die bloße biologische Reproduktion hinausgehende Bestände an Kompetenzen, Riten und Institutionen, die durch Tradition vermittelt werden müssen. Diese Kompetenzen wurden zunächst allein durch die eigene Lebenserfahrung erworben, d. h. durch Gebären und Zuschauen. Daher rührt die bis mindestens 1800, teilweise aber bis in unsere Zeit hineinreichende Grundforderung an eine Hebamme, daß sie selbst geboren haben müsse (Donnison 1977, 51). Philipp und Koch (1940, 217) drücken die Verhältnisse für diese Frühphase des Hebammenwesens wohl charakteristisch aus: »Jede Frau, die Kinder zur Welt gebracht hatte und somit eine gewisse persönliche Erfahrung besaß, konnte anderen Frauen als Hebamme beistehen. Auch nahmen sie, wenn sie sich durch Übung einige Kenntnisse angeeignet hatten, jüngere Frauen zu sich und zeigten ihnen die notwendigen Handgriffe.«

Aus den erfahrenen Frauen, die sich gegenseitig Hebammendienste leisteten, heben sich naturgemäß einige heraus, die als besonders erfahren gelten und denen die anderen besonderes Zutrauen entgegenbringen. Sie gelten dann als weise Frauen, als *sage femme*, – einer der ältesten Ausdrücke[5] für die Hebammen. Diese erste Unterscheidung zwischen den Hebammen und den anderen Frauen, die teils auf der besonderen Akkumulation geburtshilflichen Wissens bei einigen Frauen, teils auf dem Zutrauen, das die anderen ihnen entgegenbringen, beruht, führt zu jener Institution, die von Ackerknecht (1974, 185) als »Hebammenwahl« bezeichnet wird: Sie ist die Voraussetzung dafür, daß später die Geburtshilfe das Amt bestimmter Frauen wird, ohne daß diese dafür eine spezifische Ausbildung genossen hätten. Diese Form der Rekrutierung rechtfertigt zugleich unsere Bezeichnung der traditionalen Hebamme als »Expertin lebensweltlichen Wissens«. Die Zuweisung der Hebammenfunktion an bestimmte Frauen durch die anderen spielt bis zur Entstehung der Hebamme als moderner Beruf eine Rolle. Sie setzt voraus, daß

Hebammen immer schon ältere, erfahrene Frauen sind. Wir müssen wohl davon ausgehen, daß diese Institution der »Gemeinde-Hebamme« bereits bestand, bevor durch obrigkeitliche Sanktionen das Amt der Hebamme geschaffen wurde. Ihre Basis ist eine Art »geburtshilfliche Demokratie«, wie Gubalke (1964, 63) sagt.

Die Entwicklung des Hebammenwesens zum »Amt« hängt mit der Ritualisierung und kirchlichen Verwaltung des Lebenszusammenhanges im Mittelalter zusammen. Ein Amt ist weder ein Gewerbe noch ein Beruf im modernen Sinne. Ein Amt ist die obrigkeitlich sanktionierte Verwaltung eines in bestimmter Weise gestalteten lebensweltlichen Zusammenhanges. Die Hebamme ist nun nicht mehr nur die, die aus eigener Erfahrung und Zuschauen »weiß«, wie ein Kind entbunden werden muß, sondern sie »weiß« nun auch, wie die Geburt als sozial kultureller Vorgang zu gestalten ist. So schreiben Philipp und Koch (1940, 216) über die ersten kirchlichen Ordnungen des Hebammenwesens in Schleswig-Holstein: »Über die Hauptsache, die Ausbildung, Ausrüstung und die eigentliche geburtshilfliche Tätigkeit der Hebammen, über ihre Pflichten und Rechte, wird nichts gesagt, auch nichts in späteren Urkunden, obwohl Vorschriften über die bei einer Geburt einzuhaltenden Sitten und Gebräuche genügend erhalten sind. So wird bestimmt, wieviel Essen, Wein, Bier und Kuchen bei einer Geburt, bei der stets viele Frauen zum Beistand versammelt waren, gereicht werden dürfen, und laut einer fürstlichen Konstitution aus dem Jahre 1600 wird den Hebammen ›bei ihren Eyden und Verlust ihres Amptes‹ auferlegt, über diese Dinge zu wachen.« Es geht aber nicht nur um die Ausgestaltung der Geburt als soziales Ereignis, sondern auch um die Sicherstellung des Seelenheils des Neugeborenen: Die Hebamme erhält Taufberechtigung. Das hieß aber wiederum, daß eine Voraussetzung für die Ausübung des Hebammenamtes war, daß die Hebamme »wußte«, wie man tauft, d. h. durch welche Sprüche und Gesten. Die Hebamme hat nun ferner darüber zu wachen, daß bei der Geburt alles mit rechten Dingen zugeht, d. h. Kinder nicht umgebracht werden, keine Kindsunterschiebungen stattfinden, sie hat ferner den Vater des Kindes festzustellen, notfalls unter der Tortur der Geburtsschmerzen von der Kreißenden zu erfragen (Donnison 1977). Die Hebamme wird dadurch zur amtlichen Geburts*zeugin*, daher auch der Name Kindbettbeseherin (Andräas, 1900, 139). Schließlich ist sie als Verwalterin eines der wichtigsten Lebensabschnitte in den universalen Kampf zwischen dem Guten und dem Bösen eingespannt. Je mehr sie von Amts wegen über den rechten Vorgang wachen muß, desto mehr ist sie der Versuchung ausgesetzt, sich auf die Ränke des Gegenspielers, des Teufels, einzulassen. Deshalb enthalten die ab 1452 (Regensburg) entstehenden Hebammenordnungen auch immer Verbote gegen Hexerei, deshalb werden immer wieder Hebammen als Hexen verdächtigt (s. Forbes 1966).

Amtshebammen werden durch obrigkeitlich-kirchliche Lizensierung eingesetzt, sie werden auf Hebammenordnungen vereidigt, sie werden vorher einer Examination unterzogen. Dieses Examen war in der Regel aber nicht eine fachliche Prüfung der technischen Kompetenzen, wie wir es uns heute vorstellen würden. Zwar fand auch an manchen Orten eine Befragung vor einem Fachkonsortium von Ärzten, Chirurgen und Hebammen statt (so in Paris, siehe Fasbender 1964, 83). In der Regel wurde aber, wie beispielsweise Donnison (1977, 6) für England berichtet, auch diese Fachkompetenz der Kandidatin durch Zeugen bestätigt.[6] Mindestens ebenso wichtig, wenn nicht wichtiger, waren aber diejenigen Zeugen, die der Hebammenkandidatin das Leumundszeugnis ausstellen mußten (to testify to the rectitude of their lives and conversations‹, Donnison 1974, 6), wie beispielsweise der Gemeindepfarrer. Denn die Lizensierung der Hebammen betraf primär ihre soziale und religiöse Funktion.[7] Die Hebammen wurden für ihre Tätigkeit zwar bezahlt, aber sie waren gehalten, daraus kein Geschäft zu machen. So verpflichteten sie sich durch ihren Eid nach den Hebammenordnungen, arm und reich in gleicher Weise zu dienen und weder untereinander Konkurrenz zu treiben noch sich selbst irgendwo ins Geschäft zu bringen.[8]

Die Wandlung vom Hebammenamt zum traditionalen Beruf vollzog sich im Laufe des 18. Jahrhunderts. Diese Entwicklung hat wohl im wesentlichen drei Ursachen: nämlich die einsetzende Säkularisierung des gesamten Lebens, die Einführung spezifischer Ausbildungen und Diplome für Hebammen und die entstehende Konkurrenz zu männlichen Geburtshelfern. All diese Punkte hängen miteinander zusammen. Denn auf der einen Seite war es christliche Weltanschauung und Ethik, die bis ins 18. Jahrhundert hinein Männern den Zugriff auf den weiblichen Körper im wesentlichen verwehrten, so daß die Hebammen auch quasi als

Frauenärzte für viele weibliche Leiden außerhalb des Geburtsgeschehens zuständig waren. Ferner war das, was Hebammen außerhalb der Kompetenzen, die sie in ihrer Praxis erwarben, *lernen* mußten, im wesentlichen die Anatomie. Anatomie aber mußten sie von Männern lernen. Schließlich war es das Auftreten »frei praktizierender« männlicher Geburtshelfer, was auch für die Hebammen ein anderes Berufsverhalten erzwang. Trotzdem war bis ins 20. Jahrhundert hinein der Hebammenberuf nicht ein Beruf im modernen Sinne. Hebamme war man eben wie man Bauer ist. Die Hebamme nahm am sozialen, d. h. gemeindlichen Leben *als* Hebamme teil. Sie war jederzeit bereit, ihre Tätigkeit auszuüben. Ihre Tätigkeit als Hebamme war von ihrem sonstigen Lebensvollzug nicht wesentlich verschieden. Ackerknecht und Fischer-Homberger drücken das so aus: »Die Hebamme orientierte ihre Aktivitäten mehr an denen der Mutter oder der Hausfrau« (Ackerknecht, Fischer-Homberger 1977, 264). Und dann war das, was sie wußte, im wesentlichen noch immer eine Kompetenz, die sie durch Praxis erwarb, Lebenserfahrung und Selbsterfahrung als Gebärende waren immer noch Voraussetzung. Der Unterricht i. d. R. ein Kurs von drei Monaten, war eher eine theoretische Ergänzung zu der langen zuschauenden und mithelfenden Lehrzeit, die sie bei einer älteren Hebamme absolvierte.

Wie sehr die Tätigkeit der Hebammen traditionalen Mustern verhaftet blieb, obgleich sie mehr und mehr in Hebammenschulen ausgebildet wurden und ihren Beruf als Gewerbe betrieben, wird erst deutlich, wenn man den modernen Beruf der Hebamme dagegenhält.[9] Heute werden die Hebammen gleich nach der Schule, d. h. mit 17 oder 18 Jahren an Schulen, die Kliniken angegliedert sind, ausgebildet. Ihre Tätigkeit hat mit ihrer moralischen Qualität und mit ihrer persönlichen Lebensführung nichts mehr zu tun. Sie ist der Vollzug spezifischer, erlernter Berufskompetenzen in einer dafür vorgesehenen Arbeitszeit außerhalb ihres Lebensbereichs – nämlich in der Klinik.

Mit der Skizze der Veränderung der Berufsmuster der Hebammen ist zugleich auch ein Abriß ihrer sozialen Geschichte gegeben. Wir wollen aber noch ausführlicher auf zwei Punkte eingehen, die für die Bestimmung ihrer Wissensform bis hin zum traditionalen Beruf wesentlich sind, nämlich einerseits auf die Art ihres Kompetenzerwerbs und die Rekrutierung, andererseits auf die Auseinandersetzung mit den Ärzten.

Von der Form der Hebammentätigkeit als solidarischer Hilfe über das Amt der Hebamme bis zum traditionalen Hebammenberuf erfolgte der Wissenserwerb durch eigene Erfahrung, durch Zuschauen und durch Vermittlung im Meister-Schüler-Verhältnis. Offenbar war es bis ins 19. Jahrhundert hinein eine allgemeine konsentierte Voraussetzung für die Hebammentätigkeit, verheiratet zu sein und Kinder geboren zu haben (Donnison, 1974, 1,3,18). Andräas gibt wohl die Volksmeinung hierüber sehr gut wieder, indem er eine Gemeindeschrift aus der Oberpfalz von 1782 zitiert (Andräas, 1900, 143): »Ein Weib, welches mehrere Kinder geboren, sei ihr lieber als ein Accoucheur, der ebensowenig als ein Medicus jemalen ein Kind zur Welt geboren hat und daher ex mera theoria etwas daher sagt; bis er gleichwollen in praxi ganze Freydhöf angefüllet hat.« Schon Platon versucht in seiner Schilderung der antiken Hebammenkunst im Dialog Theaitetos dafür eine Begründung zu geben, indem er sagt, daß die menschliche Natur zu schwach sei, eine Kunst in Dingen zu erlangen, deren sie ganz unerfahren ist (Theaitetos 140 c). Freilich hat es auch Gegenstimmen gegeben wie etwa den spätantiken Arzt Soranos (Soranus, 1894, 31), aber sie sind als Gegenstimmen häufig nur Zeugen für den sonst allgemeinen Brauch, wie beispielsweise die Äußerungen der berühmten Justine Siegemundin zeigen: Justine hatte selber keine Kinder geboren und fühlte offenbar das Bedürfnis, in ihrem Buch zu begründen, warum das ihrer Kompetenz als Hebamme nicht abträglich war, »welches dann den Klüglingen, bald zu anfangs fürstelle, um ihren Vorwurf zu begegnen, da sie meynen: daß eine, die selbst nie das Kreissen ausgestanden und von schweren Geburthen und gefährlichem Kreissen nicht gründlich schreiben könne, und dannenhero sich einbilden: mein Unterricht habe keinen Grund. Angesehen es ja nicht nöthig, daß eine alle dergleichen Fälle an seinem eigenen Leibe müsse erfahren haben, in welchen er andern wolle rathen oder behülfflich seyn« (Siegemundin, 1756, Bl. a2).

Vom Zusehen hatte außerdem jede erwachsene Frau einige Kenntnis von der Geburtshilfe, denn, wie Philipp und Koch (1940, 217) schreiben, waren die Geburten große ›Frauenversamblungen‹, bei denen es hoch herging und für die die Obrigkeit offenbar Anlaß sah, die Zahl der Anwesenden auf wenigstens 8 bis 10 zu beschränken.[10]

Hebammen kamen auch zu einer Geburt selten allein, sie waren in Begleitung anderer Frauen, die in einer Art Lehrlingsstellung zu ihnen standen, und das über viele Jahre. Diesen wurden natürlich nicht nur Handgriffe gezeigt, sondern auch vieles mündlich mitgeteilt. Ein Spiegel davon mag das Buch der Siegemundin sein, das ja durchweg als Dialog einer älteren erfahrenen Hebamme mit einer jüngeren geschrieben ist. Sehr häufig wurde das Wissen auch einfach von der eigenen Mutter übermittelt, so daß – wie sich das Wissen von der Geburt in die Familie tradierte – so auch der Hebammenberuf häufig von der Mutter auf die Tochter überging. So ist ein Teil des Buches der ersten schreibenden Hebamme in der Neuzeit, der Louyse Bourgeois, als Brief an ihre Tochter geschrieben.[11]

Wie wurde man Hebamme? Wie rekrutierte sich dieser Beruf bzw. dieses Amt? Bei der Beantwortung dieser Fragen muß man bedenken, daß es ja durchweg schon etwas ältere Frauen waren, die Hebammen »wurden«, daß man sich nicht, wie heutzutage, in frühen Jahren zu einem solchen Beruf entschloß. Ein Weg wurde bereits von uns genannt: Eine Frau folgte ihrer Mutter als Hebamme, der sie schon viele Jahre assistiert hatte. Ein anderer, der Weg der Siegemundin, mag auch typisch sein: Da man einmal bei einer Geburt erfolgreich Hand angelegt hatte, wurde man auch wieder von anderen Frauen zur Hilfe gerufen. Schließlich gab es, wie schon gesagt, die Institution der Hebammenwahl, wobei ›Wahl‹ sowohl bedeuten kann, daß eine angesehene Frau in der Gemeinde zur Hebamme gewählt wurde, oder aber von der Obrigkeit als solche ausgewählt wurde. Die Rekrutierung der Hebammen erfolgte also aus dem Kreis der schon erfahrenen, teils eben schon in der Geburtshilfe erfahrenen Frauen. Dabei ist zu beachten, daß die Hebammen in der Regel eher aus den niederen Ständen kamen – was übrigens in einem merkwürdigen Gegensatz zu ihrer sonst geachteten Stellung steht. Der Grund dafür wird wohl ein ökonomischer sein: Nur Frauen aus dem niederen Stand hatten es nötig, aus der gelegentlich nachbarschaftlichen Hilfe einen Dienst an der Gemeinde bzw. ein Gewerbe zu machen. Der Hebammendienst war schwer, zeitraubend und unregelmäßig. Er wurde grundsätzlich von verheirateten Frauen ausgeführt, also von solchen Frauen, für die ein Zuverdienst für die Familie erforderlich war. Es mag übrigens auch sein, daß die Tatsache, daß Hebammendienst als Handarbeit galt, Frauen aus den höheren Schichten abgehalten hat.

Für die traditionale Hebamme ist die Formel »arm aber anständig« wohl chararakteristisch.[12] Die moralischen Voraussetzungen, die eine Hebamme erfüllen mußte, werden von allen Autoren immer wieder betont und stehen auch explizit in den Hebammenordnungen bzw. den Eidesformeln, die überliefert sind.[13] Wir wollen quasi als Zusammenfassung der vielen Formulierungen das wiedergeben, was in Zedlers Universallexikon, Bd. 1, Spalte 1535 als Qualitäten der Hebamme gefordert wurde: »Ihre vornehmsten Tugenden sollen seyn, Gottesfurcht, Ehrbarkeit, Wissenschaft, Übung, so sie theils durch Lesung guter Bücher, theils durch Handanlegung selbst erworben hat; ferner Geschicklichkeit, Hurtigkeit, Fleiß und Beständigkeit, Höflichkeit, Hertzhafftigkeit und Verstand: Hingegen muß sie Unwissenheit, Waschhafftigkeit (sic! muß aber wohl Naschhaftigkeit heißen), Soff, Kleinmüthigkeit, Geitz und Bosheit als ihre abscheulichsten Laster fliehen und meiden.«

Ich möchte abschließend in der Skizze der Sozialgeschichte der Hebammen noch die Auseinandersetzung mit den Ärzten bzw. den Männern hervorheben, weil diese Auseinandersetzung die Entwicklung der Hebammentätigkeit vom Amt bis zum modernen Beruf aufs stärkste geprägt hat. Diese Auseinandersetzung beginnt im 18. Jahrhundert, hat aber ihre Wurzeln, wie Esther Fischer-Homberger (1979, S. 85 f.) zeigt, bereits im Mittelalter. Doch bei dieser Auseinandersetzung vor dem 18. Jahrhundert handelte es sich weniger um das Geschäft der Geburtshilfe selbst, sondern vielmehr um die privilegierte Rechtsstellung, die den Hebammen zukam, weil sie allein Zugang zum weiblichen Körper hatten. Diese Privilegien hatten besondere Auswirkungen im gerichtsmedizinischen Bereich. Wir haben bereits darauf hingewiesen, daß die Hebammentätigkeit auch Zeugenschaft für die Echtheit des Kindes und, soweit möglich, für die Identifizierung des Vaters war. Ebenso erhielten die Hebammen in Fragen der Virginität und Schwangerschaft gutachterliche Kompetenzen. Esther Fischer-Homberger vermutet, daß unter anderem auch ihre Parteilichkeit, oder zumindest von den Männern unterstellte Parteilichkeit, ein Interesse der Männer hervorgerufen hat, hier selbst zuständig zu werden. Jedenfalls wurde seit der frühen Neuzeit die Position der Hebammen vor Gericht von Ärzten angegriffen, wobei diese für sich in Anspruch nahmen, die bessere, nämlich anatomische Kenntnis des weiblichen Körpers zu haben.[14] Diese Auseinandersetzung mit den Männern, insofern sie Ärzte waren, führte zunächst aber noch nicht zu einer Konkurrenz auf dem Gebiet der Geburtshilfe, wenngleich doch bereits zu einer gewissen Abhängigkeit: Es setzte sich nämlich mehr und mehr die Auffassung durch, daß die Hebammen über ein gewisses anatomisches Wissen verfügen mußten. Dieses Wissen mußten sie aber »von außen« beziehen, es entstammte nicht ihrer eigenen Wissenstradition. Auf der anderen Seite konnten sie ihre eigene Tradition nicht in dieser Richtung erweitern, weil sie als Frauen von dem Bereich, in dem dieses Wissen erzeugt wurde, nämlich der Universität, ausgeschlossen waren.

Die eigentliche Auseinandersetzung, die mit dem 18. Jahrhundert einsetzte, und zwar auf dem Gebiet der praktischen Geburtshilfe selbst, fand aber zwischen den Hebammen und den Chirurgen, Barbieren und sonstigen frei tätigen männlichen Geburtshelfern statt. Wir haben schon darauf hingewiesen, daß die bloße Tatsache des Auftretens solcher »freier« Geburtshelfer die Hebammen ins Hintertreffen brachte, weil sie durch die Definition ihrer Tätigkeit als Amt gebunden waren.[15] Chirurgen und Barbiere, die bis ins späte 18. Jahrhundert nicht als Ärzte galten, sondern zu dem breiten Bereich der nichtakademischen medizinischen Berufe gehörten (s. Ackerknecht, Fischer-Homberger, 1977), waren seit je gelegentlich zur Geburtshilfe hinzugezogen worden, nämlich in den verzweifelten Fällen, in denen die Geburt von selbst nicht zustande kommen wollte. Ihre Tätigkeit war deshalb der Kaiserschnitt oder die gewaltsame Extraktion des – in der Regel toten – Kindes. Diese Arbeitsteilung war auch indirekt durch die Hebammenordnungen abgesichert, insofern ihnen nämlich in ihrer Tätigkeit der Gebrauch von Instrumenten, wie übrigens auch Medikamenten untersagt war.[16] Die männliche Geburtshilfe existierte insofern seit langem, sie war im Typ charakteristisch von der weiblichen Geburtshilfe unterschieden – nämlich handwerklich instrumentelle Arbeit am Objekt –, ihre Zuständigkeit war der Bereich der abnormen Fälle. Entscheidend dafür, daß diese über lange Zeit relativ ausgewogene Arbeitsteilung zur Konkurrenz wurde, sind zwei Tatsachen.

Wie fast jeder Bereich menschlichen Daseins wird auch der Bereich der Geburtshilfe in der Neuzeit dynamisiert, d. h. immer mehr durch Innovationen bestimmt. Der Hebammenberuf war nun durch die Form der Wissensvermittlung (mündliche Tradition, Vormachen und Absehen), durch ihre eidliche Bindung an Hebammenordnungen und durch ihre ausdrückliche Aufgabe, über die Einhaltung von Geburtsbräuchen zu wachen, zu einer Dynamisierung nicht fähig. Die Innovationen setzten deshalb auch auf der anderen Seite, der »freien«, der männlichen Geburtshilfe ein; es handelt sich um Innovationen im Bereich der Instrumente, dann der operativen Geburtshilfe, schließlich der Antisepsis und Anästhesie. Eine entscheidende Rolle spielt bereits im 18. Jahrhundert die Erfindung der Geburtszange: Gerade durch sie konnte die Zuständigkeit der männlichen Geburtshilfe auf den normalen Fall erweitert werden, da hier erstmalig ein Instrument vorlag, das bei Risikogeburten das Kind lebend zur Welt zu bringen erlaubte und dann bei schweren Geburten eine Erleichterung des Vorganges brachte.

Der zweite Gesichtspunkt, der der männlichen Geburtshilfe gegenüber der weiblichen zum Vorteil gereichte, war die Tatsache, daß es den Chirurgen relativ bald gelang, als akademischer Beruf anerkannt zu werden und allmählich Arztstatus zu erhalten. Das hatte die Folge, daß die medizinische *Wissenschaft* von der Frau, die Gynäkologie, sich im Einzugsbereich der chirurgischen Lehrstühle entwickelte (Eulner 1970, 283 ff.).

Daß die männliche, die wissenschaftliche Geburtshilfe gegenüber der Geburtshilfe der Hebammen die herrschende wurde, hat schließlich mit der Entstehung der geburtshilflichen Klinik zu tun. Geburtshilfliche Kliniken entstanden zunächst als Ausbildungsstätten für Hebammen in Form von Appendices zu gynäkologischen Lehrstühlen. Denn das, was die Hebammen schulmäßig zu lernen hatten, waren ja gerade Wissensinhalte, die in den ihnen verschlossenen Bereichen von Anatomie und Chirurgie erzeugt worden waren. In der geburtshilflichen Klinik nun war die soziale Relation zwischen männlicher Geburtshilfe und weiblicher Geburtshilfe von vornherein eine andere als in der Praxis draußen in der Gemeinde. Wurde dort der Arzt bzw. Chirurg nur gelegentlich von der Hebamme hinzugezogen, so hatte der Arzt einfach aufgrund seiner institutionellen Stellung innerhalb der Klinik die Verantwortung für die Geburt und war gegenüber der Hebamme auch im Normalfall weisungsberechtigt. Es ist auf die Dauer dann der quantitative Zuwachs der Klinikgeburten gegenüber den Hausgeburten gewesen, der die Hebamme um ihre Eigenständigkeit gebracht hat, sie zur geburtshilflichen Assistentin gemacht hat bzw. ganz, wie in den meisten Staaten Nordamerikas, zum Verschwinden gebracht hat (Ehrenreich, English, 1979).

IV. Schluß

Der Unterschied der Formen des Wissens von der Geburt

Wir wollen nun auf der Basis der Sozialgeschichte der Hebammen den Unterschied ihrer Wissensform von der ärztlichen Geburtshilfe zu unterscheiden versuchen. Dabei soll uns die Hebamme, wie in Abschnitt II erläutert, als Expertin lebensweltlichen Wissens gelten. Für das ärztliche Wissen von der Geburt wollen wir vorausschicken, ohne das im einzelnen nachzuweisen, daß es sich dabei um medizinisches Wissen handelt, das sich am Typ neuzeitlicher Naturwissenschaft orientiert. Die Verwissenschaftlichung im Sinne der neuzeitlichen Naturwissenschaft ist nicht die einzig mögliche, die Führungsrolle dieses Wissenschaftstyps innerhalb der Medizin ist auch nicht unumstritten. Im Bereich der Geburtshilfe resultiert sie aus der Abkunft der Geburtshilfe von der Anatomie und Chirurgie, erst in allerletzter Zeit entwikkeln sich zögernd psychosomatisch und anthropologisch orientierte Ansätze.

Wissen und Person

Das Hebammenwissen gehört zum alteuropäischen Typ des Weisheitswissens (Znaniecki 1975). Dieser Typ ist charakteristisch etwa bei Platon zu finden in der Figur des Philosophen. Die Ausbildung zum Philosophen ist nicht durch bloße Wissensvermittlung möglich, sie setzt vielmehr die Bildung der Person, die Entwicklung moralischer Qualitäten voraus. Ähnlich bei den Hebammen: Schon ihre Benennungen als sage femme oder im Deutschen als Alte zeigen, daß die Hebamme die weise, die erfahrene, die gereifte Frau sein sollte. Persönliche Reife qualifizierte sie dafür, in einem Bereich tätig zu werden, der nicht jedermann (zumal nicht dem Mann) offenstand und der als Ort besonderer Auseinandersetzung zwischen Gut und Böse, zwischen Heil und Unheil galt. Die moralische Qualität der Hebamme war nicht nur Voraussetzung für ihr Amt, sondern auch Teil ihrer Kompetenz. Sie war Akteurin in einem sozialen Drama und konnte ihren Part nur kompetent übernehmen, wenn ihr von ihrer Klientin und den anderen Frauen das nötige Zutrauen entgegengebracht wurde.

Das wissenschaftliche Wissen der Neuzeit dagegen ist durch eine entschiedene Trennung von Wissen und Person gekennzeichnet. Seit Galilei ist moralische Qualität nicht mehr Voraussetzung und Teil der wissenschaftlichen Qualität und umgekehrt wird Irrtum nicht mehr moralisch zugerechnet (Luhmann, 1972). Wahrheit und Gutsein sind voneinander unabhängige Qualitäten von Wissensinhalten. Das Wissen selbst ist unpersönlich, Alter und persönliche Reife sind nicht mehr Voraussetzung für den Zugang zum Wissen. Im Gegenteil kann Alter sogar schädlich sein, weil es daran hindert, der beständigen Innovation von Wissen auf den Fersen zu bleiben. Das wissenschaftliche Wissen ist »im Prinzip« jedermann zugänglich, um so schärfer sind die formalen Schwellen, durch die »jedermann« faktisch von diesem Wissen abgehalten wird.

Erfahrungstypen

Hebammenwissen ist im alteuropäischen Sinne Empirie: Der Erfahrene war der weit Gefahrene, der, der herumgekommen ist. Erfahrungswissen in diesem Sinne ist an die Person gebunden, man muß die Erfahrung *selbst* gemacht haben, sie ist nicht vollständig mitteilbar. Hierbei spielt eine besondere Rolle, daß die Hebammen Frauen waren und daß allgemein die Voraussetzung galt, daß sie selbst geboren haben sollten. Ein solches Erfahrungswissen spielte natürlich eine besondere Rolle in einer Zeit, in der die Anatomie noch nicht weit entwickelt war bzw. anatomisches Wissen noch wenig verbreitet. Hier war die Erfahrung am und mit dem eigenen Leib immer noch die sicherste Orientierung. Andererseits ist aber die Erfahrung, die die Hebammen als Frauen und solche, die geboren hatten, einbringen konnten, prinzipiell von einer anderen Art als die, die die Anatomie bzw. Chirurgie gewinnen kann. Die Erfahrung der Hebammen war *Selbst*erfahrung, die Erfahrung der Ärzte ist prinzipiell Erfahrung des Anderen, des anderen Körpers. Dieser Unterschied ist fundamental und muß sich für die Praxis zumindest in den psychischen Komponenten der Geburtshilfe auswirken. Ob die Hilfe hier auf Einfühlung beruht oder auf objektivem Wissen des fremden Körpers, bleibt ein nicht zu überbrückender Unterschied.

Ist die Erfahrung der traditionalen Hebamme Selbsterfahrung gewesen, so ist die des geburtshilflichen Arztes objektive Erfahrung. Es ist die Erfahrung von einem Gegenstand, der nicht empfunden wird, sondern der sich dem ›ärztlichen Blick‹ (Foucault, 1973) zeigt. Die wissenschaftliche Erfahrung ist mitteilbar, denn sie wird unter standardisierten Bedingungen gewonnen. Aufgrund dieser Tatsache ist es auch nicht nötig, daß jedermann diese Erfahrungen wieder erneut macht, ihre prinzipielle Wiederholbarkeit erübrigt ihre faktische Wiederholung. Die ärztliche Erfahrung entfernt sich wie die naturwissenschaftliche überhaupt tendenziell immer mehr von der sinnlichen Erfahrung und wird zur apparativen Erfahrung. War das Stethoskop des 19. Jahrhunderts noch eine Verbesserung und eine Verlängerung des menschlichen Ohres, so sind Geräte wie die Kardiotokographie ein vollständiger Ersatz.

Erzeugungs-, Vermittlungs-, Verwendungszusammenhang

Das Hebammenwissen wurde im lebensweltlichen Zusammenhang gewonnen und es bleibt auch in diesem Zusammenhang eingebunden. Die Wissensvermittlung fand in der Lebenspraxis selbst statt, eine Trennung von Theorie und Praxis gab es nicht. Das Hebammenwissen war Traditionswissen, d. h. ein Wissen, das seinen Bestand im wesentlichen nicht veränderte, das sich in Lehrer-Schüler-Beziehungen in mündlicher und quasi handwerklicher Tradition fortzeugte.

Dagegen ist das wissenschaftliche Wissen von der Geburt klinisches Wissen. Es wird in einem besonderen, abgegrenzten und von der Lebenswelt unterschiedenen Raum erzeugt, der Klinik. Es findet zumindest partiell eine Trennung von Theorie und Praxis statt, – wenngleich, wie auch sonst in der Medizin, diese Trennung nie vollständig ist. Und doch hat sich institutionell der Unterschied von Schule und Buch auf der einen Seite und Praxis auf der anderen herausgebildet. Das ärztliche Wissen von der Geburtshilfe ist innovativ wie neuzeitliches Wissen überhaupt. Führend sein in diesem Wissensbereich heißt fortschrittlich sein, wobei aber durchaus nicht ausgemacht ist, ob die ständige Umwälzung wissenschaftlicher Geburtshilfe, besonders in der letzten Zeit, eine ständige Kumulation von Verbesserungen war. Das medizinische Wissen hat inzwischen seine eigenen Fragestellungen erzeugt, die keineswegs noch durch den Praxiszusammenhang der Geburt begrenzt sind. Medizinisches Wissen von der Geburtshilfe hat gegenüber der Lebenspraxis der Gebärenden seine eigene abgetrennte Sinnprovinz (Schütz/Luckmann, 1975).

Beziehung zur Natur

Die Beziehung zur Natur ist im traditionalen Hebammenwissen eine durchaus andere als in der medizinischen Geburtshilfe. Geburt war für die Hebammen Natur im Sinne der griechischen Physis-Vorstellung: Natur ist das, was von selbst geschieht, das Aufgehende, das sich Zeigende. Entsprechend war Geburtshilfe im Sinne der Hebammen nur Hilfe im eigentlichen Sinne, d. h. Unterstützung, Zusehen, Zuwarten, Hilfe beim Aushalten der Natur. Den Hebammen war durch die Hebammenordnungen explizit die aktive Beschleunigung oder Herbeiführung der Geburt, etwa durch wehentreibende Mittel, verboten, ebenso wie der Gebrauch von Instrumenten.[17] Demgegenüber bezieht sich die wissenschaftliche Geburtshilfe auf die Geburt als einen Prozeß, den man hervorbringen kann, und dessen Bedingungen und dessen Ablauf man kontrollieren kann und muß. Für die Theoretiker der programmierten Geburt gibt es Natur im Sinne von das »Gegebene« überhaupt nicht mehr. Vielmehr gibt es nur unterstellte Optimalitäten, die natürlich in der konkret vorliegenden Natur niemals erfüllt sind.[18]

Die wissenschaftliche Geburtshilfe hat wie die Naturwissenschaft überhaupt, die Natur von den Auffälligkeiten her thematisiert, von den Effekten, von den Phänomenen, die eine Erklärung verlangten. Wie Newton die Farbenlehre von Farben als Störungen bei optischen Abbildungen her entwickelte, so die Medizin die Geburtshilfe in der Chirurgie von den anomalen, von den Risikofällen her. So entwickelte sich die medizinische Geburtshilfe als »Störungsvermeidungswissen« (Janich, 1973). Auch die normale Geburt steht im Zusammenhang der medizinischen Geburtshilfe heute unter den Bedingungen des Risikos, der Pathologie.

Wir wollen zum Schluß noch einmal auf das Konzept von Wissen zurückkommen, das wir im Einleitungsabschnitt entwickelt haben. Wissen war uns die Partizipation an dem ideellen Reichtum der Gesellschaft. Wissen von der Geburt hieße also Teilhabe an den technischen und sozialen Wissensbeständen, die zur Geburt gehören. Wir erinnern daran, daß geburtshilfliches Wissen von seinem Ursprung her kollektives Wissen war: Es war nicht das individuelle Wissen, über das eine Frau verfügte, um sich selbst zu helfen. Es war vielmehr das Wissen des Kollektivs der Frauen, die sich gegenseitig helfen konnten.

Als Hebammenwissen war dieses Wissen bereits partiell bei einzelnen akkumuliert, ihnen wurde von den anderen Frauen wie auch der Obrigkeit ein gewisses Privileg zugeschrieben. Gleichwohl blieb das Geburtswissen bei den Hebammen kollektives Wissen der Frauen, – das war durch die Form der Rekrutierung der Hebammen und durch die Form der Wissensvermittlung in den »Frauenversamblungen« gesichert.

Die Verwissenschaftlichung der Geburtshilfe hat demgegenüber tiefgreifende Veränderungen mit sich gebracht. Dadurch, daß die Hebammen seit etwa dem 18. Jahrhundert einen Teil ihres Wissens schulisch erwerben mußten, gerieten sie in partielle Abhängigkeit von einer anderen sozialen Gruppe. Das Wissen, das sie erwerben mußten, war ein Wissen, das sie nicht selbst erzeugen konnten, nämlich insbesondere das anatomische Wissen. Diese wissensmäßig bedingte soziale Abhängigkeit führte dazu, daß Hebammen nie in dem Sinne eine »Profession« werden konnten, daß sie einen eigenen Kanon akademischen Wissens verwalteten.[19]

Die soziale Abhängigkeit der Hebammen von den Ärzten ließ auch ihr Wissen mehr und mehr zu einem Handlangerwissen degradieren. Es wurde ein Wissen von Regeln, deren Begründung nicht auf ihrem Gebiet lag, es wurden Kompetenzen, über deren Einsatz sie nicht mehr selbst verfügten.

Die Entstehung der Klinik führte dazu, daß mit der Herausverlagerung der Geburt aus der Lebenswelt das Wissen von der Geburt in der Lebenswelt verkümmerte. Die Frauen verfügten weder individuell noch kollektiv über die Kompetenzen, die Geburt zu »leben«. Das brachte sie in eine Situation der Unmündigkeit, der Abhängigkeit von Experten, das führte auch dazu, daß sie wissenschaftlichen Moden ausgeliefert waren. Ihr Nichtwissen von den Zusammenhängen der Geburt und ihre Unfähigkeit, sich selbst oder sich gegenseitig kollektiv zu helfen, besetzte den Vorgang der Geburt immer mehr mit Angst, was die Anhängigkeit von Klinik und ärztlichen Geburtshelfern verstärkte.

Die Verwissenschaftlichung der Geburtshilfe hat eine fantastische Spezialisierung, Steigerung und Präzision der technischen Kompetenzen der Geburtshilfe gebracht. Faktisch verloren gegangen ist dabei das Wissen von der Geburt als einem biographischen Ereignis und einem sozialen Handlungszusammenhang. Wie mit der Exterritorisierung der Geburt aus dem Lebenszusammenhang das Wissen im Lebenszusammenhang geschwunden ist, so ist auch umgekehrt mit dem Wissen von der Geburt als einem sozialen Geschehen dieses soziale Geschehen selbst verschwunden: Geburt wurde zu einer störenden Unterbrechung in einem durch Arbeit und Urlaub verplanten Leben.

Anmerkungen

0 Dieses Kapitel ist aus einem Teil des theoretischen Entwurfs zu einem Projekt ›Die Verwissenschaftlichung der Geburtshilfe‹ entstanden, das ich zusammen mit Beatrice Adloff u. a. durchführen wollte. Wenn die folgenden Ausführungen, insbesondere was das historische Material betrifft, skizzenhaft bleiben, so sind dafür das Kuratorium der Stiftung Volkswagenwerk und die Referenten der Thyssenstiftung verantwortlich, die Forschungen zu diesem Thema nicht für förderungswürdig hielten. Beatrice Adloff gilt mein Dank für die Kooperation bei der Ausarbeitung des Projektentwurfs.

1 Ich mache die Unterscheidung zwischen types of knowledge und forms of knowledge, die Gurvitch (1971) eingeführt hat, bewußt nicht. Diese Unterscheidung bezieht sich auf eine Differenzierung von Wissen 1. nach dem Gegenstand (Wissen von der äußeren Welt, vom anderen, politisches, technisches Wissen etc.) und 2. nach dem Wissensstil (mystisches vs. rationales Wissen, symbolisches vs. konkretes Wissen etc.). Diese Unterscheidungen betreffen kognitive Differenzen der Wissen*inhalte*, während ich meine, daß ein wissenssoziologischer Begriff von Wissen die sozialen Differenzen der Beziehung von Wissensträgern zu Wissensinhalten betreffen sollte.

2 Vergl. dazu die Einleitung von Böhme/v. Engelhardt ›Entfremdete Wissenschaft‹ 1979.

3 Böhme vgl. Anm. 2 v. Engelhardt, 1979, Einleitung.

4 European Public Health Committee, p. 6.

5 Hier eine Liste von Bezeichnungen, die ich während meiner Lektüre zusammengestellt habe: Hebamme, Hebmutter, Bademutter, Wehemutter, Kindbettbeseherin, Besechamme, Bademoene, Alte, sage femme, ventrière, midwife.

6 They had also to bring to the hearing six ›honest matrons‹ whom they had delivered during their period of instruction and who were willing to testify to their skill.

7 Donnison 1974, 7, Since this system of licensing was mainly concerned with the midwife's social and religious functions, it was not accompanied by any public provision for her instructions.

8 »Nemlich, dass sy alle zeyt, tag und nacht, willig und gehorsam seyen, dienen dem armen als dem reichen, von welchen sy ye zu zeytten am ersten berufft und begert werden, auch keine arme frauwe in nötten zu verlossen unnd an ander ordt zu gon umb merer gewins unnd lons willen . . . Item es sollen auch dieselben hebammen vy iren eyden kein schwangere frauwen bitten durch sich oder yemandt in iretwegen, sy zu kindts arbeit zu bruchen . . .« Freiburger Hebammenordnung von 1510. Baas 1913.

9 Zur Unterscheidung von traditionalem und modernem Beruf s. Parsons 1968.

10 Auf die Ausbildungsfunktion dieser Frauenversammlungen weist auch Donnison 1977, 3 hin.

11 In einer Vorrede des Doktor Gohl zum Buch der Justine Siegemundin wird auch das Lernen von der Mutter ausdrücklich erwähnt. Er zählt als Hauptvoraussetzung für die Ausübung des Hebammenberufes auf: 1. Gottesfurcht, 2. Lesenkönnen, 3. Lernen bei der eigenen Mutter oder bei einer anderen erfahrenen Wehemutter.

12 Wir sprechen hier von den allgemeinen, normalen Bedingungen der Rekrutierung. Das schließt nicht aus, daß es auch erhebliche Mißstände gegeben hat, daß versoffene Hebammen nicht selten waren, daß sie als »Engelmacherinnen« tätig wurden usw.

13 s. etwa Vollmar, 1977, 4 für die Ulmer Hebammenordnung, die bei Donnison 1977, 229 abgedruckte Hebammenlizenz, ferner Philipp/ Koch 1940, 216 oder noch einmal die Vorrede von Dr. Gohl zum Buch der Siegemundin.

14 Man mag es als einen Treppenwitz der Weltgeschichte bezeichnen, daß die Ärzte gerade in dem anatomischen »Befund«, auf den sie sich stützten, irrten: Die Hebammen hatten in der Regel die Existenz bzw. Nichtexistenz des Hymens zum Kriterium gemacht. Die Anatomen nun bestritten das Hymen als regelmäßige anatomische Erscheinung, – und damit die Basis, auf die sich das Hebammenurteil stützte (Fischer-Homberger, 1979, 89). Aber es liegt doch ein tieferer Sinn in diesem Irrtum, insofern nämlich die Anatomie eine Wissenschaft vom

toten menschlichen Körper, d. h. also ein Wissen außerhalb des biographischen Zusammenhanges ist.

15 Die Marktchance der Männer lag hier übrigens, wie Donnison, 1977, 22 mit Recht bemerkt, nicht darin, daß sie *billiger* waren als die Hebammen, sondern darin, daß sie teurer waren: »In this, as in many other occupations, men generally received higher remuneration than women; it was therefore important to the aspiring tradesman to show his neighbourgs that he could afford the higher priced article«. Dadurch wurde die Hebamme die Geburtshelferin für die Armen (s. Donnison, 1977, chapter V) und mit wachsender Prosperität setzte sich die männliche Geburtshilfe durch.

16 Es wäre der Untersuchung wert, ob diese Formulierungen in den Hebammenordnungen bereits auf Initiativen der schon früh in Gilden organisierten Chirurgen zurückgehen, die nämlich damit den Zuständigkeitsbereich ihres Handwerks abgesichert haben könnten.

17 »Item sy sollen auch kein frauwen nötten oder übertreiben zu kindes arbeit, es erschünen denn zuvor gewisse zeichen der nähin der geburt, unnd inen darin vlissigklichen dienen ... Item auch zu sollichen dingen keine grausamlich oder ungeschickt instrument bruchen kindt zu brechen oder usszuziehen als lang ysin oder hacken oder dessgleichen ... Freiburger Hebammenordnung von 1510, Baas 1913. Vgl. allgemeiner Donnison 1977, 22.

18 Definition der programmierten Geburt: »Programmierte Geburt beinhaltet begrifflich die vollständige Durchplanung des für Mutter und Kind optimalen Zeitpunktes in Vorbedingungen, Vorbereitungen und Ablauf für alle beteiligten Personen und die notwendige Organisation – mit dem Ziel der zeitgünstigsten Geburtseinleitung«, Hillemanns/Steiner 1978, 1. Später (9) heißt es dann: »Die programmierte Beendigung der Schwangerschaft bzw. die ›getimte Geburt‹ ist eben gerade das Einleiten müssen, auch vor dem 282. Tag, gegebenenfalls im Interesse des Kindes. Auch erhebliche Zeit davor, selbstverständlich auch gerade dann, wenn die Mutter noch kaum Zeichen spontaner Geburtsbereitschaft zeigt, also auch dann, wenn z. B. die Portio noch steht, rigide und geschlossen ist.«

19 Zum Problem der Professionalisierung, s. Hesse 1968. Anhand von Storers (1966) Definition läßt sich besonders deutlich machen, was den Hebammen zur Professionalisierung fehlte. Nach Storer gehört nämlich zu einer Profession, ein Corpus spezialisierten Wissens, über den die Profession autonom verfügt, und ferner die Autonomie in der Rekrutierung. Donnison weist außerdem darauf hin, daß die Hebammen bis in unser Jahrhundert hinein keine Gilde bzw. Standes- und Berufsorganisation zuwegegebracht haben, und daß dann das Anfang des Jahrhunderts gegründete Central Midwives Board von Ärzten dominiert wurde (Donnison, 1977, 179).

Literaturverzeichnis

Ackerknecht, E. H./Fischer-Homberger, E., Five made it – One not. The Rise of Medical Craftsmen to Academic Status during the 19th Century. In: Clio Medica 12 (1977), 255-267

Ackerknecht, E. H., Zur Geschichte der Hebammen. In: Gesnerus 31 (1974), 181-191

Andräas, Beiträge zur Geschichte der Seuchen, des Gesundheits- und Medizinalwesens der oberen Pfalz. Regensburg: Mayer 1900

Baas, K., Mittelalterliche Hebammenordnungen. In : (Sudhoffs) Archiv f. d. Geschichte der Naturwissenschaft und der Technik 6 (1913), 1-7

Böhme, G./v. Engelhardt, M., Entfremdete Wissenschaft. Frankfurt: Suhrkamp 1979

Bourgeois, L., Hebammenbuch. Hanau/Frankfurt: Merian 1644-52

Donnison, J., Midwives and Medical Men. A History of Inter-Professional Rivalries and Women's Rights. London: Heinemann 1977

Ehrenreich, B./English, D., Hexen, Hebammen und Krankenschwestern. München: Verlag Frauenoffensive, 5. Aufl. 1979

Eulner, H. H., Die Entwicklung der medizinischen Spezialfächer an den Universitäten des deutschen Sprachgebietes. Stuttgart: Encke 1970

European Public Health Committee (ed), Midwives in Europe. Strasbourg 1975

Fasbender, H., Geschichte der Geburtshilfe (1906). Hildesheim: Olms 1964

Fischer-Homberger, E., Krankheit der Frau und andere Arbeiten zur Medizingeschichte der Frau. Bern/Stuttgart/Wien: H. Huber 1979

Forbes, Th. R., The Midwife and the Witch, New Haven: Yale UP 1966.

Foucault, M., Die Geburt der Klinik. München: Hanser 1973

Gubalke, W., Die Hebamme im Wandel der Zeiten. Hannover: E. Staude 1964

Gurvitch, G., The Social Frameworks of Knowledge. London: Harper Torchbook 1971

Hesse, H. A., Berufe im Wandel. Ein Beitrag zum Problem der Professionalisierung. Stuttgart: Encke 1968

Hillemanns, H. J./Steiner, H. (Hrsg.), Die programmierte Geburt. Stuttgart: Thieme 1978

Janich, P., Zweck und Methode der Physik aus philosophischer Sicht. Konstanz: Univ.-Verlag 1973

Luhmann, N., Die Risiken der Wahrheit und die Perfektion der Kritik, MS. Bielefeld: 1972

Parsons, T., Die akademischen Berufe und die Sozialstruktur. In: T. Parson, Beiträge zur soziologischen Theorie (hrsg. v. D. Rüschemeyer). Neuwied a. Rhein: Luchterhand, 2. Aufl. 1968, 160-179

Philipp, E./Koch, W., Die Entwicklung des Hebammenwesens in Schleswig-Holstein bis zur Gründung der Universitäts-Frauenklinik und Hebammenlehranstalt in Kiel. In: Festschrift zum 275-jährigen Bestehen der Chr. Albrechts-Universität Kiel (Hrsg. P. Ritterbusch u. a.). Leipzig: Hirzel 1940

Schütz, A./Luckmann, Th., Strukturen der Lebenswelt. Neuwied/Berlin: Luchterhand 1975

Siegemundin, J., Die Königl. Preußische und Chur-Brandenburgische (1689) Hof-Wehe-Mutter. Berlin: Chr. Fr. Foß, 2. Aufl. 1756

Soranus von Ephesus, Die Gynäkologie (Übers. von H. Lüneburg). München: J. F. Lehmann 1894

Storer, N. W., The social system of science. New York: Holt a. Rinehart 1966

Vollmar, J., Geburtshilfe in Ulm – historischer Rückblick. In: Geburtshilfe im Wandel der Zeit. Jahresveranstaltung der Scultetus-Gesellschaft, Ulm, 20. Okt. 1977

Zedlers Universitätslexikon

Znaniecki, F., The Social Role of the Men of Knowledge. New York: Octagon Books 1975

2. Wissenschaft und Verdrängung

Ansätze zu einer psychoanalytischen Erkenntniskritik

I. Die Aufgabe einer psychoanalytischen Erkenntniskritik

Freud bezeichnet als seine Leistung gegenüber der Philosophie, daß er die Bestimmung des Seelischen aus der Einschränkung auf das Bewußte befreit habe. Bewußtsein, das eigentliche Thema einer philosophischen Psychologie, ist nach Freud ein Epiphänomen, bewußt zu sein nur eine Qualität eines Teils der psychischen Akte. Das Bewußtsein ist in seiner möglichen Ausdehnung eingeschränkt, es enthält nur diejenigen Vorstellungen und psychischen Regungen, die sanktioniert sind, d. h. bestimmte Zensuren passieren konnten. Außerhalb des Bewußtseins, im »Unbewußten«, gibt es dagegen eine Fülle von psychischen Akten, Strebungen, Wünschen und Entschließungen, die zum Bewußtsein nicht zugelassen, die verdrängt wurden. Diese erscheinen nur auf Umwegen, entstellt, häufig ins Gegenteil verkehrt im Bewußtsein, d. h. das Bewußtsein ist gegenüber dem breiten Hintergrund des Unbewußten nicht nur eingeschränkt, sondern auch verdeckend, ist falsches Bewußtsein, Ideologie. Freuds Analyse hat es nun geleistet, die unbewußten Anteile der Seele bei einzelnen Personen ans Licht zu bringen und es so ermöglicht, die Arbeitsweise des Unbewußten zu studieren. Es zeigte sich dabei, daß das Unbewußte durchaus anders arbeitet als die bewußte Seelentätigkeit, anders fortschreitet, andere Verbindungen schafft, anders »denkt«.

Obgleich nun von Paul Ricoeur (1969) die Psychoanalyse in ihrer anthropologischen Bedeutung und in ihren wissenschaftstheoretischen und erkenntnistheoretischen Konsequenzen durchaus gewürdigt worden ist, ist Ricoeur doch nicht dazu fortgeschritten, Revisionen an der philosophischen Erkenntnistheorie vom Standpunkt der Psychoanalyse vorzunehmen. Das Hinnehmen der narzistischen Kränkung, die Freud dem modernen Bewußtsein zugefügt hat, d. h. des Nachweises, »daß das Ich nicht Herr sei im eigenen Haus«, – wie Ricoeur sagt (1969, 436) – ist sicherlich nicht die einzige und jedenfalls nicht die vollständige Forderung, die man aufstellen muß. Weder Nietzscheanischer Skeptizismus: Wahrheit ist die Art von Irrtum, ohne welche eine bestimmte Art von lebendigen Wesen nicht leben könnte[1] – ist die notwendige Konsequenz, noch die Behauptung der Irrationalität der Ratio. Dies wäre auch durchaus an den Absichten Freudscher Psychoanalyse vorbeigedacht. Wohl aber bedarf es einer Aufklärung der Rationalität über sich selbst, sie muß selbst rational werden, d. h. die Erkenntnis muß über ihre Beschränkung, ihre Funktionalität aufgeklärt werden, es muß ein Bewußtsein der notwendig mit Erkenntnis verbundenen Verdrängungen erzeugt werden. Das heißt auf der einen Seite: Stärkung des verdrängten Denkens, auf der anderen Rehabilitation unterdrückter Wissensformen.

II. Existierende Ansätze

Die hier notwendige Arbeit – so kann man heute sagen – ist bereits im Gange. Es existieren Ansätze von seiten der psychologischen Wahrnehmungslehre, aus den Reihen reflektierender Naturwissenschaftler und in der neueren französischen Epistemologie. In allen diesen Fällen ist der Versuch, die Beziehung von Wissen und Nichtwissen als eine von Bewußtsein und Verdrängung zu verstehen direkt oder indirekt auf das Werk Freuds bezogen.

Psychologische Wahrnehmungslehre

Nach den Ergebnissen der Gestaltpsychologie und Neurophysiologie ist jede aktuelle Wahrnehmung weniger durch Aufnahme von Informationen als vielmehr durch Unterdrückung von Information gekennzeichnet. Aus dem riesigen Informationsangebot der Umwelt werden Daten in der Wahrnehmung durch Informationsstrukturierung und Informationsunterdrückung gewonnen. Diese Tatsache spiegelt sich in Freuds Beziehung von Aufmerksamkeit und Bewußtsein. Aufmerksamkeit ist interessengeleitet, sie ist selektiv, sie hält mit der Hervorhebung gewisser Informationen, d. h. mit ihrer Aufnahme ins Bewußtsein, gerade andere Informationen systematisch ab.

Die hier auftretende Komplementarität von Bewußtsein und Unbewußtsein im Bereich der Wahrnehmung wird noch strenger gedacht von Viktor von Weizsäcker in seinen Begriffen des Gestaltkreises bzw. Drehtürprinzips: Viktor von Weizsäcker weist darauf hin, daß jede Wahrnehmung eine Eigenaktivität, eine Bewegung erfordert, welche aber gerade dadurch dem Wahrnehmungsakt entgeht. Richtet sich dagegen die Aufmerksamkeit auf diese Bewegung, so verschwindet wiederum das Objekt der Wahrnehmung. Nach Viktor von Weizsäcker ist deshalb jede Wahrnehmung mit einer systematischen Blindheit verbunden.[2]

Erkenntnistheoretische Konsequenzen aus der Quantentheorie

Ebenso wie von Viktor von Weizsäcker für die individuelle Erkenntnis ist für die wissenschaftliche Erkenntnis von Bohr bereits eine erkenntnistheoretische Analogie zur Freudschen Unterscheidung von Bewußtsein und Unbewußtem gesehen worden.[2a] Bohr beschreibt mit dem Begriff der Komplementarität eine Situation in der Physik, bei der ein bestimmter Erkenntnisstandpunkt einen bestimmten Erkenntnistyp zuläßt, einen anderen notwendig ausschließt. Die Erkenntnissituation, d. h. die experimentelle Situation läßt es dann systematisch nicht zu, daß bestimmte Erfahrungen gemacht werden können. Der Schnitt zwischen Erkenntnis und Verdrängung wird auch hier gesetzt durch einen Vorgang der Kontrolle, d. h. durch die Normierung der Zugangsart zur Natur. Die Normierung einer bestimmten experimentellen Situation läßt nur zu, daß sich die Natur einem bestimmten Bild entsprechend (Teilchen- respektive Wellenbild) zeigt.

Die Bohrschen Gedanken sind von anderen philosophierenden Naturwissenschaftlern wie C. F. v. Weizsäcker (1963), Pauli (1954), Jordan (1947) weiter ausgearbeitet worden. Die damit verbundenen Versuche der Rehabilitation anderer Denkformen – bei Pauli und Jordan geht es z. B. um ein Verständnis der Parapsychologie – muß man allerdings als mißglückt betrachten.

Französische Epistemologie

Die neueren französischen Epistemologen, insbesondere Bachelard und Foucault, haben Analysen der Wissenschaftsentwicklung gegeben, die der Psychoanalyse Freuds verpflichtet sind. So bezeichnet beispielsweise Bachelard eins seiner Hauptwerke, nämlich ›Die Bildung des wissenschaftlichen Geistes‹ (1978) im Untertitel als einen Beitrag zu einer Psychoanalyse der objektiven Erkenntnis. Bachelard hat durch seinen Begriff des epistemologischen Bruches die Tatsache ins Bewußtsein gerückt, daß der Prozeß der Verwissenschaftlichung diskontinuierlich verschiedene Wissensformen voneinander trennt, d. h. Wissensformen, die strukturell voneinander unterschieden sind. Dabei hat aber sein Rationalismus, seine wissenschaftliche Fortschrittsgläubigkeit verhindert, daß er den nichtwissenschaftlichen Wissensformen ihr eigenes Gewicht gab. Vielmehr versteht er den Prozeß der Verwissenschaftlichung und den der Entwicklung der Wissenschaften als einen reinen Prozeß der Verbesserung, die Überwindung von Irrtum und falschem Denken. Er verwendet deshalb den Begriff der Psychoanalyse als Begriff wissenschaftsgeschichtlicher Untersuchung nur zum Teil zu Recht – nämlich insofern auch Freud ein Rationalist und Aufklärer war –, aber eine wahre psychoanalytische Wissenschaftsgeschichte hätte sich nicht nur als Entmythologisierung darzustellen, sondern im Gegenteil dem Sinn von Mythos nachzugehen und den Prozeß der Überwindung des Mythos auch als Verdrängungsprozeß zu kennzeichnen.

Im Unterschied zu Bachelard richtet sich die kritische Analyse Foucaults weniger auf die erloschene, als vielmehr auf die sanktionierte Geschichte: Das positiv Sanktionierte, das Kanonisierte, das erlaubte Wissen und Reden gerät in den kritischen Blick, indem Foucault in Erinnerung bringt, daß es durch Eingrenzung und Kontrolle ermöglicht wurde. Sein zentraler Begriff zur Beschreibung dieser Situation ist der des Diskurses, der eingegrenzten, aber dafür öffentlichen und kontrollierten Gesprächszusammenhänge, deren Kehrseite das in die Unbestimmtheit, Dunkelheit und Unauffälligkeit gedrängte Gemurmel ist. Foucault geht der Frage nach, wie sich das öffentliche Wissen, und d. h. im wesentlichen die Wissenschaften formieren, er bezeichnet die Kontroll- und Ausgrenzungsmechanismen: Das verbotene Wort, die Ausgrenzung des Wahnsinns, den Willen zur Wahrheit. Er redet von der Kanonisierung von Wissen, Sprech- und Denkformen, der Disziplinierung des Wissens, der Identifizierung durch die Autorschaft.[3] Durch seine kritischen Analysen der Entwicklung von Rationalität und einzelnen wissenschaftlichen Disziplinen, beginnt man die Weite und Vielfalt unseres kollektiven Unbewußten zu ahnen. Gleichwohl bleibt es auch bei ihm im Dunkeln: Das Gemurmel wird nicht untersucht, nicht die Sekten, nicht die Pseudowissenschaften, nicht Alltags- und Regionalwissen sind Foucaults Thema.

Wenn man die bisher geleistete Arbeit zu einer psychoanalytischen Erkenntniskritik überblickt, so muß man sagen, daß hier zweifellos ein interessantes und vielversprechendes Feld eröffnet wurde, – von dem aber offenbar bisher noch nicht feststeht, in welcher Richtung es durchpflügt werden soll. Die Unsicherheit hierüber ist besonders deutlich an dem Gegensatz von Bachelard und Foucault zu sehen. Sie hat letzten Endes ihre Ursache bei Freud: Als Entdecker des Unbewußten sprach er doch so, als ob ›eigentlich‹ alles bewußt sein sollte. Das Unternehmen einer psychoanalytischen Erkenntniskritik wird deshalb nicht um den Versuch herumkommen, Freuds Gedanken in bestimmter Hinsicht konsequent zu Ende zu denken.

III. Bewußtes und Unbewußtes

Die Mängel der Freudschen Bestimmungen

Freud unterscheidet Bewußtes, Vorbewußtes und Unbewußtes, terminologisch Bw. Vbw, Ubw. Alle drei Bereiche sind durch Schwellen voneinander getrennt, d. h. durch Instanzen, die Zensuren ausüben, zulassen und abweisen, Zensuren moralischer, aber auch logischer Art. Freud diskutiert mehrfach, worin die Unterschiede von Bewußtsein, Vorbewußtsein und Unbewußtsein liegen, ob sie topischer Art sind, funktionaler oder – wie wir sagen würden – struktureller Art. Der entscheidende Schnitt liegt dabei zwischen dem Unbewußten einerseits und dem Bewußten und Vorbewußten andererseits, insofern das Vorbewußte nur das Latente, aber im Prinzip Bewußtseinsfähige darstellt, während Freud dem Unbewußten im terminologischen Sinne die Bewußtseinsfähigkeit mehr oder weniger abspricht. Die Bewußtseinsfähigkeit des Unbewußten bleibt bei Freud aber ein dunkler Punkt. Auf der einen Seite sind die Kategorien des Bewußtseins (Vorstellung, Strebung, Entschluß etc.)[4] auf das Unbewußte gerade insofern anwendbar, als ja vom Unbewußten dasjenige thematisch wird, was ins Bewußte vordringt. Auf der anderen Seite ist aber das Unbewußte als solches eben gerade nicht bewußtseinsfähig. Worin besteht aber diese Unmöglichkeit? Gehört etwa doch das Unbewußte einer andern ontologischen Region an, beispielsweise weil es das Somatische ist? Oder sind nur die Zensuren, die das Unbewußte vom Bewußten trennen, so rigide, daß das Unbewußte als solches (als das, was es ist) nicht bewußt werden kann. Freuds Ausführungen zur Unterscheidung von latentem und manifestem Traum zeigen, daß er der Ansicht war, das Unbewußte (Ubw) könne deshalb nicht als es selbst ans Licht treten, weil es notwendig durch die Zensur entstellt werde.[5] Dann wäre aber das Unbewußte qua Unbewußtes Produkt der Zensur, d. h. der Verdrängung.

Damit hängt zusammen, daß die Frage nach den Inhalten des Unbewußten oder nach den Quellen des Unbewußten bei Freud ungeklärt ist. Stammen die Inhalte bloß aus dem Somatischen (den Trieben) oder sind es gar abgesunkene Bestandteile bewußten Seelenlebens (und damit Produkt der Verdrängung als Akt) oder gibt es auch ererbte phylogenetisch erworbene Inhalte des Unbewußten, die bloß zum Bewußtsein nicht zugelassen werden?[6] Je nachdem, wie man diese Fragen beantwortet, stellt sich die Beziehung von Bewußtsein und Unbewußtem anders dar.

Schließlich ist durch Freuds Analyse gerade unklar geworden, was eigentlich Bewußtsein ist. Darauf hat bereits Ricoeur (1969) hingewiesen. Freud hat das Bewußte in eine enge Beziehung zur Wahrnehmung oder auch zur Sprache gesetzt. Bewußt wären danach solche psychischen Regungen, die wahrgenommen werden (durch innere Wahrnehmung).[7] Bei dieser Beziehung zur Wahrnehmung handelt Freud sich natürlich das Problem ein, das daraus entsteht, daß auch die Wahrnehmung unbewußte Anteile enthält, nämlich den Wahrnehmungshorizont, so daß er dann Bewußtsein auch mit Aufmerksamkeit in Verbindung bringt: Bewußt ist, was Aufmerksamkeit erregt bzw. auf das, worauf sich die Aufmerksamkeit richtet.[8] Durchaus anders und nicht ohne weiteres mit dieser Bestimmung zu verbinden ist die Beziehung, die Freud zwischen Bewußtsein und Sprache herstellt. Danach sind solche Vorstellungen bewußt, die sich mit sprachlichen Vorstellungen verbinden.[9] Bewußtsein kommt dadurch in eine eigentümliche Nähe zur Akustik.[10] Bildliches Denken ist deshalb bewußtseinsferner als sprachliches Denken.

Diese strukturellen Unterscheidungen von bewußt und unbewußt stehen aber in keiner erkennbaren Beziehung zu der dynamischen Unterscheidung, d. h. also zu der Trennung von unbewußt und bewußt durch Zensuren. Sollten die Zensuren mit Wahrnehmbarkeit und Sprachfähigkeit zusammenhängen?

Philosophische Beiträge zur Bewußtseinstheorie

Die ausgedehnten philosophischen Analysen des Bewußtseins können einige Beiträge zur Überwindung der Freudschen Schwächen in der Unterscheidung von bewußt und unbewußt liefern, obgleich sie gerade vom Standpunkt der Psychoanalyse aus einer Kritik unterworfen werden müssen. Ich möchte hier nur zwei Punkte hervorheben, nämlich den reflexiven Charakter von Bewußtsein und die Beziehung von Bewußtsein und Negation.

Was Freud mit der Beziehung von Bewußtsein und Wahrnehmung anzielt, könnte die innere Reflexivität bewußter Vorstellungen sein. Dabei muß auch nach der philosophischen Tradition die aktuelle Reflexion auf Vorstellungen nicht notwendig vollzogen sein, um sie zum Bestandteil des Bewußtseins zu machen. Das würde der Freudschen Bestimmung des Vorbewußten und der strengeren Absetzung zum eigentlichen Unbewußten entsprechen. Kant formuliert das so, daß das ›Ich denke‹ alle meine Vorstellungen muß begleiten können.[11] Das bedeutet aber, daß diese Vorstellungen aufgrund bestimmter struktureller Merkmale bereits dem Bewußten (dem aktuellen oder latenten) angehören. Worin besteht aber die Reflexivität von Vorstellungen als einer inneren Struktur? Man muß darauf im Sinne der philosophischen, insbesondere der Kantischen Tradition antworten: daß sie kontrollierte Vorstellungen sind. Vorstellungen gehören nach Kant zum Bewußtsein, insofern sie durch bestimmte regelhafte Denkakte (Kategorien als Funktionen des Verstandes) miteinander verbunden sind.[12] Das würde der Freudschen Vorstellung von Zensur entsprechen: Bewußt sind solche Vorstellungen, die bestimmte normative Filter passieren konnten. Danach wäre also das Bewußtsein nicht so sehr Wahrnehmung innerer Zustände, d. h. also teilnahmslose Beobachtung, sondern genaugenommen Selbstkontrolle, Organisation von Vorstellungen. Freilich bleibt hier ein Problem, das von der Philosophie zwar aufgegriffen worden ist (Sartre 1964), wohl aber nicht gelöst, nämlich den

Charakter von Bewußtsein als reiner Qualität von Helle oder präsent-Haben zu bestimmen und zu erklären, d. h. das Phänomen des präreflexiven Bewußtseins zu erfassen.

Insbesondere von den Existenzphilosophen, nämlich Heidegger und Sartre ist die Beziehung von Bewußtsein und Negation herausgearbeitet worden. Die Fragestellung dabei ist im Grunde die zur Freudschen umgekehrte Fragestellung, sie hätte aber in der strengen Konsequenz auch des Freudschen Denkens liegen müssen: Es wird nämlich nicht gefragt, warum etwas vom Bewußtsein ferngehalten wird (verdrängt wird), sondern warum etwas überhaupt bewußt wird. Wenn, wie Freud wohl mit Recht sagt, das Psychische an sich unbewußt ist, wird fraglich, warum es überhaupt bewußt wird und worin dieses Bewußtwerden besteht. Die Existenzphilosophen haben gezeigt, daß es der Widerstand der Realität, die Enttäuschungen, das Versagen, die Blamage, kurz die Erfahrung des Negativen ist, was zur Selbstreflexion und damit zum Bewußtsein zwingt (Sartre 1962). Auch Freud weist darauf hin, daß in einer Welt ohne Not die direkte Beziehung von Reiz und Reaktion bzw. Trieb- und Bedürfnisbefriedigung die natürliche wäre, daß das Bewußtwerden von Vorstellungen, Regungen etc. gerade dadurch entsteht, daß die Not des Lebens einen Hiat vor das Sichausleben (oder, wie Freud sagt, die Abfuhr) setzt, einen Hiat, in dem sich das Psychische als Bewußtes auf sich selbst wendet und quasi verselbständigt.

Komplementarität von Bewußtsein und Unbewußtem

Eine Überwindung der Schwächen der Freudschen Metapsychologie würde zugleich eine Überwindung des Freudschen Rationalismus bedeuten. Obgleich nämlich Freud als seine entscheidende Leistung ansieht, gezeigt zu haben, daß das Psychische an sich unbewußt ist, tut er doch so, als ob es eigentlich bewußt sein müßte, verharrt also letzten Endes auf dem Standpunkt, den er bekämpft. Die Schranken, die er zwischen Unbewußtem und Bewußtsein setzt, sind solche der Kontrolle zwischen zwei Bereichen, solche, die eben das Unbewußte, das eigentlich bewußt sein sollte, daran hindern, dieses zu werden. Wenn aber bewußtes Denken gerade kontrolliertes Denken ist, wird es undenkbar, durch Aufhebung oder Abschwächung von Kontrolle den Bereich des Bewußten zu erweitern. Vielmehr wird durch Kontrolle zum Bewußten komplementär Unbewußtes, werden unbewußte Vorstellungen erzeugt. Das Psychische »An Sich« ist weder bewußt noch unbewußt, so wie auch der Fall eines Steines weder bewußt noch unbewußt ist, vielmehr erzeugt Kontrolle im Psychischen zugleich Bewußtes und Unbewußtes komplementär. Eine solche Licht/Schatten-Theorie der Erkenntnis dürfte weitreichende Konsequenzen auch für die Beurteilung der Wissenschaft haben.

Der Sinn von Kontrolle

Bevor ich mit diesem revidierten Freudschen Konzept an eine Kritik der Erkenntnistheorie herangehe, sollte der anthropologische Sinn von Kontrolle im psychischen Leben festgehalten werden. Darüber äußert sich schon Platon im Dialog Protagoras, als er Sokrates an Protagoras die Frage richten läßt, ob er das Wissen für etwas halte, das in der Seele das Herrschende sei. Herrschaft heißt Herrschaft über die Lüste, die Neigungen würde Kant, die Triebe würde Freud sagen. Der Sinn dieser Herrschaft besteht nach dem Platonischen Sokrates in einer effektiveren Lustgewinnung: Wenn man seine unmittelbaren Regungen unter Kontrolle hat, kann man nämlich durch Verzicht auf eine kleine unmittelbare Lust für später eine größere gewinnen.

Diese Kontrolle unmittelbarer Triebbefriedigung ist natürlich nur unter Bedingungen der Knappheit nötig. Sie erweitert auf der einen Seite den Handlungsspielraum, indem das Handeln von dem unmittelbaren Antrieb durch die Begierden frei wird und sie ermöglicht einen ungetrübten Blick auf die Realität. Freilich – das bleibt unbestritten, wird dies erkauft durch den Verlust der Unmittelbarkeit – auch der Unmittelbarkeit des Genusses.

IV. Kants Erkenntnistheorie

Die Wahl von Kants Erkenntnistheorie – gegenüber anderen – läßt sich aus verschiedenen Gründen rechtfertigen. Für uns sind zwei Merkmale ausschlaggebend: Kants Erkenntnistheorie begründet objektive Erkenntnis und zielt letzten Endes auf die Möglichkeit von Physik, und doch ist sie durch und durch eine Theorie des Subjekts, des Ich, der Innerlichkeit. Diese Tatsache läßt vermuten, daß sich bei ihm die Selbstdressur, die sich das Subjekt in der objektiven Erkenntnis auferlegt, besser noch identifizieren läßt als in neueren Theorien objektiver Erkenntnis, wo nur noch von Meßverfahren, Apparaten und vielleicht noch diskursiven Strukturen die Rede ist. Ferner beansprucht Kants Erkenntnistheorie zu erklären, daß und wie Erkenntnis möglich ist, Erkenntnis in strengem Sinne. Erkenntnis ist für Kant allgemeines und notwendiges Wissen. Es geht also bei Kant nicht um Glauben und Meinen, seine Erkenntnistheorie ist also auch nicht bloß eine Theorie von Informationsverarbeitung, sondern es geht um gültiges Wissen, und das heißt: es muß in dieser Theorie etwas bewiesen werden.

Allgemeinheit und Notwendigkeit können nach Kant nicht der Erfahrung entstammen, weil sie nur komperative Allgemeinheit und niemals zwingende Notwendigkeit liefert. Auf der anderen Seite ist jede Erkenntnis Erfahrungserkenntnis, weil nur durch Erfahrung dem Menschen Gegenstände gegeben werden können. Das heißt also für Kant, daß die Erfahrungserkenntnis Anteile enthalten muß, die a priori gültig sind, d. h. unabhängig von der Erfahrung, gültig gleichwohl in bezug auf den Gegenstand der Erfahrung. Es sind die formalen Strukturen, die diesen Erkenntnistyp »objektives Erfahrungswissen« kennzeichnen, die unabhängig von der einzelnen konkreten Erfahrung gelten. Dabei handelt es sich um formale Strukturen der Datenmengen, um die Strukturen des Gegenstandstyps, um die Form von Gesetzen und bestimmte Symmetrieeigenschaften.[13] Aber wie kann man a priori wissen, daß diese Strukturen auch wirklich auf das in der Erfahrung Gegebene passen? Kants allgemeine Antwort auf diese Frage läßt sich so zusammenfassen: Was durch die Sinnlichkeit gegeben wird, wird bereits in der Anschauung so aufgefaßt, daß es sich nachher nach dem Schema bestimmter Begriffe (der Kategorien) auch begreifen läßt. Modern gesprochen: Die Regulationen der Datenerzeugung sorgen bereits dafür, daß sich nachher bestimmte Theorien auf die Daten auch anwenden lassen.[14]

Die Art, wie Kant seine Erkenntnistheorie präsentiert, ist nun, selbst wenn man ihm zugesteht, daß er die Struktur objektiver Erkenntnis korrekt beschreibt, in vieler Hinsicht anstößig. So behauptet er, daß wir der Natur die Gesetze vorschreiben. Anders herum heißt das, daß für ihn das Gegebene, das uns von der Natur durch die Erfahrung gegeben wird, völlig strukturlos ist:

Seine Erkenntnistheorie basiert auf einem Empfindungselementarismus. Ferner ist auffällig, in welchem Maße er für die Erklärung objektiver Erkenntnis die innere Struktur des Subjekts benötigt, die Kultur des Gemüts, die den Hintergrund des Erfahrungswissens, immerhin der Physik, bildet; oder sagen wir es pointierter: Es ist bis heute – trotz der jahrelangen Bemühungen W. Schindlers (1979) – ungeklärt, warum objektive Erkenntnis eine reflexive Struktur haben muß. Und daß Objektivität durch die Einheit des Subjektes garantiert wird, daß die Einheit des Subjektes Repräsentant der Einheit des Gegenstandes ist – soll so sichergestellt werden, daß wir in unserer Erkenntnis mit der wirklichen Welt zu tun haben?

Schließlich ist auffällig, daß Kant Begriffe als Regeln interpretiert. Wenn Begriffe Regeln sind, ist es dann nicht möglich, ihnen nicht zu folgen oder vielleicht auch anderen? Ich will in der weiteren Erläuterung und analytischen Interpretation der Kantischen Erkenntnistheorie diesen Auffälligkeiten folgen.

Wir schreiben der Natur die Gesetze vor.

Wie kann Kant sagen, daß das, was uns durch die Sinne gegeben ist, ein zusammenhangloses Mannigfaltiges sei?[15] Wie kann Kant behaupten, daß jede Verbindung vom Verstande herrührt, wobei er unter Verstand strenggenommen das Wirken des Erkenntnisvermögens nach den Kategorien versteht. Sehen wir nicht Gestalten, erfahren wir nicht Ordnung, erfassen wir nicht unmittelbar dynamische Zusammenhänge? Kant hätte dieses Auffassen sicherlich nicht geleugnet, aber es ist für objektive Erkenntnis irrelevant, es ist bloße Auffassung, nicht Erkenntnis.

Wenn Kant davon ausgeht, daß die objektive Erkenntnis mit einer verbindungslosen Mannigfaltigkeit von Gegebenem anfängt, so liegt darin implizit als erste Forderung zur Erzeugung objektiver Erkenntnis die Zerschlagung des Gegebenen. Womit objektive Erkenntnis anfängt, ist genaugenommen schon das Ergebnis einer Analyse. Kant sagt, daß das Gegebene in sukzessiver Apprehension (Auffassung) durchlaufen wird, um dann zusammengenommen[16] und als Einheit gedacht zu werden. Dieses Durchlaufen ist die Analyse gegebener Einheiten, ihre Zerlegung. Kant zeichnet damit sehr korrekt die analytisch-synthetische Methode objektiver Erkenntnis nach, die für die neuzeitliche

Wissenschaft seit Galilei verbindlich war:[17] Zunächst ist alles in Elemente zu zerlegen, um von daher die Wirklichkeit zu rekonstruieren. Erkenntnis ist Rekonstruktion.

Um das an einem relativ trivialen Beispiel zu erläutern: Wenn wir im lebensweltlichen Zusammenhang ein Veilchen erblicken, so erkennen wir es durch Erfassung seiner Gestalt, Farbe usw. unmittelbar als Veilchen. Die objektive, die wissenschaftliche Erkenntnis dagegen verfährt anders, sie muß das gegebene Veilchen zerlegen und anhand des Durchgehens einzelner Merkmale so rekonstruieren, daß es dem Begriff des Veilchens entspricht. Das Verfahren hierfür wurde in diesem Fall von Linné angegeben: Die Merkmale, die durchzugehen sind, beziehen sich auf Zahl, Lage, Gestalt und relative Größe der Fortpflanzungsorgane. Man sieht übrigens an diesem Beispiel, daß die begriffliche Rekonstruktion des gegebenen Gegenstandes, die zu seiner wissenschaftlichen Erkenntnis führt, keineswegs der Rekonstruktion der unmittelbar gegebenen Gestalt (hier des lila Veilchens) entsprechen muß.

Man sieht, daß objektive Erkenntnis nach Kant zunächst mit einem radikalen Kahlschlag anfängt, zu einer Verleugnung und Destruktion all dessen, was man schon weiß, zu einer Diskreditierung und Zerschlagung unmittelbarer Auffassungsweisen. Erkenntnis ist *nicht* erfassen gegebener Ordnungen –, sondern: wir schreiben der Natur die Gesetze vor. Die Radikalität dieses Vorgehens bringt Kant am Ende selbst noch in Schwierigkeiten und stellt deshalb von hinten her seine ganze Erkenntnistheorie noch einmal in Frage: Nämlich dort, wo er nicht umhin kann zuzugeben, daß die Natur uns in den organischen Wesen von sich aus Ordnung präsentiert. Kant hilft sich mit einer ad hoc-Hypothese, einem »als ob«: Wir können, sagt er, die organischen Wesen nur begreifen, indem wir sie uns so vorstellen, als ob sie von einer Intelligenz – wenn auch in diesem Fall nicht der unsrigen – verfertigt worden seien.[18]

Der Begriff als Regel oder die Beziehung von Erkenntnis und Moral

Für Kant ist Erkenntnis stets mit Bewußtsein verbunden. Das mag auch zutreffen. Aber man sollte nicht vergessen, daß »Bewußtsein« ein Begriff ist, der aus dem Zusammenhang der Moral stammt. Bewußtsein als Terminus leitet sich von dem sokratischen σύνοιδα her, d. h. ich bin mit mir selbst Mitwisser, ich bin Tatzeuge. Daß diese Mitwisserschaft in der Erkenntnistheorie eine Rolle spielt, hängt sicherlich mit Descartes' Frage nach der Gewißheit als dem entscheidenden Charakteristikum von Erkenntnis als Erkenntnis zusammen. Und das weiß man: Descartes' Frage nach der Gewißheit ist eine abgeleitete Frage nach der Heilsgewißheit. Aber zurück zu Kant: Die systematische Beziehung von Erkenntnis und Moral wird durch Kants Auffassung des Begriffs als Regel gestiftet. Für Kant bedeutet »der Begriff vom Hunde eine Regel, nach welcher meine Einbildungskraft die Gestalt eines vierfüßigen Tieres allgemein verzeichnen kann.«[19] Entsprechend ist der Begriff geometrischer Figuren die Konstruktionsanweisung, nach der Figuren in der reinen Anschauung herzustellen sind. Schließlich sind die reinen Verstandesbegriffe Regeln der Einheit, denen gemäß die Verbindung des gegebenen Mannigfaltigen in der Anschauung herzustellen ist.

Aber Regeln braucht man nicht zu folgen – man *soll* ihnen allenfalls folgen. Daß man ihnen folgen soll, steht für Kant außer Zweifel. Daß es aber Regeln sind, ist für ihn notwendig, denn wenn die reinen Verstandesbegriffe etwa angeborene Ideen wären, so würde aus ihrer Anwendung niemals Erkenntnis entspringen: dann wäre ja der kartesische Dämon denkbar, der uns systematisch und für immer täuscht. Für die Objektivität der Erkenntnis ist also Freiheit ebenso Voraussetzung wie für moralisches Handeln.

Man *soll* den Regeln objektiver Erfahrung folgen – aber man tut es durchaus nicht immer. Auch das weiß Kant. So schreibt er etwa in der Anthropologie in pragmatischer Absicht, daß jemand, der berauscht ist, »die Sinnenvorstellungen nach Erfahrungsgesetzen zu ordnen, auf eine Zeitlang unvermögend wird.« (B72) Die Normen und Regeln der Erfahrungserkenntnis setzen sich also keineswegs von selbst durch. Vielmehr ist man verpflichtet, sich ihnen zu unterwerfen, wenn anders man als Vernunftwesen mitgezählt werden will.

Diese Unterwerfung eines durchaus widerspenstigen Subjektes unter bestimmte Verhaltensregeln, nennt Kant in seiner praktischen Philosophie »Nötigung«.[20] Vorstellungen, denen man nicht unwillkürlich folgt, die deshalb durch Nötigung durchgesetzt werden müssen, nennt er Imperative.[21] Kant hätte also konsequenterweise auch die Kategorien, nach denen objektive Erkenntnis möglich wird, in ihrem imperativischen Charakter ausweisen müssen.

Warum aber sollte man den Regeln objektiver Erkenntnis folgen? Die allgemeinste und direkteste Antwort auf diese Frage läßt sich wieder durch die Beziehung zur praktischen Philosophie geben. Man soll sich durch Befolgung dieser Regeln zum Vernunftwesen machen. Man soll nicht als vereinzeltes individuelles Subjekt denken, sondern als Subjekt überhaupt. In der praktischen Philosophie heißt das, daß man nur solchen Maximen, d. h. also subjektiven Motivationen folgen soll, von denen man zugleich wollen kann, daß sie allgemeines Gesetz seien: das ist der kategorische Imperativ. In der theoretischen Philosophie heißt das, daß man seine subjektiven Auffassungsweisen so stilisieren soll, daß man in ihnen als allgemeines Vernunftsubjekt fungiert. Ebenso wie man als moralischer Mensch seine subjektiven Neigungen überwinden muß, so muß man sich als Erkennender zu allererst von seinen Gefühlen trennen. Denn diese bestimmen auch – das sieht Kant ganz klar – die primären unmittelbaren Auffassungsweisen, die Kant Wahrnehmungsurteile nennt: Das Zimmer ist warm, der Zucker süß, der Wermut widrig.

Was der Gegenstand für mich ist, ist für die objektive Erkenntnis uninteressant, denn die Bestimmungen, die dem Objekt zuzuschreiben sind, muß dieses Objekt für jedermann haben – folglich muß ich mich als Subjekt objektiver Erkenntnis quasi zu diesem »jedermann« machen.

»Es sind . . . objektive Gültigkeit und notwendige Allgemeinheit (für jedermann) Wechselbegriffe«, schreibt Kant in dem Prolegomena, § 19. Davon ist allerdings nur die eine Seite unmittelbar einleuchtend. Denn warum sollte Allgemeingültigkeit nur durch Objektivität erreichbar sein? Das Beispiel von Goethes Farbenlehre (s. Kapitel IV, 1) macht das Gegenteil deutlich. Kant denkt auch konsequent die Beziehung zwischen Objektivität und Erkenntnissubjekt so, daß nur durch die Stilisierung des empirischen Subjekts zum ›Subjekt überhaupt‹ Einheit des Subjekts erreichbar ist. Von daher ist auch zu begründen, welche Regeln es sind, denen man sich unterwerfen muß, will man objektive Erkenntnis gewinnen. Es sind nämlich diejenigen Regeln, deren Befolgung die Einheit des Bewußtseins herstellt. »Das empirische

Bewußtsein«, sagt Kant, »welches verschiedene Vorstellungen begleitet, ist an sich zerstreut und ohne Beziehung auf die Identität des Subjekts.« (KdrV 133)

Die Überwindung dieser Zerstreutheit ist nun, wie Kant in faszinierender Weise zeigt, zugleich der Garant dafür, daß die Vorstellungen auf ein Objekt bezogen werden. Da uns der Gegenstand der Erkenntnis niemals als solcher gegeben ist, wir vielmehr auf die unzusammenhängende Datenmenge der Sinne angewiesen sind, so bleibt als einziges Kriterium dafür, daß wir die daraus resultierenden Vorstellungen auch wirklich auf einen Gegenstand beziehen, ihre Eigenschaft mit sich zusammenzustimmen, d. h. in *einem* Bewußtsein vereinigt werden zu können. Auf diese Weise wird für Kant die Einheit des Bewußtseins zum Repräsentanten der Einheit des Gegenstandes. Mit kantischen Worten: »... da wir es nur mit dem Mannigfaltigen unserer Vorstellungen zu tun haben, und jenes X, was ihnen korrespondiert (der Gegenstand), ... für uns nichts ist (so ist klar, daß), die Einheit, welche der Gegenstand notwendig macht, nichts anderes sein könne, als die formale Einheit des Bewußtseins in der Synthesis des Mannigfaltigen der Vorstellungen« (KdrV A 105). Noch deutlicher drückt Kant diese Beziehung von Einheit des Bewußtseins und des Objektes in folgendem Satz aus, in dem auch der einschränkende Charakter der Erkenntnisregeln, durch die diese Einheit bewirkt wird, mitformuliert ist: »Diese Einheit der Regel bestimmt nun alles Mannigfaltige, und schränkt es auf Bedingungen ein, welche die Einheit der Apperzeption möglich machen, und der Begriff dieser Einheit ist die Vorstellung vom Gegenstande = X, ...« (KdrV A 105).

Fassen wir diesen Punkt noch einmal zusammen: Die kantischen Kategorien sind Regeln, denen sich das empirische Subjekt unterwerfen muß, soll sein Wissen Anspruch auf Objektivität erheben können. Durch diese Regeln werden die möglichen subjektiven Auffassungsweisen des empirischen Subjektes auf solche eingeschränkt, die zur Einheit des Bewußtseins »schicklich« sind. Das empirische Subjekt, das sich in seinem Erkenntnisverhalten nur auf die Einheit von Bewußtsein überhaupt bezieht, stilisiert sich so selbst zum allgemeinen Subjekt, zum jedermann. Die dadurch erreichte Gültigkeit seines Wissens für jedermann garantiert zugleich die Objektivität dieser Erkenntnis. Denn die Zusammenstimmung der Vorstellungen in einem Bewußtsein ist zugleich der Garant der Zusammenstimmung der Vorstellungen zu einem Objekt.

Man hat in jüngeren Interpretationen das kantische transzendentale Subjekt als die unendliche Forschergemeinschaft reinterpretiert. Diese Interpretation ist durchaus angemessen, insofern auch für Kant die Einheit des Bewußtseins eine Aufgabe bleibt, die nur im unendlichen Forschungsprozeß, d. h. also auch von vielen empirischen Bewußtseinen durchgeführt werden kann.

Reflexivität und Kontrolle

Es bleibt die Frage, warum die Regeln, die die Einheit des Subjekts herstellen sollen, überhaupt im Erfahrungsmaterial greifen. Konkret gesprochen: Warum läßt sich das sinnlich Gegebene durch die Kategorien der Quantität als extensive und intensive Größe, durch den Kausalitätsbegriff, nach dem Schema von Substanz und Akzidenz, unter Wechselwirkungsbegriffen erfassen? Genau dies ist natürlich auch die Frage nach der Möglichkeit der Erkenntnis a priori. Kant muß zeigen, daß das Gegebene – zumindest formal – Züge trägt, auf das diese Kategorien passen.

Die Lösung dieses Rätsels findet Kant in dem Aufweis einer inneren Struktur der Erkenntnisvermögen, die zugleich für die Reflexivität objektiver Erkenntnis verantwortlich ist: Der Verstand bestimmt (unter der Benennung der Einbildungskraft) die Sinnlichkeit. Die Einbildungskraft, sagt Kant, ist »ein Vermögen, die Sinnlichkeit a priori zu bestimmen, und ihre Synthesis der Anschauungen, den Kategorien gemäß, muß die transzendentale Synthesis der Einbildungskraft sein, welches eine Wirkung des Verstandes auf die Sinnlichkeit und die erste Anwendung desselben ... ist« (KdrV B 152). Wir sehen hier, inwiefern die Anwendung der Kategorien nicht bloß eine Verarbeitung von gegebenen Daten ist. Der Verstand reguliert bereits die Sinnlichkeit, d. h. die Auffassungsweise von Gegebenem wird bereits unter Bedingungen gestellt, die sicherstellen, daß das Aufgefaßte nachher auch zur Einheit des Selbstbewußtseins zusammenstimmen kann.

Wie geht das im einzelnen zu? Wir haben am Anfang gesagt, daß die erste Forderung objektiver Erkenntnis die Zerschlagung gegebener Zusammenhänge ist. Das heißt nun aber bei genauerem Zusehen, daß doch die Daten der Sinnlichkeit nicht als bloßer

Haufen ins Bewußtsein gelangen, vielmehr ist ihre Auffassung den Schemata der Kategorien entsprechend. *Diese* Auffassung ist die *bewußte* Aneignung des Gegebenen. Kant unterscheidet auf der Ebene der Sinnlichkeit genauer ja zwischen dem äußeren und dem inneren Sinn. Man könnte nun glauben, daß für die Zwecke objektiver Erkenntnis der äußere Sinn allein maßgeblich ist, denn es handelt sich um den Sinn der Gegenstände außer uns. Wozu muß Kant den inneren Sinn, d. h. die Wahrnehmung unserer Gemütsregungen (also etwa der Vorstellungen) noch zusätzlich bemühen – nein, man muß ja viel betonter sagen, warum spielt der innere Sinn für die objektive Erkenntnis geradezu die entscheidende Rolle? Die Antwort muß lauten: Weil sich gerade hier die Kontrollfunktion des Verstandes über die Sinnlichkeit abspielen kann. Insofern wir einen äußeren Sinn haben, sind wir den Gegenständen außer uns einfach ausgesetzt: Sie affizieren uns, wie Kant sagt. Die Art, wie wir aber diese Affektion dann als Vorstellungszustände *in* uns wahrnehmen, haben wir in der Hand. Wir können beispielsweise ein gegebenes Ganzes der äußeren Vorstellung in unserer inneren *Aneignung* dieser Vorstellung sukzessive durchlaufen. Schon dadurch allein machen wir diese Vorstellung einem späteren Begreifen mittels der Kategorie der Quantität gemäß. Denn das sukzessive Durchlaufen erzeugt in der so gegebenen Mannigfaltigkeit durch die gleichartigen Akte des Aufnehmens eine Homogenität, die dieses sukzessive Aufnehmen als Zählen dann begreifbar macht.[22]

Die Selbstwahrnehmung unserer Affektion von außen setzt also einen Hiat zwischen dem unmittelbar Gegebenen und das Verstehen (den Verstand). Erkenntnis ist damit nicht Aufnehmen von Strukturen, wie das etwa in der platonischen Erkenntnistheorie als Ideenerkenntnis der Fall war. Dieser Hiat macht überhaupt Erkenntnis zu einem bewußten Akt. Es gehört zur objektiven Erkenntnis wesentlich ein Stück Innerlichkeit, die Selbstwahrnehmung durch den inneren Sinn. Diese aber wird, wie wir gehört haben, erzeugt durch die Kontrollfunktion, die der Verstand über die Sinnlichkeit ausübt. In der Innerlichkeit des inneren Sinnes geschieht die geregelte Aneignung der eigenen Vorstellungen. Dabei wird nur zugelassen, was zur objektiven Erkenntnis taugt, d. h. was den Bedingungen der transzendentalen Apperzeption gemäß ist. Kant redet hier ganz konsequent von Selbstaffektion: Der Verstand bestimmt in dieser Beziehung den inneren Sinn, d. h. er affiziert ihn.[23] Dadurch wird zugleich sichergestellt, daß das so innerlich angeeignete Material der Sinne der Anwendung der Kategorien gemäß ist. Diesen wird umgekehrt damit ihre Anwendbarkeit, oder wie Kant sagt, objektive Gültigkeit a priori gesichert.

Fassen wir diesen Punkt noch einmal zusammen: Objektive Erkenntnis ist im strengen Sinne reflexiv. Der Verstand spiegelt sich in ihr am inneren Sinn. So gesehen ist objektive Erkenntnis Selbsterkenntnis. Der Verstand übt unter der Benennung der Einbildungskraft eine Kontrollfunktion über die Sinnlichkeit aus. Durch diese Kontrolle wird die Aneignung der Affektionen durch den äußeren Sinn im inneren Sinn so reguliert, daß die dadurch produzierten Daten einer späteren Anwendung der Kategorien gemäß sind. Die Kontrollfunktion des Verstandes setzt genau den Hiat zwischen Realität und Vernunft, der Erkenntnis zu *bewußtem* Wissen macht. Der von den Sinnen herkommende Einfluß auf den Menschen wird durch die Kontrolle aufgehalten, es wird Innerlichkeit erzeugt, d. h. der innere Sinn kommt ins Spiel. Die entstehenden Vorstellungen sind als kontrollierte bewußt.

Verdrängte Vorstellungen

Damit dürfte zumindest in großen Zügen deutlich geworden sein, wie sehr Kants Erkenntnistheorie – ohne daß dies ihre Absicht wäre – Zeugnis für die Disziplinierung der menschlichen Erkenntnismöglichkeiten zugunsten objektiver Erkenntnis ablegt. Was dadurch verdrängt wird, gibt Kants Darstellung nicht in eben demselben Maße her, im Gegenteil, es wird durch Kant noch einmal verdrängt, daß überhaupt etwas verdrängt wird: Es ist eine generelle Schwäche der kantischen Erkenntnistheorie, daß sie nicht zwischen lebensweltlicher Erfahrung und wissenschaftlicher Erfahrung unterscheidet. Da sie letzten Endes auf die Begründung wissenschaftlicher Erfahrung, speziell der Physik, abzielt, aber beständig mit Beispielen aus der Alltagserfahrung arbeitet, und da Kant immer von »Erfahrung überhaupt« redet, wird der Eindruck erweckt, als existiere dieser Unterschied überhaupt nicht. Diese Täuschung darüber, was seine Theorie überhaupt leistet, hängt auch zusammen mit Kants Irrtum, daß subjektive Erfahrung nicht allgemein sein könne bzw. daß Wahrnehmungsurteile nur Urteile über die eigenen Empfindungen seien. Daß außerhalb der Wissenschaft durchaus bündige Gegenstandserkenntnis und allgemeingültiges Wissen erreichbar ist, wird dadurch vernebelt, daß dieser ganze Bereich scheinbar unter dem Titel »objektive Erkenntnis« subsumiert ist, – was aber gleichwohl nicht zutrifft, weil objektive Erkenntnis bei Kant nach den Maßstäben wissenschaftlicher Erkenntnis zugeschnitten ist. Dadurch bleibt unterhalb der Schwelle objektiver Erkenntnis kein Raum mehr für andere *Wissens*formen, alles vermischt sich im unbestimmten Bereich von subjektiver Wahrnehmung, Sinnestäuschung, Halluzination, Traum, Fantasie.

So kann auch nur ex negativo angedeutet werden, was durch Kants Erkenntnistheorie aus dem Bereich zugelassenen Wissens abgedrängt wird. Gehen wir kurz die Anschauungsformen und Kategorien durch: Raum und Zeit sind nach Kant reine Medien des Nebeneinander bzw. Nacheinander. Beim Raum entfällt also für den Zusammenhang objektiver Erkenntnis: die Erfahrung der Anisotropie des Raumes, der Unterschied von Naheraum und Ferneraum, von Enge und Weite; bei der Zeit, die Periodisierung, die Dehnung und Verengung, der Unterschied von Gegenwart, Vergangenheit und Zukunft. Alle Anschauungen sind extensive Größen, das durch die Empfindung gegebene Reale kann nur durch den Grad der Intensität gedacht werden: Damit entfällt die Erfahrung von Gestalten, von räumlichen Konfigurationen. Von den Qualitäten geht für die objektive Erfahrung ihre Polarität verloren, Intensitäten können nicht als Steigerungstendenzen, sondern bloß noch als faktische Grade in die Erkenntnis eingehen. Gegenstände müssen nach dem Schema von Substanz und Akzidens gedacht werden: Das bedeutet, daß der Wechsel in der Erscheinung als Wechsel von Eigenschaften an bleibenden Substraten gedacht werden muß – die Erfahrung von Veränderungen durch Wechsel des Substrats für bleibende Strukturen fällt heraus. Gegenstände wie Atmosphären, Halbdinge[24] wie ein Wind oder ein Blick, die doch so deutliche, artikulierbare Erfahrungen mit sich bringen, können nicht Thema sein. Gesetzeszusammenhänge können nur nach dem Schema der Kausalität gedacht werden, d. h. Zweckbezüge müssen entsprechend umgedeutet werden, Strukturzusammenhänge oder symbolische Zusammenhänge oder gar Analogien gehören nicht in den Bereich der Erkenntnis. Schließlich wird als objektiv nur anerkannt, was in durchgängiger Beziehung von Wechselwirkung ist, d. h. also in den Zusammenhang *einer* Zeit bzw. *eines* Erfahrungskontextes gebracht werden kann. Die Erfahrung von Ungleichzeitigkeit, die Vielfalt der »Welten«, in der wir gleichwohl leben müssen, verfällt dem kruden Bereich bloßer Subjektivität.

V. Schluß

Was trotz der in Abschnitt II genannten bisher vorliegenden Ansätze zu einer psychoanalytischen Erkenntniskritik bisher fehlte, war eine Realisierung der Freudschen Erkenntnis innerhalb der Erkenntnistheorie selbst und eine Rekonstruktion verdrängter und unterdrückter Denkformen in Analogie zu Freuds Traumdeutung. Zu ersterem sollte durch diesen Aufsatz ein Beitrag geleistet werden, letzteres steht noch aus.

Man muß sich allerdings klarmachen, daß man mit dieser Aufgabe den Bereich individuellen Bewußtseins verläßt, darüber konnte unsere Analyse der kantischen Erkenntnistheorie zunächst noch hinwegtäuschen. Faktisch aber ist auch diese schon auf kollektives Wissen bezogen. Objektives Wissen, d. h. Wissenschaft im Sinne neuzeitlicher Naturwissenschaft ist nicht im Rahmen individuellen Bewußtseins denkbar. Bei Kant äußert sich das so, daß nach seiner Erkenntnistheorie sich das individuelle Bewußtsein zum Bewußtsein überhaupt, d. h. also zum Repräsentanten des allgemeinen Bewußtseins stilisieren muß. Man hat die Verdeckung der Tatsache, daß Kant eigentlich bereits mit kollektivem Wissen zu tun hat, in der neueren Kantkritik dadurch wettzumachen versucht, daß man das transzendentale Subjekt als scientific community interpretiert hat bzw. Kants Vernachlässigung der Sprache kritisiert hat.[25] Wenn es aber um die Rehabilitation verdrängter Denkformen gehen soll, so stellt man sich für die Geschichte des Denkens, also das kollektive Bewußtsein, die Aufgabe, die Freud in der Traumdeutung für das *individuelle* Bewußtsein begonnen hat. Dann muß aber systematisch das Problem der Übertragung der Struktur bewußt/unbewußt auf Kollektive geklärt werden. Dazu nur ein paar kurze Bemerkungen:

Freuds Metapsychologie, die als Theorie individuellen Bewußtseins konzipiert worden ist, läßt sich nicht so ohne weiteres auf kollektive psychische Phänomene übertragen. Zwar gibt es auch kollektive Verdrängungen in dem Sinne, daß jedes Individuum eines Kollektivs individuell verdrängt. Darüber hinaus kann man aber auch den Begriff eines kollektiven Bewußtseins bilden, von dem dann wiederum systematisch andere Vorstellungen – die auch irgendwo und irgendwie im Kollektiv existieren – ferngehalten werden. Ein solches kollektives Bewußtsein steht als öffentliches Bewußtsein, als zugelassenes Bewußtsein, als wissenschaftliches Bewußtsein dann einem analog zu denkenden kollektiven Unbewußten gegenüber.

Wenn man die Freudsche Metapsychologie so analog auf kollektive Bewußtseinsprozesse überträgt, sind aber doch bestimmte Unterschiede zu beachten. Das kollektive Unbewußte ist im Gegensatz zum individuellen Unbewußten als solches zugänglich. Es hat seine eigene Existenz in der Marginalität, in Subkulturen, in der Privatheit, der Verrücktheit, in Sekten usw. Die Vorstellungsinhalte solcher abgedrängter Wissensformen haben damit aber nicht denselben Status wie die Vorstellungsinhalte individuell unbewußter psychischer Akte. Der Unterschied zwischen Traumgedanken und manifestem Traum findet hier keine Anwendung. Man hat quasi immer mit dem manifesten Traum zu tun, d. h. aber, daß die kollektiv unterdrückten Vorstellungsinhalte immer auch einen Direktbezug zum zugelassenen Denken haben.

Der Stand der Selbstaufklärung der europäischen Wissenschaft verlangt nicht nur zu verstehen, daß wissenschaftliches Wissen kontrolliertes und diszipliniertes Wissen ist, sondern gleichzeitig einen Begriff davon zu haben, welche Dunkelheiten, Verdrängungen diese Kontrolle erzeugt, welche Vorstellungen aus dem offiziellen Kanon ausgeschlossen sind und warum. Im einzelnen gilt es, folgende Fragen zu beantworten:

1) Welche Aspekte werden bei einer wissenschaftlichen Thematisierung eines Gegenstandes verdrängt? Es gibt zur Beantwortung dieser Frage einige Vorahnungen, die allerdings nur durch Detailuntersuchungen erfüllt werden können. So sagt man etwa, daß durch die vorherrschende Quantifizierung in den europäischen Wissenschaften das »Qualitative« verdrängt wird. Dabei ist aber gleich mitverdrängt worden das Wissen, welche Struktur eigentlich qualitatives Denken hat, so daß Quantifizierung häufig nur als ein präziseres Denken gegenüber dem qualitativen aufge-

faßt wird. Dagegen zeigen Untersuchungen etwa der aristotelischen Wissenschaft, daß qualitatives Denken zugleich Denken in Polaritäten bedeutet.

2) Welche Strukturen haben nicht-wissenschaftliche Denkweisen? Hier ist für das Alltagswissen, für religiöse, mythologische und pseudowissenschaftliche Denkformen das zu leisten, was Freud für das individuelle Unbewußte als Rekonstruktion der Traumarbeit bezeichnet hat. Es ist damit zu rechnen, daß andere Formen von Vorstellungsverbindungen als Induktion und Deduktion, andere Formen von Analyse als Auflösung in Elemente zu finden sind.

3) Welche Verödungen von Wissen finden durch Verwissenschaftlichung statt? Durch Verwissenschaftlichung werden ja nicht nur gewisse andere Denkformen als Pseudowissenschaften diskreditiert, sondern sie werden ja zum Teil nicht weitergepflegt, ihrer gesellschaftlichen Funktionen enthoben, zum Teil schlicht vergessen. Dies geschieht natürlich nur dann legitim, wenn nichtwissenschaftliches Wissen durch wissenschaftliches Wissen voll substituierbar ist oder im wissenschaftlichen Wissen »aufgehoben« werden kann. Es ist dagegen damit zu rechnen, daß mit dem Fortschritt der Wissenschaft auch gewisse Prozesse des Wissensverlustes verbunden sind.

4) Welche Verzerrungen, welche Ideologisierungen geschehen durch Wissenschaft? Diese Frage ist insofern heikel, als sie die Wahrheit von Wissenschaft in Frage zu stellen scheint. Aber ebenso, wie es schwer ist oder schwer war zu lernen, daß Bewußtsein auch Verdrängung ist, wird es schwer sein zu lernen, daß Wahrheiten täuschen können – ohne doch ihren Charakter als Wahrheit zu verlieren. Wissenschaftliche Wahrheit ist die Adäquation kontrollierten Wissens an die Gegenstände, ihr ideologischer Charakter resultiert aus dem Vergessen, daß diese Adäquation eine Kontrolle der Gegenstände voraussetzt.

5) Schließlich ist zu fragen, welche Funktion die Kontrolle des Wissens, deren Resultat die Wissenschaft ist, selbst hat. Wie beim Individuum die Scheidung von Bewußtsein und Unbewußtsein eine Funktion im Lebenszusammenhang hat, so auch die Unterscheidung von Wissenschaft und Nichtwissenschaft, die Trennung von kollektivem Bewußtsein und kollektivem Unbewußtem in der Gesellschaft.

Anmerkungen

1 Aus dem Nachlaß der achtziger Jahre, Nietzsche, Bd. III, 844.

2 V. v. Weizsäcker 1968, 18 ff. S. 20 weist v. Weizsäcker darauf hin, daß seine Lehre von der ›konstitutiven Täuschung‹ einen Bezug zur Lehre Freuds aufweist: »Wir haben an anderer Stelle auszuführen, daß »es sich in formaler Hinsicht hier um dasselbe handelt, was die Psychologie nach den Erfahrungen der Psychoanalyse als Verdrängung bezeichnet.«

2a Der Ursprung der Bohrschen Überlegungen liegt übrigens biographisch gesehen bei W. James. S. dazu Meyer-Abich 1965, 135 ff. Die Beziehung der Bohrschen Ideen zu Freud ist erst explizit von v. Weizsäcker 1963 hergestellt worden.

3 Die Prinzipien Foucaultscher Analyse sind am prägnantesten in seiner Antrittsvorlesung an der Sorbonne formuliert, s. Foucault 1974.

4 s. Freud, Das Unbewußte, Bd. X, 267.

5 Freilich kann man hieraus auch verheerende rationalistische Konsequenzen ziehen: nämlich daß auch die latenten Traumgedanken ganz rational (im gewöhnlichen Sinne) seien, und alles Krause und Unverständliche an der manifesten Traumgestalt nur Produkt der Zensur. Unsere Interpretation geht in eine andere Richtung: wir vermuten gerade im Zensor den Ursprung von Rationalität.

6 »Den Inhalt des Ubw kann man mit einer psychischen Urbevölkerung vergleichen. Wenn es beim Menschen ererbte psychische Bildungen, etwa dem Instinkt der Tiere Analoges gibt, so macht dies den Kern des Ubw aus. Dazu kommt später das während der Kindheitsentwicklung als unbrauchbar Beseitigte hinzu, was seiner Natur nach von dem Ererbten nicht verschieden zu sein braucht. Eine scharfe und endgültige Scheidung des Inhalts der beiden Systeme stellt sich in der Regel erst mit dem Zeitpunkt der Pubertät.« (Das Unbewußte, Bd. X, 294) »Es bleibt uns in der Psychoanalyse gar nichts anders übrig, als die seelischen Vorgänge für an sich unbewußt zu erklären und ihre Wahrnehmung durch das Bewußtsein mit der Wahrnehmung der Außenwelt durch die Sinnesorgane zu vergleichen.« (Das Unbewußte, Bd. X, 270)

7 Freud stellt die hier naheliegende Beziehung zu Kant selbst her in »Das Unbewußte«, Bd. X, 270.

8 Traumdeutung, Bd. II/III, 598.

9 Das Unbewußte, Bd. X, 300.

10 Das Ich und das Es, Bd. XIII, 248.

11 Kritik der reinen Vernunft, B 131 f.

12 Dieser Gedanke wird unter Abschnitt IV dieses Aufsatzes erläutert.

13 Nähere Ausführungen dazu in meiner Arbeit über ›Kants Theorie der Gegenstandskonstitution‹, Kantstudien (im Erscheinen).

14 Für die Kategorie der Quaitität ist das genauer ausgeführt in Böhme 1979.

15 »Das Mannigfaltige einer Vorstellung kann in einer Anschauung gegeben werden, die bloß sinnlich d. i. nichts als Empfänglichkeit ist, ... Allein die Verbindung (conjunctio) eines Mannigfaltigen überhaupt, kann niemals durch Sinne in uns kommen, ...« (KdrV B129).

16 »Damit nun aus diesem Mannigfaltigen Einheit der Anschauung werde, ... so ist erstlich das Durchlaufen der Mannigfaltigkeit und dann die Zusammennehmung desselben notwendig ...« (KdrV A 99).

17 s. dazu Mittelstraß 1970.

18 »Wir haben nämlich unentbehrlich nötig, der Natur den Begriff einer Absicht unterzulegen, wenn wir ihr auch nur in ihren organisierten Produkten durch fortgesetzte Beobachtung nachgehen wollen.« Kritik der Urteilskraft § 75, 334.

19 KdrV, Vom Schematismus der reinen Verstandesbegriffe, B 180.

20 Grundlegung zur Metaphysik der Sitten. BA 37.

21 »Die Vorstellung eines objektiven Prinzips, sofern es für einen Willen nötigend ist, heißt ein Gebot (der Vernunft) und die Formel des Gebots heißt Imperativ.« Grundlegung zur Metaphysik der Sitten, BA 37.

22 »Das reine Schema der Größe aber (quantitatis), als eines Begriffs des Verstandes, ist die Zahl, welche eine Vorstellung ist, die die sukzessive Addition von Einem zu Einem (gleichartigen) zusammenbefaßt« KdrV, B 182, vergl. meine Interpretation dieses zentralen Abschnitts des Schematismuskapitels in Böhme 1973.

23 KdrV, B 153 ff.

24 s. H. Schmitz, Die Wahrnehmung (System der Philosophie, Bd. III, 5) Bonn: Bouvier 1978.

25 K. O. Apel, Transformation der Philosophie, Frankfurt: Suhrkamp 1973.

Literaturverzeichnis

Böhme, G., Quantifizierung als Kategorie der Gegenstandskonstitution, in: Kant-Studien 70 (1979), 1-16.

Böhme, G., Zeit und Zahl. Studien zur Zeittheorie bei Platon, Aristoteles, Leibnitz und Kant. Frankfurt/M.: Klostermann 1974.

Bachelard, G., Die Bildung des wissenschaftlichen Geistes. Beitrag zu einer Psychoanalyse der objektiven Erkenntnis. Frankfurt: Suhrkamp 1978.

Foucault, M., Die Ordnung des Diskurses. München: Hanser 1974.

Freud, A., Gesammelte Werke, 18 Bde. Frankfurt: S. Fischer 1952-68.

Jordan, P., Verdrängung und Komplementarität. Hamburg-Bergedorf: Stromverlag 1947.

Kant, I., Kritik der reinen Vernunft. Nach der ersten und zweiten Original-Ausgabe neu herausgegeben von R. Schmidt. Hamburg: Meiner 1956.

Kant, I., Werke in sechs Bänden, hrsg. von W. Weischedel. Darmstadt: WB 1963.

Meyer-Abich, K. M., Korrespondenz, Individualität und Komplementarität. Eine Studie zur Geistesgeschichte der Quantentheorie in den Beiträgen Niels Bohrs. Wiesbaden: Fr. Steiner 1965.

Mittelstraß, J., Neuzeit und Aufklärung. Berlin: de Gruyter 1970.

Nietzsche, Fr., Werke in drei Bänden (Hrsg. v. K. Schlechta). München: Hanser.

Pauli, W., Naturwissenschaftliche und erkenntnistheoretische Aspekte der Ideen vom Unbewußten, in: Dialektica 8 (1954).

Ricoeur, P., Die Interpretation. Ein Versuch über Freud. Frankfurt: Suhrkamp 1969.

Sartre, J.-P., Die Transzendenz des Ego. Reinbeck: Rowohlt 1964.

Sartre, J.-P., Das Sein und das Nichts. Hamburg: Rowohlt 1962.

Schindler, W., Die reflexive Struktur objektiver Erkenntnis. München: Hanser 1979.

v. Weizsäcker, C. F., Gestaltkreis und Komplementarität, in: C. F. v. Weizsäcker, Zum Weltbild der Physik. Stuttgart: Hirzel 1963, 332–366.

v. Weizsäcker, V., Der Gestaltkreis. Theorie der Einheit von Wahrnehmen und Bewegen. Stuttgart: G. Thieme, 4. Aufl. 1968.

III. Antike Alternativen

1. Platons Theorie der exakten Wissenschaften[1]

I.

Daß Platons Philosophie in der Geschichte der exakten Wissenschaften eine hervorragende Rolle zukommt, ist bekannt.

Er brachte den Wissenschaften, insbesondere den mathematisch verfahrenden Einzelwissenschaften, eine besondere Achtung entgegen. Die Wissenschaften, an die dabei in erster Linie zu denken ist, sind diejenigen, die im Kanon der mittelalterlichen artes liberales zum Quadrivium zusammengefaßt waren: Arithmetik, Geometrie, Astronomie und Musiktheorie. Nach einem antiken Bericht[2] hat über dem Eingang der Akademie gestanden: Niemand trete hier ein, der sich nicht mit Geometrie beschäftigt hat. Die Ausbildung der platonischen Philosophie vollzieht sich in beständiger Orientierung an der Mathematik; innerhalb seines Staatsentwurfes weist Platon den mathematischen Wissenschaften eine ausgezeichnete Funktion zu: sie gehören zum Erziehungsprogramm der Philosophenherrscher.

Die Entstehung der neuzeitlichen Naturwissenschaft bei Galilei bringt man mit der Wiederbelebung der platonischen Philosophie in der Renaissance in Verbindung[3]. Es sind vor allem zwei Momente seiner Philosophie, die Platon als den Großvater der neuzeitlichen Naturwissenschaft erscheinen lassen: Charakterisiert man diese durch die Suche nach mathematischen Gesetzmäßigkeiten, so mag die der Mathematik nahestehende Philosophie dazu den geeigneten metaphysischen Hintergrund abgegeben haben. Hebt man Idealisierung und Modelldenken in der neuzeitlichen Wissenschaft hervor, so kann man Platons Unterscheidung einer idealen, bloß denkbaren Wirklichkeit und einer diese nur unvollständig darstellenden sinnlichen Welt dafür verantwortlich machen.

Wenn man aber mit diesem allgemeinen Vorverständnis der Beziehungen der platonischen Philosophie zur exakten Wissenschaft Platons Dialoge liest, etwa die Kapitel am Ende des 6. Buches und am Anfang des 7. Buches im Dialog ›Der Staat‹, die in Umrissen das enthalten, was man Platons Wissenschaftstheorie nennen könnte, so wird man mit Befremden dort auf Vorstellun-

81

gen treffen, die doch erheblich von dem abzuweichen scheinen, was für uns Wissenschaft ist. So wird man auf Stellen stoßen, an denen Platon mit einiger Schroffheit die Möglichkeit zurückweist, es könne von dieser, der sinnlich wahrnehmbaren Welt, Wissenschaft geben[4]. So wird man mit Erstaunen lesen, daß die doch so geachteten mathematischen Wissenschaften streng genommen gar nicht Wissenschaften zu nennen seien, daß diesen Titel allein die Dialektik beanspruchen könne (Staat VII, 533 d).

Diese Stellen sind Anlaß genug, gegenüber jeder Behauptung einer direkten Abhängigkeit von platonischem und neuzeitlichem Wissenschaftsverständnis bedenklich zu werden. Ich sehe meine Aufgabe nicht darin, diese Bedenken zu zerstreuen. Vielmehr will ich versuchen, das Befremden angesichts der Platonischen Wissenschaftstheorie auf einen Begriff zu bringen und aus dem weiteren Zusammenhang der Philosophie Platons seinen Wissenschaftsbegriff verständlich zu machen.

Zunächst sollen jene beiden schon genannten Äußerungen Platons, die von einem modernen Wissenschaftsverständnis her anstößig sind, näher erläutert werden.

Der erste Punkt war Platons These, daß es von den Gegenständen der wahrnehmbaren Welt gar keine Wissenschaft gebe. Man führt diese These mit Recht auf Platons Unterscheidung von Idee und sinnlichem Abbild zurück. In jedem sinnlichen Gegenstand kommt die Idee, an der er teilhat, die ihm sein Wesen verleiht und nach der wir ihn nennen, nur höchst fehlerhaft und ungenau zur Darstellung. Diese Feststellung reicht aber offenbar für die Ablehnung einer Wissenschaft von der sinnlichen Welt nicht aus, denn die neuzeitliche Wissenschaft teilt ja Platons Einschätzung der phänomenalen Welt: Sie ist ungenau, verwaschen, singulär. Eben deshalb greift man zu Idealisierungen, die man dann schrittweise durch Näherungsverfahren, Statistik, Berücksichtigung von Überlagerungseffekten und Nebenwirkungen einer Darstellung der sog. Wirklichkeit nahebringt. Die mangelnde Präzision der Erscheinungen gegenüber den Ideen ist also noch kein Grund, ihre wissenschaftliche, nicht einmal: ihre mathematische Behandlung abzulehnen. Platons Begründung ist nun in der Tat auch anders. Man könnte seine Meinung wohl folgendermaßen zusammenfassen: Selbst wenn sich die Wissenschaft mit den Gegenständen der wahrnehmbaren Welt abgibt, handelt sie doch nicht von diesen, sondern von den Ideen. So wie Platon diese These einführt, wird man keine Mühe haben, ihr zuzustimmen. Man übersieht dann leicht, daß ihre Ausdehnung auf alle Wissenschaften einen Wissenschaftsbegriff impliziert, der von dem unseren abweicht. Er verweist nämlich auf die Praxis der Geometer, die mit anschaulichen Modellen und in den Sand gezeichneten Figuren arbeiten, aber doch ihre Sätze nicht auf diese sinnlichen Gegenstände beziehen, sondern auf die Ideen – also etwa auf Kreis und Dreieck in ihrer bloß denkbaren, exakten Gestalt. Man kann dieser These ohne weiteres folgen, solange Platon sie auf die Arithmetik und die Geometrie bezieht. Denn auch wir betrachten die Gegenstände der Mathematik nicht als solche, denen man sich durch Idealisierungen nähert, sondern geben ihnen selbst idealen Rang. Nun unterstellt aber Platon streng analoge Verhältnisse für die Astronomie und die Harmonik. Er geißelt diejenigen mit scharfem Spott, die in der Astronomie durch Himmelsbeobachtung etwas lernen wollen oder in der Harmonik Experimente anstellen und durch Hinhalten des Ohres etwas herauszufinden trachten[5]. Er tadelt diejenigen, die überhaupt in der Astronomie die sichtbaren Gestirne und in der Harmonik die hörbaren Töne für die Gegenstände dieser Wissenschaft halten. Man solle vielmehr diese sinnlichen Gegenstände so wie in der Geometrie die gezeichneten Figuren für bloße Veranschaulichungen halten, für Beispiele; die eigentlichen Gegenstände seien aber auch hier nicht mit der Wahrnehmung, sondern nur mit Vernunft und Verstand zu erfassen (Staat, VII, 529 d-530 b). Diese eigentlichen Gegenstände sind für die Astronomie: »Bewegungen, in welchen die Schnelligkeit, welche ist, und die Langsamkeit, welche ist, sich nach der wahrhaften Zahl und allen wahrhaften Figuren gegeneinander bewegen« (Staat VII, 529 d, Übers. nach Schleiermacher). Für die Harmonik aber sind die eigentlichen Gegenstände nicht die gehörten Akkorde, sondern die harmonischen Zahlen[6]. Wird aus dem auf die Astronomie bezüglichen Zitat deutlich, daß hier Platon in der Tat ideale Bewegungen und ihre Verhältnisse als Thema ansieht (insbesondere zeigen das die Formulierungen »Die Schnelligkeit, welche ist, und die Langsamkeit, welche ist«), so wird mit der Bemerkung über die Harmonielehre unzweifelhaft, daß bei Platon hier ein besonderer Wissenschaftsbegriff zugrunde liegen muß: Harmonie ist danach nicht eine Eigenschaft hörbarer Töne, die man allenfalls mathematisch erfassen kann, sondern letzten Endes eine Eigenschaft der Zahlen selbst.

Hier spätestens muß eine Auslegung scheitern, die bei Platon nur finden will, was auch der neuzeitlichen Naturwissenschaft geläufig ist, nämlich den Unterschied zwischen dem idealen Gesetz und der konkreten Wirklichkeit. Wir sehen nicht, inwiefern man bestimmte Zahlenverhältnisse als harmonisch auszeichnen sollte. Und selbst wenn wir die platonische Astronomie als eine allgemeine theoretische Bewegungslehre akzeptieren, so finden wir doch keinen Inhalt für sie: Wir sehen nicht, welche Gestalten und Geschwindigkeitsverhältnisse in ihr erkannt werden sollten.

Durch diese Erläuterung dürfte das eigentümliche Verhältnis von Verwandtschaft und Verschiedenheit zwischen platonischer und neuzeitlicher Wissenschaft faßbarer geworden sein. Einen Grund für dieses Verhältnis, der wohl nur aus einer Einsicht in den platonischen Wissenschaftsbegriff gewonnen werden kann, habe ich noch nicht angegeben.

Wenden wir uns jetzt der zweiten anstößigen These Platons zu, daß nämlich die genannten Wissenschaften Arithmetik, Geometrie, Astronomie, Harmonik diesen Namen in Strenge nicht verdienen (Staat VII, 533 d). Es mag paradox klingen, aber der Grund für diese Auffassung Platons liegt gerade in dem, was wir für den Kern neuzeitlicher Wissenschaft halten, nämlich in der hypothetisch-deduktiven Methode. Platon hat – wohl als erster in der Wissenschaftsgeschichte – das Verfahren mathematischen Beweisens richtig beschrieben. Er sagt nämlich, daß die Mathematiker von gewissen Anfängen ausgehen. »Sie machen solches, als wüßten sie es, zu Voraussetzungen (ὑποθέσεις ist Platons Ausdruck) und halten es nicht für nötig, sich oder anderen davon Rechenschaft zu geben, als sei dies jedem schon deutlich, sondern fangen sogleich von solchen Hypothesen beginnend an, das weitere durchzugehen und kommen dann folgerichtig bei dem an, auf dessen Untersuchung sie ausgegangen sind« (Staat VI, 510 c, d).

Wir vermerken hier zunächst nur am Rande, daß die Beispiele für Voraussetzungen mathematischer Beweise, die Platon gibt, merkwürdig sind: »Das Gerade und das Ungerade, die Figuren und die drei Arten der Winkel« (510 c). Diese Formulierung mag zunächst als eine Schwäche Platons erscheinen, so als sehe er nicht, daß die Anfänge mathematischer Deduktionen bereits Sätze – Axiome – sein müssen[7], ihr Sinn wird aber nachher noch aus Platons Konzeption von Wissenschaft einsichtig werden.

Platon gesteht also den mathematischen Einzelwissenschaften den Ehrentitel der Wissenschaft (ἐπιστήμη) nicht zu, weil sie über ihre Voraussetzungen nicht Rechenschaft abzulegen vermögen. Er fordert daher eine Wissenschaft, die nicht von diesen Voraussetzungen absteigend zu Schlußfolgerungen kommt, sondern über diese Voraussetzungen selbst Rechenschaft gibt. Diese Wissenschaft nennt er Dialektik. Sie soll von den Voraussetzungen der Einzelwissenschaften aufsteigend zu einem Voraussetzungslosen kommen, und von daher wieder absteigend die Voraussetzungen der Einzelwissenschaften reproduzieren und rechtfertigen. So erst, das ist offenbar Platons Meinung, würden auch die Einzelwissenschaften als Wissenschaften begründet. Er sagt nämlich ausdrücklich, daß auch sie zum vernunftmäßig Erfaßbaren gehören, wenn man nur vom Ursprung ausginge (Staat VI, 511 d).

Damit ist die Möglichkeit versperrt, sich bei Platon auszuborgen, was dem neuzeitlichen Wissenschaftsverständnis verwandt erscheint. Die diesem Wissenschaftsverständnis so suspekte Dialektik ist nicht nur die eigentliche Wissenschaft nach Platon, vielmehr sind selbst die mathematischen Einzelwissenschaften nur Wissenschaft, wenn sie dialektisch begründet werden.

II.

Der Versuch, zu verstehen, was für Platon Wissenschaft ist, und wie er sie begründet sah, sieht sich also auf die Frage verwiesen, was eigentlich Dialektik ist. Es ist klar, daß ich diese Frage hier nicht mit hinreichender Ausführlichkeit werde untersuchen können. Ich möchte deshalb die eine Seite von Dialektik hervorheben, die relativ rasch einen erhellenden Beitrag zum Thema der dialektischen Begründung der Wissenschaft verspricht: Nämlich Platons Bestimmung des dialektischen Verfahrens als Dihairesis, als Ideenteilung. Dieses Verfahren erfaßt sicherlich nur die eine Seite der Dialektik, nämlich den absteigenden Zweig, den Weg vom Einen zum Vielen, nicht den Aufstieg zum Einen, zur Idee des Guten. Unsere eingeschränkte Betrachtung der Dialektik rechtfertigt sich dadurch, daß Platon selbst die Dihairesis als das wesentliche Geschäft der Dialektik bestimmt: »Das Abtrennen nach Gattungen (διαιρεῖσθαι) und daß man nicht denselben

Begriff für einen anderen hält und nicht etwa einen anderen für denselben, das sagen wir doch, ist Aufgabe der dialektischen Wissenschaft« (Sophistes 253 d). Unser Problem verschiebt sich also zu der Frage, worin das dihairetische Verfahren besteht. Man verbindet landläufig mit diesem Titel die traditionelle, auf Aristoteles zurückgehende Anleitung zur Verfertigung von Definitionen: Man suche zunächst nach der übergeordneten Gattung des Definiendum und bestimme es dann innerhalb dieser Gattung durch Angabe einer spezifischen Differenz: definitio fiat per genus proximum et differentias specificas, wie das Mittelalter formulierte. Diese Auslegung des platonischen Verfahrens ist in der Tat weitgehend richtig: Sein Ziel ist es, Definitionen zu gewinnen. So sagt Platon im VII. Buch des Staates: »Du nennst doch Dialektiker denjenigen, der die Wesensdefinition von einem jeden erfaßt« (534 b).

Dialektik ist also als Dihairesis ein Verfahren zur Gewinnung von Definitionen. Haben wir damit ein Verständnis dafür gewonnen, wie durch Dialektik Wissenschaft soll begründet werden können? Wohl kaum. Und doch fügt sich bereits einiges zusammen: Wir verzeichneten es vorhin nebenher als merkwürdig, daß Platon als Voraussetzungen der Mathematik nicht Sätze oder Axiome nennt, sondern eher Begriffe oder besser Ideen: Das Gerade, das Ungerade, die drei Arten von Winkeln, die Figuren. Diese Merkwürdigkeit läßt sich nun aufklären: Wenn dies die unbefragten Voraussetzungen der Mathematik sind, dann besteht ihre Begründung offenbar darin, daß man *definiert*[8], was Gerade und Ungerade, was die drei Arten von Winkeln und die geometrischen Figuren sind.

Nun reimen sich zwar so Platons Äußerungen zusammen, inhaltlich ist unser bisheriges Ergebnis aber noch nicht befriedigend. Denn wie soll eine Wissenschaft begründet werden, indem man Definitionen gibt? Zwar rechnen auch wir Definitionen zu den notwendigen Anfängen einer Wissenschaft, aber nicht sie sind das wesentliche Fundament der Wissenschaft. So findet man etwa in Euklids Geometrie neben den Definitionen noch Axiome und Postulate, die für die Deduktionen viel wesentlicher sind als die Definitionen. Dieses Verhältnis hat insbesondere D. Hilbert deutlich gemacht, indem er die Geometrie mit undefinierten Termen aufbaute, für die bestimmte Axiome angenommen wurden. Zu diesen Zweifeln kommt nun noch die Skepsis gegenüber dem Verfahren der Definition durch Dihairesis hinzu. Man sieht nicht, wie die Methode von Gattung und Art allgemein vernünftige Definitionen liefern soll. Allenfalls für eine biologische Klassifikation im Stil Linnés mag man ihr einige Berechtigung zuerkennen.

III.

Um diese Zweifel zu beheben, werden wir das Verfahren der Dihairesis etwas näher betrachten müssen. Allgemein sei dreierlei festgestellt:

1. Die Definitionen, die Platon durch Dihairesis gewinnen will, sind grundsätzlich Wesensdefinitionen – also nicht bloße Namenserklärungen oder Kennzeichnungen –; das konnten wir schon dem vorhin aus dem Staat zitierten Satz entnehmen.

2. Es handelt sich bei der Dihairesis nicht primär um Klassifikationen, sondern um die Zerlegung von Ideen. Was das bedeutet, wird nachher noch klarer werden.

3. Platon hat für die Dihairesis einige Regeln angegeben, die dieses Verfahren davor bewahren sollen, Trivialitäten oder Unsinn zu erzeugen.

Ich will die Erläuterung des dihairetischen Verfahrens mit der Diskussion eines Beispiels für solche methodischen Regeln beginnen.

Im Dialog Politikos wird die Staatskunst als ein Teil derjenigen Kunst gesucht, die sich auf die Aufzucht und Pflege von Gemeinschaften von Lebewesen bezieht, als Teil der Herdenzucht, oder Gemeinzucht, wie Platon sagt. Zu diesem Zweck hatte der eine Gesprächspartner im Dialog die Lebewesen kurzerhand in Menschen und Tiere eingeteilt. Dieses wird ihm folgendermaßen verwiesen: Man sei beim Teilen vorgegangen, »wie wenn z. B. jemand das menschliche Geschlecht in zwei Teile teilen wollte und täte es, wie hier bei uns die meisten zu unterscheiden pflegen, daß sie das Hellenische als *eines* von allem übrigen absondern für sich, alle anderen unbestimmt vielen Geschlechter insgesamt aber, die gar nicht sich zusammen verbinden lassen und miteinander in Einklang sind, mit einer einzigen Bezeichnung Barbaren nennen und dann wegen dieser einen Benennung noch dazu meinen, daß sie ein Geschlecht seien. Oder wenn einer glaubte, die Zahl in zwei Arten zu teilen, wenn er aus dem Ganzen eine Myriade herausschnitte, die er als eine Art absonderte, und dann für den ganzen Rest ebenfalls ein Wort festsetzte und wegen dieser Benennung hernach glauben wollte, dieses sei nun neben jenem eine anderer Art geworden. Besser aber und mehr nach Arten und in Hälften hätte er sie geteilt, wenn er die Zahl in Gerades und Ungerades zerschnitten und so auch das menschliche Geschlecht in Männliches und Weibliches« (Pol. 262 c-e, Übers. nach Schleiermacher).

Hieraus kann man zunächst die Regel entnehmen: Man darf keine Einteilung vornehmen, die – mengentheoretisch gesprochen – einfach eine Zerlegung in Menge und Komplementärmenge bedeutet. Die Zerlegung des Menschengeschlechtes in Hellenen und Barbaren, also Nicht-Hellenen, ist nicht zugelassen, weil es gar kein Prinzip gibt, das die Menge der Nicht-Hellenen zusammenfaßte. Wir würden heute sagen, daß sich diese Bestimmung nur bei unendlichen Mengen auswirkt, denn anderenfalls könnte man doch das Fehlen der Eigenschaft, Hellene zu sein, wieder zur verbindenden Charakterisierung der Nichthellenen machen. Erstaunlicherweise trifft dieser Einwand die beiden von Platon genannten Beispiele nicht, denn die Menge der Nichthellenen wird in gewissem Sinne als unendlich, nämlich als unbestimmt groß (ἄπειρον, 262 d) bezeichnet und die Menge der Zahlen nach Abzug einer bestimmten Anzahl ist es ja auf jeden Fall.

Schärfer wird die genannte Regel, wenn wir sie in ihrer platonischen Form aussprechen: »Jedem Teil muß eine Idee zugeordnet sein« (262 b)[9]. Es wird also nicht nur verlangt, daß jeder durch die Dihairesis gewonnene Teil sein eigenes positives Merkmal habe, sondern seine eigene Idee, also selbst eine vollständige besondere Gestaltung. Die Dihairesis ist nämlich nicht einfach eine Zerlegung der Menge aller Gegenstände, die an einer bestimmten Idee teilhaben, sondern eine Zerlegung der Idee selbst.

Konzentrieren wir uns zur Erläuterung dieser These sogleich auf das Beispiel, das uns unmittelbar zu unserer Frage nach der dialektischen Begründung von Wissenschaft zurückbringt: das Beispiel von der Zerlegung der Idee der Zahl in Gerades und Ungerades. Wir müssen dazu auf Wissenschaftsgeschichtliches zurückgreifen: Bei Platon wird die Arithmetik als das Wissen von der Zahl und häufig als die Lehre vom Geraden und Ungeraden bezeichnet[10]. Arithmetik war für Platon nicht wie für uns die Lehre von den elementaren Rechenarten, sondern, wie wir heute sagen müßten, ›Zahlentheorie‹[11]. Der Arithmetiker wird gedacht als derjenige, der alle Zahlen kennt, d. h. sie als Individuen in ihren Eigenschaften zu beurteilen weiß. Die elementarste von solchen zahlentheoretischen Eigenschaften ist nun durch die Unterscheidung von Gerade und Ungerade gegeben. Gerade sie ist es, die uns im Staat als dasjenige begegnete, was für die Arithmetik unbefragt vorausgesetzt werden muß, als Hypothese. Dieser Zusammenhang ist für uns von größter Wichtigkeit, denn jetzt sehen wir plötzlich, was die Dialektik als Ideendihairese leisten soll: Sie soll die in der Wissenschaft zugrunde gelegten elementaren Unterscheidungen aus der Idee des Gegenstandes dieser Wissenschaft deduzieren. Im Beispiel gesprochen: Die Dialektik hat für die Arithmetik die Aufgabe, aus der Idee der Zahl die Unterscheidung von Gerade und Ungerade zu gewinnen. In der Tat haben die Griechen diesen Gegensatz als im Anfang aller Zahlen, der Eins, enthalten vorgestellt: Die Eins war ihnen sowohl gerade als ungerade.

Wir können damit allgemein das Verhältnis von Dialektik und Arithmetik formulieren: Die Dialektik hatte nach Platon alle möglichen Unterschiede von Zahlen zu entwickeln, und zwar soweit, bis sich daraus die einzelnen ganzen Zahlen ergaben[12]. Die Arithmetik hatte die Gesetze aufzuweisen, die sich aus dem Zusammenhang dieser Unterscheidungen ergaben. So sind etwa Sätze einer solchen Arithmetik: Eine Summe geradvieler ungerader Zahlen ist gerade, eine Summe ungeradvieler ist ungerade. Man findet diese Sätze der vorplatonischen, der pythagoreischen Arithmetik in Buch IX des Euklid.

Das Beispiel der Zahl hat uns jetzt vor Augen geführt, was Platon mit einer Begründung der Einzelwissenschaften durch eine dihairetisch verfahrende Dialektik gemeint hat. Dabei dürfte allerdings noch immer nicht durchsichtig geworden sein, warum es sich dabei überhaupt um eine Begründung handelt. Denn noch ist der Anschein der Beliebigkeit in der Dihairesis nicht verschwunden. Wir erinnern uns, daß diese Beliebigkeit zu reduzieren, genau die Absicht war, die Platon mit seinen methodischen Bemerkungen im Politikos verfolgte. Ich wiederhole: Bei einer Dihairesis soll jeder Teil sein eigenes Eidos haben. Daraus folgt aber, daß eine Dihairesis vollständig sein muß – denn sonst würde

ja wieder ein Rest bleiben, der sich nur dadurch kennzeichnen
ließe, daß bei ihm die Ideen der anderen Abschnitte keine Anwendung finden. Daraus folgt nun ferner, daß die Ideen der
verschiedenen Unterabschnitte irgendeine notwendige innere
(d. h. nicht bloß logische wie ⟨a⟩ und ⟨non a⟩) Beziehung haben
müssen. Was unter einer solchen Beziehung zu denken ist, haben
wir uns strenger vor Augen führen können am Beispiel von
Gerade und Ungerade als Unterideen von Zahl. Das Verfahren
der Dihairesis erweist sich damit als ein außerordentlich schwieri-
ges und keineswegs triviales Geschäft: Es gilt nämlich in einer
Idee eine innere Beziehung aufzusuchen, nach der diese Idee in
Unterideen zerfällt – oder im Problem der Begründung der
Einzelwissenschaften gesprochen: Es gilt in der Idee des Gegenstandes einer Wissenschaft die Grundunterscheidungen auszumachen, die diesen Gegenstand in die Mannigfaltigkeit der zu der
betreffenden Wissenschaft gehörigen Gegenstände auseinander-
faltet.

Das für die Dihairesis entscheidende Verhältnis ist also nicht das
Verhältnis von Ober- und Unteridee, von Ober- und Unterbe-
griff, sondern das Verhältnis der Unterideen bzw. Unterbegriffe
zueinander. »Es kommt ... darauf an, außer der (gleichsam
vertikalen) Abstufung vom Genos zu seinen Unterarten (εἴδη)
das (gleichsam horizontale) *Gliederungsverhältnis der ›Teile‹* zu
berücksichtigen. Wahrscheinlich ist der Logos, der die Beziehungen der Teile zueinander angibt und so auch ihr Verhältnis zum
Genos bestimmt, für die Eigenart des einzelnen Glieds und seine
Stellung im Ganzen viel mehr charakteristisch als die Anzahl der
Teilungen.«[13]

IV.

Der Logos, von dem Gaiser hier spricht, zerlegt also eine Idee in
ihre Unterideen – für unseren Zusammenhang können wir sagen:
Er zerlegt den Gegenstand einer Wissenschaft in seine möglichen
Grundtypen. Diese möglichen Grundtypen werden also nicht
zusammengelesen, sie sind nicht ein zusammenhangloser und
beliebig ergänzbarer Haufen, sondern sie stehen im Verhältnis
wechselseitiger Entsprechung und machen zusammen ein Ganzes
aus: kurz gesagt, sie bilden ein System. Was Platon durch die

dihairetische Begründung der Einzelwissenschaften erreichen will, scheint uns die Konstruktion ihres Gegenstandsbereiches als eines Systems zu sein. Was das bedeutet, wollen wir uns jetzt an Hand des einzigen von Platon einigermaßen vollständig ausgeführten Beispieles klarmachen, nämlich der Begründung der Harmonik.

Im Dialog Philebos behandelt Platon eine Methode, wie man vom Einen zur unbestimmten Vielheit überzugehen habe, also z. B. vom Begriff des gesprochenen Lautes zu der unendlichen Mannigfaltigkeit solcher Laute, vom Begriff des musikalischen Tones zu der Fülle musikalischer Töne, die vorkommen, vom Begriff körperlicher Bewegung überhaupt zur unbestimmten Mannigfaltigkeit aller körperlichen Bewegungen. Diese Methode läßt sich unschwer als die dihairetische erkennen, jedenfalls dann, wenn man diese als Ideenzerlegung, nicht eingeschränkt als Methode von Gattung und Art versteht. Der Übergang vom Einen zur unbestimmten Vielheit hat nach Platon zu geschehen durch Vermittlung der Zahl, so daß man – um Platon zu zitieren – »von dem ursprünglichen Eins nicht nur, daß es Eins und Vieles und Unendliches ist, sieht, sondern auch wie vieles« (Philebos, 16 d). Wir könnten in uns geläufigerer Formulierung vielleicht sagen: Platon verlangt, daß man den Gegenstandsbereich der Grammatik, der Harmonik und der Rhythmik strukturiert, indem man die fundamentalen Unterschiede in diesem Gegenstandsbereich angibt und daraus die Grundtypen der zugehörigen Gegenstände deduziert.

Betrachten wir jetzt das Beispiel der Harmonik genauer. Platon sagt, ausgehend vom Begriff des musikalischen Tons habe man zunächst den Unterschied von hoch und tief und den Gleichklang zu setzen[14]. Hier muß ich zunächst eine Erklärung einfügen: Die Griechen, insbesondere Platon und Aristoteles, drücken Relationen durch Angabe von Relaten aus[15]. So redet man etwa nicht von der Relation ›doppelt so groß wie‹, sondern vom Doppelten und vom Halben. Wenn Platon hier also die Begriffe ›hoch‹ und ›tief‹ einführt, so handelt es sich nicht um eine Einteilung aller möglichen Töne in zwei Klassen, die hohen und die tiefen[16], sondern vielmehr um die Einführung der Relation ›höher als . . .‹. Dies ist eine Ordnungsrelation. Entsprechend ist die Setzung des Begriffs ›Gleichklang‹ (τὸ ὁμότονον) als Einführung einer Äquivalenzrelation aufzufassen. Man könnte also in der Sprache der modernen

Wissenschaftstheorie, was Platon hier tut, folgendermaßen formulieren: Er verschärft den Begriff des musikalischen Tones überhaupt zum Begriff einer Quasireihe[17].

Sehen wir zu, wie Platon weiter verfährt. Er sagt, als nächstes solle man erfassen »die Intervalle, wie viele es der Zahl nach im Bereich der Tonhöhe und -tiefe gibt, und welche es sind«. Wenn ich soeben durch den Hinweis auf den Begriff der Quasireihe an das gegenwärtige wissenschaftstheoretische Vorverständnis appellierte, so muß an dieser Stelle davor gewarnt werden, allzuschnell in den gewohnten wissenschaftstheoretischen Bahnen weiterzudenken: Was Platon hier fordert, ist nicht der Übergang zu einer Metrisierung der Quasireihe. Weder soll ein Maß für Tonhöhe eingeführt werden, noch eines für Intervallgröße. Vielmehr geht es um die Feststellung der verschiedenen Intervalltypen, also Oktave, Quarte, Quinte usw. und ihre Anzahl – nicht also um ihre Größe. Zwar hat man in der Antike durchaus auch versucht, die Harmonik durch gegenseitiges Ausmessen der Intervalle aufzubauen – die Musiktheorie des Aristoxenos ist dafür ein ausgearbeitetes Beispiel –, aber es läßt sich zeigen, daß sich Platon an dieser Stelle auf die pythagoreische Musiktheorie bezieht[18], nach der die Intervalle als Zahlenverhältnisse dargestellt werden: Die Oktave als das Verhältnis 2:1, die Quinte als das Verhältnis 3:2, die Quarte als das Verhältnis 4:3. Ich möchte glauben, daß Platon hier, wenn er fordert, die Anzahl und die Arten der Intervalle festzustellen, bereits an das Ausmachen dieser Verhältnisse gedacht hat. Man besaß dafür in der Antike allgemeine Prinzipien: Als harmonisch galten die einfachen und überteiligen Zahlenverhältnisse, d. h. die Verhältnisse $n:1$ und $n+1:n$ mit $n>1$. Man findet diese Prinzipien in der Sectio canonis des Euklid[19].

Wir sind jetzt mit Platon vom Begriff des musikalischen Tones überhaupt über die Bildung von Relationsbegriffen, durch die sich die Mannigfaltigkeit der Töne zu einer Quasireihe ordnen ließ, zur Bildung von Intervallbegriffen gelangt. Einzelne Töne sind damit noch nicht eingeführt: Sie werden erst im nächsten Schritt gewonnen, bei dem – wie Platon sagt – die Grenzen der Intervalle[20] bestimmt werden. Hier kann sich die Frage erheben, wie man zunächst die Intervalle bestimmt haben kann, um dann erst deren Grenzen festzumachen. Man muß sich aber klarmachen, daß Platon bei diesem Aufbau der Harmonik nicht von gehörten Tönen ausgeht, sondern von der begrifflichen Seite her den Bereich der Töne konstruktiv gewinnen will. Das Bestimmen der Intervallgrenzen, und damit Festlegen von Einzeltönen, entspricht im übrigen durchaus den Erfordernissen der musikalischen Praxis[21]. Beim Stimmen der Instrumente geht man nämlich auch nicht von einer festen Reihe von Tönen aus, sondern legt vielmehr – ausgehend von einem Ton – die anderen gemäß vorher bestimmten Intervallen fest.

Durch das Bestimmen von Intervallgrenzen sind wir nun zur vollen Mannigfaltigkeit der musikalischen Töne gelangt. Damit ist hier für den Bereich musikalischer Tonlehre der Übergang vom Einen zum Vielen geleistet. Der Gegenstand der Harmonik ist über deren Grundunterscheidungen voll entfaltet worden, die Harmonik als Wissenschaft begründet. Damit ist aber noch nicht ausgesprochen, was mir für den Platonischen Wissenschaftsbegriff das Entscheidende zu sein scheint: nämlich, daß die so gewonnene Tonmannigfaltigkeit ein System bildet. Platon tut dies im nächsten Schritt, in dem er die Bildung von συστήματα fordert, von Tonsystemen. Er spricht hier von Systemen, nicht von einem System, denn man kann das Verfahren der Tonfestlegung durch Intervalle in verschiedener Weise durchführen und erhält so die verschiedenen Tongeschlechter, oder anders ausgedrückt, verschiedene Tonleitern.

Wenn wir jetzt zurückblicken, so können wir wohl sagen, worin die Begründung einer Wissenschaft nach Platon besteht. Es handelt sich bei einer solchen Begründung – modern ausgedrückt – um den Prozeß wissenschaftlicher Begriffsbildung. Und zwar wird dabei der Begriff des Gegenstandes einer Wissenschaft soweit expliziert, daß sich die Mannigfaltigkeit aller prinzipiell möglichen Gegenstände dieser Wissenschaft daraus konstruieren läßt. Die Mannigfaltigkeit dieser möglichen Gegenstände ergibt sich so nicht als bloße Menge, sondern als ein System. Der systematische Charakter der Wissenschaft hat zur Folge, daß – streng genommen – nie ein einzelnes Element der Wissenschaft für sich allein erkannt werden kann. Ausdrücklich sagt das Platon für die Wissenschaft der Grammatik, deren Gegenstände die Laute der gesprochenen Sprache sind: »Und da er (der sagenhafte Erfinder der Lautzeichen Theut) sah, daß niemand von uns auch nicht *einen* (Laut) für sich allein ohne sie insgesamt verstehen kann, so faßte er wiederum dieses ihr Band als *eines* zusammen

93

und als diese alle vereinigend, und benannte es daher als das *eine* zu diesen die Sprachkunst« (Philebos 18 c, Übersetzung Schleiermacher). Das ist aber für die Musik nicht anders: ein Ton für sich genommen ist kaum als musikalischer Ton anzusprechen, allenfalls als Geräusch. Er ist, was er ist, erst in seinen Relationen zu anderen als höherer oder tieferer, als Grenze von Intervallen, als Glied im Gefüge der Tonleiter.

V.

Die ausführliche Behandlung dieses Beispiels sollte nicht den Eindruck erwecken, als stelle die Harmonik einen besonderen Fall dar. Es erscheint allerdings zweifelhaft, ob für jede Wissenschaft eine vollständige Konstruktion ihres Gegenstandsbereiches als System zu erwarten ist.

Tatsache ist, daß praktisch alle möglichen Wissenschaften, die Platon vor Augen standen, gemessen an diesem Wissenschaftsideal, allenfalls Projekte waren. Daß aber alle nur annähernd als Wissenschaft zu bezeichnenden Erkenntnisunternehmen unter diesem Ideal standen, läßt sich zeigen. Ich gehe kurz die Reihe der wichtigsten Beispiele durch: Von der Harmonik, der Grammatik, der Arithmetik haben wir gesprochen. In der Geometrie sollten die Grundtypen ebener Figuren und die Winkelarten abgeleitet werden. Die Stereometrie, die Platon im Staat (VII 528) noch als Projekt erwähnt, dürfte in seinem Sinne durch die vollständige Konstruktion aller möglichen regelmäßigen Körper noch zu seiner Zeit begründet worden sein. Jedenfalls ist Platons Freude über diesen Erfolg des Mathematikers Theätet in den späteren Schriften unverkennbar. In dem einen als allgemeine Rhythmik konzipierten Teil der Astronomie strebte Platon offenbar ein System an, in dem alle Himmelsbewegungen zu einer Periode zusammengefaßt werden sollten[22]. Der andere Teil der Astronomie hätte wohl ein System der Bewegungsbahnen, der σχήματα der Himmelsbewegungen sein sollen. Platons Hoffnungen wurden hier zum Teil durch das System rotierender Sphären des Eudoxus erfüllt. Im Timaios schließlich dringt dieses Denken in die Darstellung des Kosmos vor: Die Vielzahl der Elemente soll aus der notwendigen Sichtbarkeit des Kosmos und gewissen systematischen Beziehungen zwischen den Elementen deduziert werden[23]. Die Vierheit möglicher Lebewesen (Götter, Land-, Luft- und Wassertiere) wird gedacht als enthalten in der Idee eines Lebewesens, des ζῷον αὐτό[24]. Auf all diesen Gebieten strebt Platon nach einer Einsicht in die systematische Vollständigkeit möglicher Gegenstände eines Bereiches.

Platons Wissenschaftsbegriff läßt sich nur verstehen, wenn man daran denkt, daß die Gegenstände der Wissenschaft Ideen sind. Daß die Gegenstände einer idealen, einer bloß denkbaren Welt ein systematisches Ganzes sein könnten, mögen wir zugeben. Wenn Platons Hoffnungen weitergingen, dann nur, weil er die sichtbare Welt für eine Darstellung der idealen hielt, für einen Kosmos.

Wir können heute sagen, daß Platons Hoffnungen sich z. T. definitiv nicht erfüllt haben. So bildet etwa das Planetensystem kein System sich ganzzahlig zueinander verhaltender Perioden. Zwar ist auch für uns das Planetensystem wie überhaupt die physikalische Welt ein Gebilde von hoher Ordnung. Diese besteht freilich im allgemeinen nicht in einem System der Gegenstände – jedenfalls nicht der Gegenstände im Großen: denn im atomaren Bereich findet sich gerade eine Vorstellung, die sehr gut zu Platons Wissenschaftsbegriff paßt: ich meine das periodische System der Elemente. Ferner strebt heute die theoretische Physik nach einer Theorie, aus der man alle möglichen Elementarteilchen deduzieren könnte. Wenn dies gelänge, hätte man eine Theorie, die vollständig den platonischen Ansprüchen genügte. Ferner nähern sich heute alle diejenigen Wissenschaften dem platonischen Wissenschaftsbegriff, die strukturalistisch verfahren. Es handelt sich dabei in der Regel um Wissenschaften, die nicht Naturgegebenheiten behandeln, sondern gewisse Stilisierungen menschlichen Verhaltens und Wahrnehmens: Harmonielehre, Farbtheorie, Linguistik, Anthropologie der Verwandtschaftsbeziehungen.

Man bezeichnet Platon mit einigem Recht als Ahnherrn der neuzeitlichen Wissenschaft, weil durch den Einfluß seiner Philosophie die mathematische Behandlung der Phänomene möglich geworden sei. Wenn wir jetzt rückblickend die Liste platonischer Wissenschaftsprojekte überblicken und die derjenigen Wissenschaften, die heute seinem Wissenschaftsbegriff nahekommen, so muß an dieser Auffassung eines richtiggestellt werden: Wenn man unter mathematisch ›quantitativ‹ versteht, so ist sie falsch. Für quantitative Behandlung der Phänomene findet sich bei Platon weder Anlaß noch Rechtfertigung. Wenn man aber Mathematik als allgemeine Strukturtheorie versteht, so ist für Platon allerdings Wissenschaft immer mathematisch.

VI.

Die exakten Wissenschaften sind nach Platon erst im strengen Sinne Wissenschaften, wenn sie durch die Dialektik als ein vollständiges System ihrer Gegenstände begründet sind. Abschließend möchte ich einige Konsequenzen hervorheben, die die so konzipierte Platonische Wissenschaft von der neuzeitlichen unterscheiden.

1. Nach Platon ist eine Wissenschaft inhaltlich abschließbar. Wir haben an dem Beispiel der Harmonik gesehen, daß der Wissenschaft nichts Wesentliches mehr zu erkennen übrigbleibt, wenn sie einmal als System begründet ist: Mit der systematischen Konstruktion aller Gegenstandstypen sind zugleich deren Beziehungen gegeben: Es bleibt der Wissenschaft nichts mehr zu tun. Deshalb sagt Platon auch, der vollkommene Harmoniker sei derjenige, der jeden Ton kenne, der vollkommene Grammatiker derjenige, der jeden möglichen Laut der Sprache kenne, der vollkommene Arithmetiker derjenige, der im Prinzip jede Zahl kenne[25].

2. Daß eine Wissenschaft abschließbar ist, hat zur Folge, daß Forschung nur als ein vorübergehender Zustand anzusehen ist. Die Forschung ist nicht eigentlich Wissenschaft, sondern die Suche nach Wissenschaft. Das Interregnum, währenddessen man die Wissenschaft noch nicht eigentlich besitzt, wird durch das hypothetisch deduktive Verfahren der Einzelwissenschaften überbrückt. Solange man noch nicht über die Sachen selbst, die Ideen, Rechenschaft ablegen kann, bedient man sich vorübergehend gewisser Hypothesen. Dies ist der deuteros plous des Sokrates, der zweitbeste Weg, bei dem man durch Deduktionen zunächst einmal die Konsequenzen von gewissen Voraussetzungen zieht, um so indirekt die Voraussetzungen zu prüfen.

3. Wissenschaft wird also nicht eigentlich durch Forschung erworben, sondern vielmehr durch Lernen. Daher der Zusam-

menhang von Wissenschaft und Bildung. Der Gebildete besitzt die Wissenschaft als ein Vermögen.

4. Daraus folgt ein besonderes Verhältnis von Wissenschaft und Anwendung. Platon weist immer wieder auf die praktische Nützlichkeit der Wissenschaft hin. Diese besteht aber nicht darin, daß man auf Grund seines Wissens etwas bewerkstelligen könnte. Vielmehr besteht der Nutzen der Wissenschaft darin, daß man sich in der sinnlichen Welt besser zurechtfindet. Man erkennt nämlich als Wissender, was die Dinge eigentlich sind. Um dafür ein Beispiel zu geben: Auch für Platon ist der Arithmetiker derjenige, der rechnen kann. Das heißt aber nicht, daß er besondere Operationen beherrscht. Vielmehr ist er ja derjenige, ›der alle Zahlen kennt‹ – und das heißt: auch in beliebiger Darstellung erkennt: Ein Arithmetiker führt nach Platon nicht etwa die Operation der Summenbildung aus, wenn man ihm das Problem $7+5$ vorlegt, sondern er erkennt in $7+5$ die Zahl 12 in einer besonderen Darstellung[26].

In allen diesen Punkten ist die neuzeitliche Wissenschaft deutlich von der Platons unterschieden: Wir verstehen sie als einen unendlichen Forschungsprozeß; der neuzeitliche Wissenschaftler ist nicht mehr der Wissende, der Gelehrte, sondern der Forscher, der sich immer wieder durch Erzeugen neuen Wissens als solcher erweisen muß. Dieses Wissen ist schließlich nicht mehr ein Besitz einzelner, es dient auch nicht mehr primär zur Orientierung innerhalb einer gegebenen Welt, sondern stellt einen kollektiven Fundus von Kompetenzen dar, die Welt zu verändern. Die ›Unkosten‹ naturwissenschaftlicher Weltveränderung haben inzwischen allerdings die Orientierung an gegebenen Ordnungen wieder zur Aufgabe der Wissenschaft gemacht. Auch das mag zu einer Annäherung des neuzeitlichen an das Platonische Wissenschaftsverständnis führen.

Anmerkungen

1 Vortrag gehalten am 2. Juni 1975 im Kolloquium des Forschungsinstituts für die Geschichte der Naturwissenschaften und der Technik am Deutschen Museum in München.
2 Siehe U. von Wilamowitz-Moellendorff, Platon, sein Leben und sein Werk, 5. Aufl. Berlin 1959, S. 390.

3 Siehe z. B. A. Koyré, Galileo and Plato, in: Metaphysics and Measurement, London 1968; bes. S. 40, Anm. 2, in der eine Reihe Arbeiten zu Galileis Platonismus angegeben sind. Koyrés Rede von zwei platonischen Traditionen »that of mystical arithmology, and that of mathematical science« mag für Galileis Zeit korrekt sein, zeigt aber wie verstellt – auch für Koyré – Platons Idee exakter Wissenschaft war; eine mathematische Wissenschaft von der sinnlichen Natur, mathematicals physics, war für Platon ebenso unmöglich wie für Aristoteles.

4 z. B. ἐπιστήμην γὰρ οὐδὲν ἔχειν τῶν τοιούτων (d. i. αἰσθητῶν) Staat VII, 529, b, c. Platon verstand seine eigene Naturlehre im Timaios nicht als Wissenschaft, sondern als einen εἰκὼς λόγος; siehe dazu vom Verfasser: Zeit und Zahl, Studien zur Zeittheorie bei Platon, Aristoteles, Leibniz und Kant, Frankfurt/Main 1974, bes. das Kapitel ›Die Rede des Timaios: Aussage über Darstellungen‹, S. 51-67.

5 Staat VII, 529 b bzw. 531 b. Vergleiche auch Platons allgemeines Verdikt experimenteller Wissenschaft im Timaios: »Wollte aber jemand bei solchen Untersuchungen durch Versuche das (d. h. die im Timaios vorgetragenen Lehren über die sinnliche Welt) nachweisen, dann hätte er wohl den Unterschied der göttlichen und menschlichen Natur verkannt (68 d, Übersetzung Schleiermacher).

6 Die Empiriker suchen in den gehörten Akkorden Zahlen, aber sie gehen nicht die Aufgabe an, »zu untersuchen, welche Zahlen harmonisch sind und welche nicht und wodurch jeweils«, ἐπισκοπεῖν τίνες σύμφωνοι ἀριθμοὶ καὶ τίνες οὔ, καὶ διὰ τί ἑκάτεροι. Staat VII, 531 c.

7 Diesen Punkt überspielt F. Krafft, S. 304 in seiner im übrigen sehr gelungenen Darstellung platonischer Wissenschaft, in: Geschichte der Naturwissenschaft I, Freiburg 1971, S. 295-356.

8 Á. Szabó leugnet in seinem Buch »Anfänge der griechischen Mathematik«, München 1969, implizit das Problem, das wir hier zu erklären suchen, nämlich daß Platon als Beispiele für mathematische Voraussetzungen Gegenstände und nicht Sätze angibt: Szabó behauptet, daß ὑπόθεσις auch so viel wie Definition bedeuten könne – auch und gerade bei Platon (s. 299, 344). Seine Argumentation ist dabei aber zirkulär: Aus der Tatsache, daß Platon für ὑποθέσεις an unserer Stelle im VII. Buch des Staates Dinge als Beispiele angibt, für die bei Euklid explizite Definitionen erscheinen, schließt Szabó, daß Platon eben derartige Definitionen mit seinen ὑποθέσεις meine. – Es scheint mir aber viel eher den Platonischen Unterscheidungen (etwa nach dem VII. Brief 342 a ff.) zu entsprechen, daß er von den Mathematikern sagt, sie setzten die Ideen (nicht Begriffe!) von Gerade, Ungerade, der geometrischen Figuren und Winkel voraus, ohne ihre *Definitionen* anzugeben. Denn was anders soll es heißen, die Mathematiker gäben von diesen Voraussetzungen nicht Rechenschaft, als daß sie nicht

sagen, was diese Dinge sind, d. h. daß sie den λόγος τῆς οὐσίας nicht angeben. Szabós andere Stelle, Charmides 160 d, ist ebenfalls kein Beleg für seine Auffassung, denn dort heißt es lediglich, daß die Sophrosyne als etwas Schönes in der (vorhergehenden, 159 c) Rede vorausgesetzt wurde: ἐν τῷ λόγῳ τῶν καλῶν τι ἡμῖν ἡ σωφροσύνη ὑπετέθη – *definiert* wurde sie keineswegs. – Unbetroffen von unserer Kritik ist natürlich Szabós Nachweis, daß der Terminus ὑπόθεσις aus der dialektischen Praxis stammt, aber gerade für mathematische Auseinandersetzungen brauchten Voraussetzungen nicht notwendig λόγοι zu sein, sondern konnten intuitiver Natur sein.

9 Μὴ σμικρὸν μόριον ἓν πρὸς μεγάλα καὶ πολλὰ ἀφαιρῶμεν, μηδὲ εἴδους χωρίς· ἀλλὰ τὸ μέρος ἅμα εἶδος ἐχέτω

10 Charm. 166 a, Gorg. 451 c, Theaet. 198 a.

11 Vgl. dazu B. L. van der Waerden, Erwachende Wissenschaft, Bd. I, Stuttgart, 2. Aufl. 1966, S. 180 ff.

12 Ein Versuch einer Rekonstruktion der »Erzeugung der Ideen-Zahlen« findet sich bei K. Gaiser, Platons ungeschriebene Lehre, Stuttgart, 2. Aufl. 1968, S. 115-123. Nach Gaiser, der das dihairetische Verfahren nach dem Paradigma der Streckenteilung versteht, werden dabei die Zahlen in der natürlichen Reihenfolge 1, 2, 3, 4 gewonnen. Nach dem Beispiel der Harmonielehre, das Platon im Philebos vorführt (s. u.), wäre aber als Resultat des ersten Schrittes nach der Eins nicht die Zwei, sondern der Unterschied von Gerade und Ungerade zu erwarten.

13 K. Gaiser, a.a.O. 126.

14 Δύο δὲ θῶμεν βαρὺ καὶ ὀξύ, καί τρίτον ὁμότονον. 17 c.

15 Nähere Erläuterungen zu diesem Punkt finden sich in: G. Böhme, Whiteheads Abkehr von der Substanzmetaphysik. Substanz und Relation, in: Zeitschrift f. Philos. Forsch. 24, 1970, 548 ff.

16 In diesem Sinne mißversteht L. Richter die Stelle in seinem Buch: Zur Wissenschaftlehre von der Musik bei Platon und Aristoteles, Berlin 1961, S. 90.

17 S. etwa W. Stegmüller, Probleme und Resultate der Wissenschaftstheorie und Analytischen Philosophie Bd. II, 1. Halbband, Berlin/Heidelberg/New York 1970, S. 29-44, bes. S. 33. Dort ist auch ausgeführt, welche zusätzlichen präzisierenden Forderungen nach heutigen Maßstäben logischer Exaktheit an die eingeführten Relationen zu stellen sind. Die definierte Ordnung des Tonbereiches wird *Quasi*reihe genannt, weil sie nicht eine vollständige Reihung aller Töne, sondern der Klassen als ›gleich‹ anzusehender Töne ist.

18 Für diesen Nachweis siehe die Behandlung der Stelle in meinem oben zitierten Buch »Zeit und Zahl«, S. 133-135 u. S. 140.

19 Zur pythagoreischen Musiktheorie s. besonders: K. Reidemeister, Das exakte Denken der Griechen, Darmstadt 2. Aufl. 1972, S. 39-41; B. L.

van der Waerden, Die Harmonielehre der Pythagoreer, Hermes 78 (1943), 163-199.

20 τοὺς ὅρους τῶν διαστημάτων.

21 Siehe dazu v.d. Waerden, Die Harmonielehre der Pythagoreer, a.a.O. 189.

22 Daß die an unserer Philebos-Stelle 17 d erwähnte Rhythmus-Lehre im VII. Buch des Staates als allgemeine Zeittheorie den einen Teil der Astronomie bildet, wurde in meinem Buch »Zeit und Zahl« a.a.O. in den Abschnitten »Die systematische Funktion der Zahl« und »Die Zeit als Thema der Astronomie« nachgewiesen, siehe besonders S. 146-149.

23 Timaios 31 b ff. und 55 d ff.

24 Timaios 30 c, 39 e ff.

25 Theaet. 198 b, 139 a, vgl. Theaet. 206 a, b.

26 Siehe die Diskussion dieses Beispiels Theaet. 195 e ff. oder des Beispieles $2 \cdot 3 = 6$, Theaet. 204 b ff.

2. Aristoteles' Chemie: eine Stoffwechselchemie

I. Einleitung

Wenn man nach Alternativen zur neuzeitlichen Naturwissenschaft fragt, so kommt Aristoteles und seiner Wissenschaft von der Natur eine besondere Bedeutung zu. Denn in Absetzung zur aristotelischen Naturwissenschaft hat sich in der Renaissance die neuzeitliche entwickelt. Die Erwartungen gegenüber Aristoteles sind heute weitreichend, aber auch diffus. Man erwartet, daß seine Naturwissenschaft irgendwie dem Menschen und seiner Lebenswelt näher war, daß sie die »Qualität der Natur« wahrte, daß sie die Natur als einen sinnvollen Zusammenhang respektierte. Man ahnt, daß die neuzeitliche Naturwissenschaft von der aristotelischen durch einen »epistemologischen Bruch« getrennt ist, einen Bruch, den vielleicht heute jeder, der Physik lernt, noch einmal für sich vollziehen muß. Man weiß, daß sich mit der neuzeitlichen Mechanik eine Vorstellung von der Natur als Zwangszusammenhang durchsetzte, und man hofft, – sicherlich nicht zu unrecht – im aristotelischen Begriff der Physis, der Natur als dem, was von selbst geschieht, etwas wiederzufinden, was Bloch mit der Rede von der Natur als Subjekt andeutete.

Aber worin der epistemologische Bruch eigentlich bestand, was es heißt, von der Natur als Physis, dem anderen seiner selbst zu wissen, bleibt unklar. Diese Unklarheit ist ein Produkt eben derselben Tatsache, daß es Aristoteles' Naturwissenschaft war, in Absetzung von der sich unsere, die neuzeitliche, entwickelte. Diese Absetzung war heftig, polemisch, ein Prozeß der Verdrängung. Das Selbstbewußtsein, mit dem die neue Wissenschaft gegen Aristoteles auftrat, erschwert noch heute den Versuch, Aristoteles aus seinen eigenen Begriffen zu verstehen. Das selbst dort, wo Aristoteles auch in der neuzeitlichen Wissenschaft weiter geschätzt wurde, wo seine Arbeit direkte Fortsetzung fand, im Bereich der Biologie. Bis zu Linné einschließlich sind die Versuche der Klassifikation immer erneute Ansätze auf einem Weg, den Aristoteles ursprünglich vorgezeichnet hat. Aber von hier aus erscheint er als der große Empiriker, der Apotheker, der in seine Schubladen all die Besonderheiten der Natur einsammelt. Ganz vergessen wird darüber, wie spekulativ, kombinatorisch, deduktiv Aristoteles in seiner Naturwissenschaft verfuhr. So entspricht seine Schrift ›Über den Himmel‹ weitgehend der Vorstellung einer hypothetisch-deduktiven Wissenschaft, wie Aristoteles sie in den Analytica Posteriora gefordert hat.

Schlimmer ergeht es der aristotelischen Wissenschaft dort, wo sie direkt bekämpft wurde, im eigentlichen Gebiet der Physik oder Bewegungslehre. Hier wird die Überwindung des Aristoteles im allgemeinen als Überwindung falscher Auffassungen gesehen. In der Tat ist Aristoteles an einem bestimmten Bewegungstyp, nämlich der freien Bewegung gescheitert. Er mußte, um seinem Grundsatz, daß jede erzwungene Bewegung dauernd eines Bewegers bedarf, um sich zu erhalten, treu zu bleiben, zu einer absurden ad hoc-Hypothese greifen, nämlich der Vorstellung, daß die von einem fliegenden Pfeil vorne verdrängte Luft ihn von hinten nachschiebt. Heute wäre wohl das Klima geschaffen, Aristoteles hier Gerechtigkeit widerfahren zu lassen: Er macht eine Theorie der gehemmten Bewegungen, der Bewegungen, wie wir sie alle im Alltag vorfinden und als »natürlich« empfinden. Die natürliche Bewegung ist die, die von selbst zur Ruhe kommt. Aber die bloße Behauptung, daß eine solche Bewegungslehre möglich ist, heißt noch nicht, die aristotelische rekonstruieren.

Die Physik des Aristoteles und die Biologie des Aristoteles sind trotz der hier genannten Schwierigkeiten viel behandelte Themen. Ich habe es deshalb für sinnvoll gehalten, ein anderes Stück aristotelischer Naturwissenschaft, seine Chemie, hier vorzuführen, zugleich auch in der Hoffnung, daß das Schattendasein, das die aristotelische Chemie in der bisherigen Diskussion gespielt hat, ein weniger voreingenommenes Zugehen auf diesen Typ von Wissenschaft ermöglichen könnte.

II. Die aristotelische Chemie

Die aristotelische Chemie ist in der wissenschaftshistorischen Diskussion gegenüber seiner Biologie und seiner Bewegungslehre vernachlässigt worden und dem weiteren Publikum heute im wesentlichen unbekannt. Es gibt Autoren, die ihre Existenz direkt leugnen[1], während andere durch eine Auflistung einer

Fülle von Einzeldaten wieder zu zeigen versuchen, was Aristoteles doch alles schon gewußt bzw. welche skurrilen Vorstellungen er gehabt habe (Partington, 1970). Auf der anderen Seite würdigen Altphilologen das 4. Buch der Meteorologie als Aristoteles' chemischen Traktat (Düring 1944, Happ 1965), bzw. heben die Bedeutung seiner Lehre von ›Mischungen‹ als erstes brauchbares Konzept chemischer Bindung hervor (Joachim 1904). Der Grund für die Unsicherheit der Einschätzung der aristotelischen Chemie liegt meines Erachtens in der Tatsache, daß die aristotelische Chemie in der neuzeitlichen keine Fortsetzung gefunden hat, daß bereits die Alchemie, in Auseinandersetzung mit der dann die neuzeitliche wissenschaftliche Chemie entstanden ist, von einem anderen Typ war als die aristotelische. Die moderne Chemie entstand als eine Chemie stofflicher Reaktionen, und von daher erscheint eine Chemie geheimnisvoller Affinitäten[2] zwischen den Stoffen und magischer Wirkkräfte noch plausibler als das, was man bei Aristoteles findet: eine Chemie der sinnlichen Qualitäten. Wie kann man nur die »subjektiven« Erfahrungen menschlicher Sinnlichkeit zu »objektiven« Eigenschaften chemischer Substanzen hypostasieren? Solche Fragen blockieren bis heute ein Verständnis der aristotelischen Chemie. Eine Rekonstruktion ihres wissenschaftlichen Sinnes ist bisher nicht geleistet – trotz der genannten Arbeiten mit dem Titel »Der chemische Traktat des Aristoteles« (Düring 1944, Happ 1965).

Ich möchte zunächst kurz zusammenfassen, was von der aristotelischen Chemie allgemein bekannt ist. Aristoteles setzt vier Elemente an: Erde, Wasser, Luft, Feuer, und diese vier Elemente werden auf die Qualitäten warm/kalt und feucht/trocken zurückgeführt. Die Erde ist kalt und trocken, das Wasser ist kalt und feucht, die Luft ist warm und feucht, und das Feuer ist warm und trocken. Aus diesen vier Elementen bauen sich dann alle anderen Stoffe auf, wobei man Aristoteles konzediert, daß er als erster einen Begriff von chemischer Verbindung konzipiert hat. Seine Unterscheidung von Möglichkeit und Wirklichkeit erlaubt ihm nämlich, Verbindung von bloßer Mischung zu unterscheiden. In der Mischung bleiben die einzelnen Bestandteile das, was sie vor der Mischung waren, ein scharfsichtiger Lynkeus könnte sie – wenngleich feinst verteilt – in der Mischung immer noch entdecken. Bei einer chemischen Verbindung dagegen sind die einzelnen Anteile zwar der Möglichkeit nach noch erhalten, der

Wirklichkeit nach bilden sie aber zusammen etwas qualitativ Neues, und jeder kleinste Teil der chemischen Verbindung hat für sich diese Qualität. – Soweit also das Altbekannte.

Ich möchte jetzt zunächst diese Vorstellungen von der aristotelischen Chemie präzisieren und durch weitere Details anreichern.

Aristoteles charakterisiert die chemischen Elemente also durch sinnliche Qualitäten: warm/kalt, feucht/trocken. Aber warum gerade durch diese? Gibt es nicht sehr viel mehr sinnliche Qualitäten, an die man denken könnte und insbesondere solche, von denen wir heute sagen würden, daß sie chemisch relevanter sind? Etwa Farben oder Gerüche. In der Tat ventiliert Aristoteles (in de gen. et corr. B2) auch andere sinnliche Eigenschaften wie Helligkeit und Dunkelheit, Süßigkeit und Bitterkeit, ferner die Gegensätze schwer/leicht, rau/glatt, dicht/dünn. Wie reduziert Aristoteles die möglichen Angebote der Charakterisierung chemischer Urstoffe durch sinnliche Eigenschaften? Es sind drei Momente, die ihn schließlich zu der Auswahl der vier Grundeigenschaften bewegen: Die gesuchten Eigenschaften müssen Gegensätze darstellen, sie müssen ein Wirken- und ein Leidenkönnen formulieren, sie müssen dem Tastsinn angehören. Dabei erklären sich zwei dieser Randbedingungen aus der Tatsache, daß Aristoteles auf der Basis seiner Elemente chemische Prozesse, Veränderung erklären will – die Schrift, auf die wir uns im Augenblick beziehen, heißt ›Über Werden und Vergehen‹. Jeder physische Prozeß vollzieht sich nach Aristoteles aber zwischen Gegensätzen. Die Grundeigenschaften müssen deshalb Gegensätze darstellen, gewissermaßen die Pole, zwischen denen sich dann das chemische Geschehen abspielen kann. Ferner müssen sie Möglichkeiten des Wirkens und Erleidens darstellen. Deshalb fallen etwa die Eigenschaften leicht und schwer als charakterisierende Eigenschaften der Elemente in chemischer Hinsicht fort[3]. »Von diesen Eigenschaften sind schwer und leicht keine Fähigkeiten zu wirken und zu leiden: Nicht weil sie auf etwas anderes wirken oder von etwas anderem etwas erleiden werden sie so genannt. Die Elemente müssen aber so konzipiert werden, daß sie aufeinander wirken können: Sie verbinden sich nämlich miteinander und gehen ineinander über« (de gen. et corr. 329 b, 21-24).

Wie kommt es aber zu der Auszeichnung der sinnlichen Qualitäten, die sich auf den Tastsinn beziehen? Dies ist vermutlich bereits *die* zentrale Frage zum Verständnis der aristotelischen

Chemie. Verfolgen wir sie hier zunächst nur so weit, wie es unsere Stelle in de gen. et corr. B2 zuläßt: Aristoteles beginnt das Kapitel mit dem Satz: »Da wir die Prinzipien des sinnlich wahrnehmbaren Körpers suchen und da dieser tastbar ist, und das Tastbare wiederum dasjenige, von dem die sinnliche Wahrnehmung Berührung (ἀφή) ist, so ist klar, daß nicht alle Gegensätze des Körpers eine Klassifikation und Prinzipien abgeben, sondern nur diejenigen, die sich auf den Tastsinn beziehen« (de gen. et corr. B2 329 b, 7-10). Es ist verständlich, daß Aristoteles in seiner Chemie die sinnlich wahrnehmbaren Substanzen zum Thema macht – d. h. wir können es jedenfalls als eine Grundeigenschaft seiner Chemie hinnehmen, die sie von unserer Chemie, für die ja die apparative und nicht die sinnliche Erfahrung maßgeblich ist, unterscheidet. Aber dann geht Aristoteles in diesem zitierten Satz doch sehr schnell von sinnlich wahrnehmbar überhaupt zu sinnlich wahrnehmbar durch Berührung über. Der Tastsinn wird hier also gegenüber den anderen Sinnen ausgezeichnet. Diese Auszeichnung ist aber gewiß keine des »Ranges«, was Aristoteles in den folgenden Sätzen auch sogleich sagt: Natürlich ist der Gesichtssinn von höherem Rang als der Tastsinn. Da es aber in der Schrift de anima (432 b 26-27) einen Satz gibt, nach dem die Eigenschaften des Körpers als Körper tastbar sind, hat man sich (in diesem Falle Seeck, 1964, 36) dazu verleiten lassen, die Auszeichnung des Tastsinns bei Aristoteles quasi kartesisch zu rechtfertigen: Der Körper ist durch Raumerfüllung und Temperatur zu charakterisieren. Gerade zu einem *chemischen* Verständnis der Wirkmöglichkeiten der Elemente kommt man auf diese Weise natürlich nicht, sondern eben wie es das kartesianische Weltbild vorsieht, allenfalls zu einem Verständnis mechanischer Wirkungen durch Druck und Stoß[3a]. Wir wollen diesen Punkt im Moment nicht weiter verfolgen, nur soviel: Gerade das, was der Autor der genannten Interpretation (Seeck) Aristoteles meint nicht zumuten zu dürfen, könnte ein Schlüssel zum Verständnis geben, nämlich daß Aristoteles den Doppelsinn, der im griechischen Ausdruck ἀφή liegt – ἀφή heißt Berührung und Tastsinn –, nicht auseinandergehalten haben könnte. Chemische Wirkung ist Wirkung durch Berührung, Aristoteles hat ihr deshalb in der Schrift über ›Werden und Vergehen‹ ein besonderes Kapitel gewidmet (A6).

Zurück zur Darstellung: Die Elemente werden also durch Qualitäten gekennzeichnet. Was ein Element ist, bestimmt Aristoteles mit aller wünschenswerten Deutlichkeit, so daß man sich fragt, welche Fortschritte Boyle demgegenüber gebracht haben soll: »Als Element sollen die Körper bezeichnet werden, in die die anderen Körper zerlegt werden, und die in ihnen der Möglichkeit nach oder der Wirklichkeit nach (welches von beiden, darüber läßt sich streiten) vorliegen. Selbst aber ist ein Element in anderes der Art nach nicht zu zerlegen« (Über den Himmel Γ 3, 302 a, 15-18). Mit Zerlegung der Art nach ist hier also die chemische Zerlegung gemeint, eine Zerlegung, bei der die Zerlegungsprodukte anderer Art sind als ihre Verbindung. Als sinnlich wahrnehmbare Körper sind nämlich die Elemente nach Aristoteles mechanisch noch beliebig teilbar. Alles nun, was unter dem Himmel besteht, alle vorfindbaren Substanzen sind als zusammengesetzte zu betrachten, – und zwar enthalten nach Aristoteles alle diese Substanzen Anteile aller Elemente (de gen. et corr. B3 330 b, 21 ff., B8 334 b, 31 ff.). Das heißt also, die von Aristoteles angesetzten vier Elemente kommen rein in der Natur gar nicht vor.

Die Elemente wirken nun in den Verbindungen durch ihre Eigenschaften. Sie sind oder sie sind da in keiner anderen Weise als durch diese Eigenschaften – was dazu führt, daß sie gegenüber den Eigenschaften selbst bei der Behandlung der zusammengesetzten Stoffe fast ganz zurücktreten (Meteorologie IV). Diese Tendenz wird noch dadurch verstärkt, daß bei jedem Element jeweils eine Eigenschaft diejenige ist, die das Element primär repräsentiert: so die Erde das Festsein, das Wasser das Kaltsein, die Luft das Flüssigsein und das Feuer das Warmsein (de gen. et corr. B3, 331 a, 3 ff.). Wir müssen uns also zum Verständnis der Verbindungen zunächst noch einmal im Detail um die Qualitäten kümmern.

Allgemein kann gesagt werden, daß die Qualitäten relative oder äußere Qualitäten (wie Seeck sagt, 1964, 95) darstellen. Aristoteles sagt, es sind Vermögen (δυνάμεις), d. h. Bestimmungen, die nicht schlicht die Präsenz der Elemente, ihr Sein als solches, sondern ihr Dasein für anderes bestimmen. Ein Stoff kann für anderes dasein, entweder indem er von dem anderen Wirkungen erfährt oder auf das andere wirkt. Deshalb gibt es für Aristoteles je ein aktives und ein passives Paar von Grundqualitäten: Die aktiven sind warm und kalt, die passiven flüssig und fest (de gen.

et corr. B2, 329 b, 24 ff., Meteorologie IV, 378 b, 10 ff). Worin bestehen nun die aktiven und passiven Qualitäten?

Ich beginne mit den passiven Qualitäten. Sie sind, wie gesagt, Vermögen, Wirkungen zu erfahren. Aristoteles sagt: »ὑγρόν ist dasjenige, was durch eine eigene Grenzbildung nicht abgrenzt ist und sich (so) leicht abgrenzen läßt, ξερόν ist das, was durch eigene Grenzbildung wohl abgegrenzt sich schwer eingrenzen läßt« (de gen. et corr. B2, 329 b, 30-32). Wir übersetzen ὑγρόν manchmal mit feucht, manchmal mit flüssig, ξερόν manchmal mit fest, manchmal mit trocken. Worin bestehen diese Eigenschaften nun eigentlich? Wir erfahren die Flüssigkeit von Wasser und Luft als eine leichte innere Beweglichkeit, d. h. Beweglichkeit der Teile gegeneinander, als die Möglichkeit, diesen Stoffen beliebige äußere Form zu geben, als das Phänomen des Benetzens, das verstanden werden kann als Anpassung dieser Stoffe an die Grenzbildung anderer. Aristoteles sagt, daß Stoffe, die ὑγρόν sind, von sich aus keine eigene Grenzbildung zeigen – wir verstehen: keine eigene Tendenz zu bestimmter körperlicher Formbildung. Gerade deshalb sind sie leicht (von außen) abgrenzbar.[4] Aristoteles bestimmt das leicht Abgrenzbarsein deshalb auch auf der einen Seite als leichte Lösbarkeit der Teile voneinander.[5] Auf der anderen Seite verweist er auf das Phänomen, daß Wassertropfen, miteinander in Berührung gebracht, ihre eigene Grenze nicht bewahren und durch die bloße Berührung zu einem werden (de gen. et corr. A8, 326 a, 33). Als Gegensatz dazu ist das ξερόν zu verstehen, das wir als fest oder trocken übersetzen: Was ξερόν ist, neigt von sich aus zur Grenzbildung, es kristallisiert gewissermaßen aus. Deshalb wird diese Eigenschaft als körperlicher Widerstand, als Rauhigkeit, als Festigkeit, als Härte erfahren, d. h. also als Widerstand gegenüber einer Formgebung von außen. Als wohl abgegrenzt durch eigene Grenzen ist es schwer von außen mit einer anderen Grenzbildung zu versehen.

Die aktiven Eigenschaften sind – wie gesagt – warm und kalt. Warm und kalt werden verstanden als Vermögen der Substanzen auf anderes zu wirken. Worin nun besteht diese Wirkung? Aristoteles sagt: »Warm ist das, was Gleichartiges zusammenbringt (. . .), kalt ist das, was in gleicher Weise das Verwandte und das Nicht-Gleichartige zusammentreibt und zusammenbringt« (de gen. et corr. B2, 329 b, 26-30). Beide Vermögen erscheinen so zunächst als synthetische Potenzen, was sich aber bei näherem

107

Zusehen nicht ganz bewahrheitet. Das von Aristoteles verwendete Wort συγϰϱίνειν enthält als solches schon eine innere Spannung, insofern ϰϱίνειν unterscheiden und entscheiden bedeutet, d. h. also mit dem συν, zusammen, nicht ganz harmoniert. Wir sehen auch an der aristotelischen Formulierung, daß die Potenzen von Wärme und Kälte sich nicht so sehr auf Verbinden von Substanzen als vielmehr auf die Unterscheidung von Gleichartigkeit und Ungleichartigkeit beziehen. Von Wärme setzt dann Aristoteles auch voraus, daß es eher als scheidendes, unterscheidendes Vermögen bekannt ist, er setzt in Klammern hinzu: »Das Unterscheiden, von dem man sagt, daß es das Feuer bewirke, ist ein Zusammenbringen des Gleichartigen: als Nebenfolge nämlich nimmt es das Fremde heraus« (de gen. et corr. B2, 329 b, 27-29). Wärme also bringt Verwandtes zusammen und treibt Fremdes aus, Kälte dagegen hat eine zusammenziehende Wirkung, bringt also Verwandtes wie Nicht-Verwandtes zusammen. Freilich zeigt sich dann später in Meteorologie IV, daß Kälte häufig nur noch als Abwesenheit von Wärme verstanden wird, daß dieses Zusammenbringen also eher nur ein Zusammenlassen ist, wobei man dann für die eigentliche chemische Verbindung des Ungleichartigen sich nach anderen Potenzen umsehen muß.

Diese aristotelischen Erläuterungen zu den Qualitäten warm und kalt scheinen diese nun zunächst ganz von der sinnlichen Erfahrung abzurücken, sie verweisen auf handwerkliche Erfahrungen beim Kochen, in der Metallurgie, in der Töpferei. Wir werden darauf zurückkommen. Hier ist zunächst zu fragen, ob der aristotelischen Interpretation von warm und kalt nicht doch eine Plausibilität im Bereich sinnlicher Erfahrungen gegeben werden kann. Die Basis dafür ist schmal, aber wenn man sich fragt, wie Wärme und Kälte hauptsächlich körperlich empfunden werden, dann weiß man wenigstens, wo man zu suchen hat. Wärme und Kälte werden durch Schwitzen und Frieren empfunden. Nun gibt es unter den aristotelischen Schriften, die unter dem Titel ›Problemata Physica‹ zusammengefaßt sind, zwei, die sich mit diesen Themen beschäftigen, nämlich Problemata Physica II, ›Was den Schweiß betrifft‹, und Problemata Physica VIII, ›Was sich aus Frost und Schauder ergibt‹. Die erste Schrift bestätigt nun, daß Aristoteles das Schwitzen als eine Wärmeerfahrung aufgefaßt hat, durch die Körperfremdes ausgetrieben wird: »Warum ist der Schweiß salzig? Doch wohl deshalb, weil er durch Bewegung und Wärme entsteht, die alles ausscheidet, was bei der Umsetzung der Nahrung in Blut und Fleisch fremd ist. Denn dieses (das Fremde) wird sehr schnell ausgeschieden, da es dem Körper nicht zugehörig ist, und nach außen ausschwitzt.« (Problemata Physica II, 866 b, 19 ff). Die Schrift ›Was sich aus Frost und Schauder ergibt‹, dient unserer gegenwärtigen Fragestellung nur durch die Feststellung, daß Kälte körperlich als Zusammenziehen empfunden wird. Aristoteles behandelt insbesondere den sogenannten Gänsehauteffekt.

Nach dieser Erläuterung der Qualitäten müssen wir uns der Frage zuwenden, wie sie als chemische Agenzien wirken. Dazu zunächst eine Erinnerung an die Hierarchie der Substanzen bei Aristoteles: Die niedrigsten und einfachsten Substanzen sind die Elemente selbst. Sie sind jeweils nur verschiedene Ausprägungen einer Grundmaterie, der prima materia, die aber als solche nicht in Erscheinung treten kann. Aus den Elementen bauen sich durch chemische Verbindung die sogenannten gleichteiligen[6], die homogenen Stoffe auf. Homogen sind diejenigen Stoffe, bei denen die Teile von gleicher Art sind wie das Geteilte. Demnach sind auch die Elemente selbst schon homogene Stoffe, es kommen aber hinzu alle organischen Substanzen wie etwa die Metalle, dann aber auch organische Substanzen wie Milch, Blut, Fleisch. Die organisierende oder gestaltbildende Kraft der Grundqualitäten reicht nun nicht weiter als bis zur Bildung der homogenen Substanzen. Über ihnen sind noch die nicht-homogenen Substanzen, also etwa die Organe der Lebewesen und schließlich als höchste Form die Lebewesen selbst anzuordnen. Für diese beiden Arten von Substanzen wird dann der organische Zweck zum eigentlichen gestaltbildenden Prinzip.

In gewisser Weise ist nun der Möglichkeit nach in jedem Stoff jeder andere enthalten. Das bedeutet für die Elemente selbst, daß sie ineinander überführbar sind. Dieses Überführen kann durch sukzessive Veränderung des Grades der Qualitäten geschehen, beispielsweise kann eben Wasser durch Erwärmen zu Luft werden, durch Erstarren (Fest-werden) zu Erde. Diese Auffassung hat den Gedanken nahegelegt, daß es sich bei der aristotelischen Chemie nicht eigentlich um Chemie, sondern um eine Theorie der Aggregatzustände handele. Das trifft zwar nun nicht zu, wie insbesondere seine Theorie der Verbindungen belegt, andererseits muß aber festgehalten werden, daß Aristoteles den Übergang zwischen zwei verschiedenen Aggregatzuständen eines Stoffes, der nach unserer Auffassung als Element derselbe bleibt, als eine Verwandlung des einen Elements in ein anderes angesehen hat. Der Übergang zwischen zwei Elementen geschieht nun dadurch, daß ein Element mit einem anderen in Berührung gebracht, sich diesem in einer bestimmten Qualität angleicht: So etwa ist das Verdunsten von Wasser als eine Angleichung des Wassers an das Feuer auf der Dimension kalt/warm anzusehen.

Wenden wir uns jetzt der aristotelischen Theorie der Verbindung zu. Wir haben schon gesagt, daß die Bestandteile der Verbindung in der Verbindung irgendwie der Möglichkeit nach erhalten bleiben (de gen. et corr. A10, 327 b, 22 ff.), und daß sich eine neue Qualität herausbildet. »Wenn sich die Vermögen (in der Verbindung) irgendwie die Waage halten, dann schlägt zwar die eine aus ihrer eigenen Natur in die Herrschende über, wird aber nicht die andere, sondern etwas Mittleres und Gemeinsames« (de gen. et corr. 328 b, 28-30). Was das bedeutet, kann man eher sehen an einer Stelle, wo Aristoteles über die Zusammensetzung der Substanzen auf der Erde spricht. Wir haben schon gehört, daß alle Substanzen, die wir auf der Erde vorfinden, alle Elemente enthalten müssen. Für das Wasser gibt dabei Aristoteles einen Grund an, der näheren Aufschluß über die Wirkung der Qualitäten in der Verbindung gibt: »Wasser aber (muß in der Substanz enthalten sein), weil das Zusammengesetzte ja abgegrenzt werden muß und von den einfachen Körpern das Wasser allein gut abgrenzbar ist und auch die Erde ohne das Feuchte nicht zusammenbleiben könnte, vielmehr ist dieses ja das Zusammenhaltende: Wenn nämlich das Feuchte gänzlich aus ihr entfernt würde, würde sie auseinanderfallen« (de gen. et corr. B8, 334 b, 34-335 a2). Wir haben hier eine Vorstellung von der Wirkung des Flüssigseins bzw. des Wassers als Repräsentanten des Flüssigseins in Verbindung, die sehr stark an die Art erinnert, wie Kinder Sandkuchen zusammenhalten. In der Tat gibt auch Aristoteles an einer anderen Stelle den Vergleich mit dem Leim, trotzdem ist aber die Vorstellung zu einfach und auch unzutreffend, denn in der Verbindung sollen ja die Elemente gerade nicht als »Teilchen« erhalten bleiben. Gleichwohl ist festzuhalten, daß Wasser bzw. Feuchtigkeit dasjenige in Verbindung ist, was sie *zusammenhält*[7]. Aber die Wirkung dieses Vermögens kann man doch nur richtig einschätzen, wenn man es in Beziehung setzt zu seinem entgegengesetzten Vermögen, nämlich des Trocken- bzw. Festseins. Dieses war genauer gesehen eine Tendenz zur räumlichen Formbildung, eine Tendenz, die, »wenn das Feuchte gänzlich entfernt wäre«, zu einem Überhandnehmen der Form, zu einem Zerbröseln, einem Zerfallen der Verbindung führen würde. D. h. also Feuchtigkeit oder Flüssigsein wirkt dieser elementaren Formtendenz durch Formbarkeit bzw. einer Tendenz zur Formlosigkeit durch sein »gut abgrenzbar sein, ohne eigene Grenze zu haben«, entgegen.

Die Wechselwirkung der Vermögen fest und flüssig, ihr Zusammenspiel mag für die Konstitution der Konsistenz homogener Stoffe schon als hinreichende Erklärung gelten. In der Tat ist es auch so, daß in Meteorologie IV die passiven Qualitäten als materielle Basis für die formgebende Wirkung der aktiven Qualitäten auftreten (Meteorologie IV, 1). Worin besteht also die Wirkung von warm und kalt in Verbindungen? Allgemein kann man wohl sagen, daß sie dafür verantwortlich sind, an welcher Stelle auf dem Spektrum zwischen fest und flüssig sich der Zustand einer Verbindung einspielt, denn immer wird gesagt, daß Wärme und Kälte für Fest- und Flüssigwerden, für Erstarren und Verdunsten verantwortlich sind. Diese pauschale Erklärung reicht allerdings noch nicht aus, da ja erforderlich ist, die Wirkung von Kälte und Wärme mit ihrer fundamentalen Potenz der σύγκρισις in Beziehung zu setzen, des Vermögens, Gleichartiges und Ungleichartiges zusammenzubringen bzw. zu trennen. Wir können auf diese Frage hier noch nicht eingehen, weil dazu erforderlich ist, auf die aristotelische Chemie zurückzugreifen.

Zum Abschluß der Darstellung der aristotelischen Chemie sei noch gesagt, was sie zu leisten beansprucht. Sie beansprucht zu sagen, was die einzelnen Substanzen sind und dies durch Angabe ihrer Eigenschaften. »Alle Substanzen«, sagt Aristoteles, »unterscheiden sich voneinander: Erstens dadurch, daß jede von den Sinneswerkzeugen als etwas Eigenes wahrgenommen wird und auf diese eine besondere Wirkung ausübt, – etwas ist weiß, wohlriechend, tönend, süß, warm, kalt entsprechend der Art, wie es auf die Wahrnehmung wirkt, zweitens durch speziellere Eigentümlichkeiten ihres passiven Verhaltens, z. B. die Fähigkeit zu schmelzen, sich zu verfestigen, sich biegen zu lassen und dergleichen mehr.« (Meteorologie IV, 385 a, 1-7). Ferner beansprucht sie, die Wandlung der Stoffe ineinander zu erklären.

III. Zur Rekonstruktion der aristotelischen Chemie

Was erklärt werden muß, um die aristotelische Chemie zu verstehen, ist vor allem die Beziehung zwischen den chemischen Grundeigenschaften und dem Tastsinn. Wir behaupten nun, daß sich diese enge Beziehung erklärt, wenn man die aristotelische Chemie in einem strengen Sinne als Stoff*wechsel*chemie versteht. Nun hat freilich auch unsere Chemie inzwischen die Ebene des menschlichen Stoffwechsels erreicht, freilich muß man sagen, daß ihre Resultate, so genau sie auch sind, gegenüber den konkreten Vorgängen menschlichen Stoffwechsels abstrakt bleiben. Stoffwechsel ist eine konkrete Beziehung des Menschen zur Natur, Stoffwechsel ist Arbeit und Konsum. Unsere Chemie thematisiert aber nicht diese Beziehung zwischen den Menschen und der Natur, sondern ist, wie vorher auch schon die Alchemie, auf die Herstellung von Produkten gerichtet. Diese Produkte werden nicht in Hinblick auf das betrachtet, was sie in der Stoffwechselbeziehung für den Menschen sind, sondern was sie für sich genommen sind (spezifisches Gewicht etc.) bzw. was sie in Beziehung auf andere Stoffe sind. Bei Aristoteles werden die Stoffe aber in bezug auf den Menschen als essendes und konkret tätiges Wesen bestimmt. Das wird sogleich deutlich, wenn wir die Liste der passiven Qualitäten der Substanzen aus Meteorologie IV durchgehen, die fast durchgehend als – wie wir sagen würden – Dispositionsprädikate auf mögliche handwerkliche Operationen hin konzipiert sind: Eine Substanz ist zu verfestigen, zu schmelzen, durch Hitze zu erweichen, kann Feuchtigkeit aufnehmef, ist zu biegen, zu brechen, zu zersplittern, einer Einprägung fähig, zu formen, zu pressen, elastisch zu dehnen, zu schmieden, zu spalten, zu schneiden, sie ist klebrig, sie ist zu kneten, zu brennen, zu verdampfen (Meteorologie IV, 385 a, 12 ff.).

Der eigentliche Prüfstein für die Auffassung der aristotelischen Chemie als Stoffwechselchemie besteht nun aber darin, daß sich aus dieser Auffassung zwanglos eine Erklärung der Auszeichnung des Tastsinns für die Bestimmung der chemischen Grundqualitäten ergibt. Das wird deutlich, wenn man die Ausführungen der aristotelischen *Psychologie* mit heranzieht. Daß dies bisher unzureichend geschehen ist, dürfte sich daraus erklären, daß man neuzeitlichem Verständnis folgend die Psychologie des Aristoteles nicht als Naturwissenschaft angesehen hat.

Der Tastsinn ist der eigentliche Ernährungssinn, der Sinn für die Identifizierung der Nahrung. Unter den Lebewesen brauchen die Tiere einen solchen Sinn, weil sie sich bewegen können und deshalb darauf angewiesen sind, ihre Nahrung zu identifizieren. Die Ernährung ist nun nach Aristoteles – wie auch wir sagen – Assimilation: Die Nahrung ist zunächst dasjenige, was der Körper nicht ist, das Entgegengesetzte, wie Aristoteles sagt, und wird dann durch die Verdauung dem Körper anverwandelt: »Soweit sie unverdaut ist, nährt sich Entgegengesetztes vom Entgegengesetzten, soweit sie verdaut ist, Gleiches vom Gleichen.« (de anima II, 416 b, 6 ff.) Das Bedürfnis nach Nahrung äußert sich deshalb zunächst als ein Bedürfnis nach dem, was der Körper nicht ist. »Hunger und Durst sind Begierden, nach Trocknem und Warmem der Hunger, nach Feuchtem und Kaltem der Durst« (de anima II, 414 b, 11 ff.). Aristoteles ist sich sehr wohl bewußt, daß man Nahrung auch mit anderen Sinnen identifizieren kann, aber diese richten sich nur auf Qualitäten, die der Nahrung beiläufig sind, denn, so Aristoteles, »zur Nahrung trägt Ton, Farbe und Geruch nichts bei.« (de anima II, 414 b, 10)

Der Tastsinn ist also der ursprüngliche Nahrungssinn, denn er bezieht sich auf dasjenige, dessen der Körper als Nahrung bedarf. Das wird noch deutlicher, wenn man sich in de anima das Funktionieren der Tastwahrnehmung näher anschaut. Aristoteles diskutiert im Vergleich mit den anderen Wahrnehmungsvermögen für das Tastvermögen auch die Frage des Mediums. Sehen und Hören werden vermittelt durch ein Medium, d. h. der Gegenstand der Wahrnehmung und das Wahrnehmende sind nicht unmittelbar in Kontakt. Das ist anders beim Tastvermögen, es sei denn, man würde das Fleisch als Medium des Tastvermögens betrachten. Diese Konsequenz folgt für Aristoteles aber nur unter der Voraussetzung, daß man – wie bei den anderen Sinnen – nicht wahrnimmt, wenn der Gegenstand unmittelbar auf das Sinneswerkzeug gelegt wird (de anima II, 423 b, 24 ff.). Später, in der Schrift ›Über die Teile der Tiere‹, vertritt er dann eine Ansicht, nach der der ganze Körper das Organ des Tastvermögens ist, nämlich Medium und Wahrnehmungsorgan zugleich, »so wie wenn man (analog beim Sehvermögen) dem Augapfel das durchscheinende Medium hinzufügte« (Über die Teile der Tiere B, 653 b, 24-25). Fleisch erscheint hier als universales Sinnesorgan.[7a]

Den Wahrnehmungsvorgang selbst interpretiert Aristoteles in

Anlehnung an die alte Lehre, daß Gleiches Gleiches erkennt. Da er aber nicht der Ansicht ist, daß Gleiches auf Gleiches etwas bewirken kann und die Auffassung vertritt, daß Wahrnehmen ein Erleiden sei, so erfährt diese alte Lehre bei ihm eine gewisse Abwandlung: »Das Wirkende (der Sinnesgegenstand) macht das Organ zu etwas Derartigem, wie es selbst ist, – das Organ, das nur der Möglichkeit nach so ist.« Wir fahren unmittelbar mit Aristoteles fort, in der Anwendung auf den Tastsinn: »Deshalb nehmen wir das Gleiche, Warme und Kalte oder Rauhe und Weiche nicht wahr, sondern die Überschüsse, da die Wahrnehmung gleichsam die Mitte ist zwischen der Gegensätzlichkeit im Wahrnehmbaren« (de anima II, 424 a, 1-5). Wir haben also zusammengenommen folgende Situation: Der menschliche Leib nimmt im Tastvermögen die Stoffe, die er berührt, durch die Differenz zu seinem eigenen Zustand wahr. Die Wahrnehmung dieser Differenz ist bei Bedürftigkeit des Körpers die Identifizierung der Nahrung, denn das Bedürfnis nach Nahrung äußert sich als Bedarf an Substanz, die im entgegengesetzten Zustand zum bedürftigen Körper ist.

Es wäre nur noch nötig, daß durch die Berührung mit dem Wahrnehmungsgegenstand der Körper direkt in seinem Zustand verändert würde – dann wäre Wahrnehmung zugleich Ernährung. Diese Überlegung ist aber in zweierlei Hinsicht unzutreffend. Auf der einen Seite sagt Aristoteles von der Wahrnehmung ganz allgemein: »Sie ist das, was fähig ist, die wahrnehmbaren Formen ohne Materie aufzunehmen« (de anima II, 424 a, 18-19). Auf der anderen Seite ist zwar Hunger und Durst das Bedürfnis nach dem Entgegengesetzten, – das aber dann durch die Verdauung erst dem Körper anverwandelt werden soll.

Aus dem bisherigen ergibt sich nicht nur eine Erklärung, sondern auch eine Rechtfertigung dafür, daß Aristoteles die sinnlich erfahrenen Qualitäten der Substanzen als ihre objektiven Eigenschaften ansetzt: Es sind nämlich diejenigen Eigenschaften, durch die die Substanzen für den Menschen da sind, sofern er selbst eine körperliche Substanz ist. Es ist nicht unberechtigt anzunehmen, daß die Eigenschaften durch die die körperlichen Substanzen wirkend und leidend einander präsent sind, dieselben sind, durch die sie der Mensch erfährt, insofern er körperliche Substanz ist.

Unser Nachweis, daß Aristoteles' Chemie Stoffwechselchemie ist, könnte sich auf Forschungen etwa von Happ (1965), Lloyd

(1964) oder Solmsen (1960) stützen, die nachgewiesen haben, daß die aristotelischen Vorstellungen über Elemente und Qualitäten aus dem Bereich der medizinischen Lehren stammen. Da aber in den Schriften, in denen sich im wesentlichen diese Chemie bei Aristoteles findet, d. h. also in der Schrift über ›Entstehen und Vergehen‹, in der Meteorologie und in der Psychologie keine direkten Beziehungen zur Medizin finden, bedürfte dieses Argument noch einer Brücke, einer Brücke nämlich, die zur Kochkunst führt. Denn das *Kochen* ist in diesen Schriften überall präsent. Freilich ließe sich diese Brücke auch herstellen, werden doch in Platons Dialog Gorgias Medizin und Kochkunst als ungleiche Zwillinge dargestellt, wobei die Medizin weiß, was dem Körper wirklich gut tut, die Kochkunst als Schmeichelei sich aber auf das bezieht, was dem Körper bloß angenehm ist.

Besser und direkter ist es deshalb, den Hinweisen auf das Kochen bei Aristoteles selbst zu folgen. Denn das Kochen ist ja nichts weiter als aus dem Körper herausverlagerte Verdauung oder Vorverdauung. Die Erfahrungen, die dabei gemacht werden, gehören deshalb unmittelbar in den Zusammenhang einer Stoffwechselchemie.

Neben der unmittelbaren sinnlichen Erfahrung der Substanzen und den Erfahrungen, die man in der handwerklichen Bearbeitung mit ihnen macht, bezieht die Chemie des Aristoteles ihre Kenntnisse vor allem aus den Erfahrungen des Kochens, des Töpferns und der Metallurgie. Alle diese Erfahrungen werden aber von Aristoteles – wie übrigens auch der Prozeß des Reifens von Früchten – unter dem Begriff der Pepsis, der Verdauung zusammengefaßt. Als Unterarten führt er in Meteorologie IV, 379 b, 13, Reifen, Sieden und Rösten an[8]. Dabei werden Rösten und Sieden die »künstlichen« chemischen Prozesse als Nachahmung der Natur, nämlich der Reifungs- und Verdauungsprozesse aufgefaßt (Meteorologie IV, 381 b, 4).

Das Verdauen in diesem umfassenden Sinne ist nun nach Aristoteles eine Wirkung der Wärme (de anima 416 b, 29, Meteorologie IV, 379 b, 12). Als Wirkung der Kälte wird in der angegebenen Stelle in der Meteorologie »das Unverdautsein, also der Zustand des Rohen, Halbgaren, Angesengten« angegeben. Dabei wird wieder nicht ganz deutlich, ob die Wirkung der Kälte nicht gleichzusetzen ist mit der Wirkung der Abwesenheit von Wärme[9]. Da Wärme und Kälte aber die wirkenden unter den

115

Grundeigenschaften der Elemente sind, kann man sagen, daß Aristoteles alle chemischen Prozesse im Grunde als Verdauungsprozesse auffaßt: Sie verlaufen auf der Dimension zwischen roh und gar.

Wir können damit auch versuchen, abschließend die Wirkung der Vermögen Warm und Kalt in Mischungen genauer zu bestimmen. Warm und Kalt waren in de gen. et corr. als Vermögen der σύγκρισις, als Vermögen, Gleichartiges zusammenzubringen bzw. Ungleichartiges auszutreiben, bezeichnet worden. Der Verdauungsvorgang, eine Wirkung des Feuers, war aber in de anima als ein Prozeß charakterisiert worden, in dem der Körper (durch seine innere Wärme) den ihm zunächst entgegengesetzten Nahrungsstoff sich angleicht. Dieser Prozeß, durch den er sich ihm Verwandtes verbindet, ist aber zugleich ein Prozeß, der Körperfremdes aus der Nahrung herauslöst und ausscheidet. Entsprechend muß man sich wohl allgemein die Wirkung der Wärme in den Verbindungen, ihr Zustandekommen als eine Art Verdauungsprozeß, als ein Garen oder Gären vorstellen. Eine Substanz erreicht durch Garen die in ihr durch ihre Anteile an Flüssigkeit und Festigkeit vorgegebene mögliche eigene Form. So sagt Aristoteles ganz allgemein, »πέψις (verdauen, kochen, reifen) ist der durch die eigene natürliche Wärme hervorgebrachte Zustand des Fertigseins aus den entgegengesetzten passiven Qualitäten. Diese aber machen die jeweilige eigene Materie aus. Wenn die Substanz aber verdaut ist, dann ist sie fertig und geworden« (Meteorologie IV, 379 b, 18-21).

Wir fassen zusammen: Aristoteles' Chemie ist eine Stoffwechselchemie, sie bestimmt die chemischen Substanzen nach den Eigenschaften, durch die sie in den menschlichen Stoffwechsel, d. h. in die Wechselwirkung mit dem konkreten menschlichen Leib eingehen. Diese Eigenschaften werden in der körperlichen Berührung erfahren, deshalb erscheinen sie als sinnliche Qualitäten, speziell des Tastsinns. Der chemische Grundprozeß ist ein Prozeß der Verdauung, Verdauung ist eine Stoffumwandlung hauptsächlich als Folge der Wärme – keine Reaktion zwischen verschiedenen chemischen Substanzen. Alle handwerklich durchführbaren chemischen Prozesse wie Kochen, Ton brennen, Lösungen herstellen, Prozesse der Metallurgie werden von Aristoteles nach Analogie von Verdauungsprozessen verstanden.

IV. Schluß

Eine Diskussion dieser Präsentation der aristotelischen Chemie vor Chemikern zeigte, daß diese bereit waren, Aristoteles ihren Respekt zu erweisen, – ja geradezu seine Chemie als ein gutes Stück Chemie oder jedenfalls doch als ein gutes Stück Vorgeschichte der Chemie, d. h. der unseren zu akzeptieren. Er hat einen bündigen Begriff vom chemischen Element, eine klare Vorstellung von chemischer Verbindung im Unterschied zu bloßer Mischung, er bildet Theorien und bezieht sie auf die Erfahrung, er versucht durch seine Chemie in die Vielfalt der Erscheinungen eines bestimmten Bereiches – nämlich der Stoffumsetzungen – Einheit zu bringen: Kurz, was Aristoteles macht, ist eben Wissenschaft.

Diese Einsicht ist wichtig, die Referenz vor Aristoteles nötig, sie ist die Voraussetzung dafür, daß die Feststellung der fundamentalen Unterschiede gegenüber unserer Wissenschaft Aristoteles nicht disqualifiziert, daß sein Wissen nicht als Irrtum, Mythos oder bloß lebensweltliches Wissen eingestuft wird, sondern eben als Wussenschaft. Erst so kann Aristoteles zum Zeugen dafür werden, daß es auch andere Wissenschaft von der Natur geben kann als die unsere.

Und die Unterschiede bleiben gravierend: Die Natur wird nicht »objektiv« behandelt, sondern so wie sie für den Menschen da ist. Das geht nur, indem sich der Mensch selber als ein Stück Natur begreift. Nur so ist es sinnvoll, daß die Qualitäten, durch die die Substanzen für den Menschen da sind, dieselben sind, die ihr Verhalten untereinander bestimmen. Zwar ist dadurch noch nicht »Stoffwechsel« in einem Sinne thematisiert, wie es heute nötig wird, nämlich so, daß nun anders herum auch der Mensch als Wirkfaktor gegenüber der Natur thematisiert wird (s. d. Aufsatz Soziale Naturwissenschaft, VI 2). Aber Stoffwechsel, im engeren Sinne Verdauung, ist doch der elementare Prozeß, von dem her hier chemisches Verhalten verstanden wird, es ist genau der Prozeß, durch den der Mensch an der Natur teilnimmt.

Die Einheit der Erscheinungen wird vom Prozeß der Verdauung her verstanden. Aristotelische Chemie erschließt den Menschen die Erscheinungen, macht sie erklärlich, läßt ihren Zusammenhang erkennen, ihre innere Verwandtschaft. Aber dieses Verstehen bedeutet nicht, daß die entsprechenden Prozesse machbar werden oder daß die aristotelische Chemie dem Menschen dort, wo er selbst solche Prozesse initiieren kann, als Koch, als Töpfer, als Metallurg irgendwelche Hilfen geben könnte. In der aristotelischen Chemie versteht der Mensch chemische Prozesse auf der Basis seiner Zugehörigkeit zur Natur. Was dort geschieht, wird ihm verständlich, weil er es an sich selbst erfährt, weil er es als leibliches Wesen selbst vollzieht: Es ist Pepsis, Verdauung, Reifung. Der aristotelische Chemiker versteht, was Verbindungen sind, und weiß doch nicht, wie sie hergestellt werden können. Das mag ein Einwand sein. Aber muß denn gute Wissenschaft immer in einer möglichen Technik münden? Ist das nicht ein neuzeitliches Vorurteil? Könnte nicht Wissenschaft auch ganz anderen Zwecken dienen?

Anmerkungen

1 »Eine Chemie des Aristoteles gibt es allem Anschein nach nicht. Voreiliger Tadel ist jedoch nicht am Platze. Denn für dies ›Manko‹ gibt es einen zwingenden Grund: Die Vernachlässigung der Chemie ist kennzeichnend für die gesamte frühe griechische Naturphilosophie, Aristoteles macht keine Ausnahme.« (Horne, in Seeck 1975, 339).

2 Das spiegelt sich etwa in Goethes ›Wahlverwandtschaften‹, die ja in der Entstehungszeit der modernen Chemie geschrieben sind (Erscheinungsjahr 1809).

3 In »physikalischer« Hinsicht verwendet sie ja Aristoteles durchaus. Erde ist schwer, Feuer ist leicht, d. h. Erde strebt zum Zentrum und Feuer zur Peripherie des Weltgebäudes: Diese Eigenschaften charakterisieren das Bewegungsverhalten der Elemente (bes. De caelo I u. II).

3a Diese Art des kartesischen Mißverständnisses findet sich in der Tat bei Düring (1944, 17). Er will die Wirkung der Elemente aufeinander auf Bewegung (»stirring«) zurückführen, und diese endlich auf Gravitation (sic!) »This motion is caused by their attraction (ἐφέλκυσις), either their natural gravity, i. e. the attraction towards the centre of the earth τό μέσον γῆς, or their mutual attraction« (17). Das hat mit aristotelischen Vorstellungen nicht das geringste zu tun. Es ist auch eine Irreführung des Lesers, solche Behauptungen mit griechischen Worten zu drapieren: das Wort ἐφέλκυσις wird bei Aristoteles in rein biologischem Zusammenhang für die Fähigkeit der Pflanzen, Wasser aus dem Boden zu ›ziehen‹ verwendet (Über die Pflanzen, 822 b, 3).

4 Es ist schwer verständlich, wie Düring (1944, 64) diese Aristotelische

Bestimmung gerade umgekehrt verstehen konnte: »εὐόριστος is the Dry, for dry substances are readily determinable by their own characteristic outline (ὄρος) and are therefore not easily adaptable in shape.« Die Gleichsetzung von δυσόριστος und ἀναπληστικός, die er hier vornimmt: δυσόριστος (another word is ἀναπληστικός)« sollte einem Philologen nicht unterlaufen. S. Bonitz, Index Aristotelicus unter ἀναπληστικόν.

5 »Es wird nämlich solches leicht in kleine Teile zerlegt: das nämlich bedeutet das wohl Abgrenzbarsein« (de gen. et corr. A 10, 328 b, 1-2).

6 ὁμοιμερῆ.

7 Die Rolle des ὑγρόν für das Zustandekommen von Verbindungen habe ich näher untersucht in meiner Arbeit über ›Kontinuität als Phänomen in der Philosophie des Aristoteles‹, MS. Darmstadt 1979.

7a »Am meisten scheint das Tastvermögen auf mehrere Arten (von Elementen) zu reagieren«, sagt Aristoteles, »und daß durch dieses dieses Vermögen Wahrgenommene viele Gegensätze zu enthalten, warm/kalt, trocken/feucht und was es noch derartiges geben mag. Und das Wahrnehmungsorgan hierzu, das Fleisch, das nämlich der Tastwahrnehmung Entsprechende ist von allen Wahrnehmungsorganen das körperlichste.« (de anima B, 647 a, 16-21).

8 Vergl. hierzu Düring 1944, 68.

9 Aristoteles zeigt sich in dieser Frage unsicher, in Meteorologie IV, 380 a, 16 heißt es: »Mangel an Wärme geht, wie betont, einem Vorhandensein von Kälte parallel.« Im Buch über die Teile der Tiere 649a, 18 dagegen: »Das Kalte ist eine Natur eigener Art und nicht nur ein Mangel.«

Literaturverzeichnis

Aristoteles, Problemata Physica. Übers. von H. Flashar. Darmstadt: WB 1962

Aristoteles, Meteorologie. Über die Welt. Übers. von H. Strohm. Darmstadt: WB 1970

Aristoteles, Über die Seele. Übers. von W. Theiler. Darmstadt: WB, 2. Aufl. 1966

Aristoteles, Aristotelis Opera, ex recensione I. Bekkeri. Berlin: de Gruyter 1960

Böhme, G., Kontinuität als Phänomen in der Philosophie des Aristoteles, MS. Darmstadt 1979

Bonitz, H., Index Aristotelicus. Aristotelis opera, ed. I. Becker, Bd. V. Berlin, 2. Aufl. 1961

Düring, J., Aristotle's chemical treatise, Meteor. book IV. Göteborg 1944 (Göteborgs högskolas årsskrift 50, 1944:2)

Happ, H., Der chemische Traktat des Aristoteles, Meteorologie IV, in: Synusia, Festschrift f. W. Schadewald. Pfullingen 1965, 289-322

Horne, R. A., Die Chemie des Aristoteles, in: G. A. Seeck (Hrsg.), Die Naturphilosophie des Aristoteles. Darmstadt: WB 1975, 339-350

Joachim, H. H., Aristotle's Conception of Chemical Combination, in: Journal of Philology 57 (1904), 72-86

Joachim, H. H., Aristoteles on Coming-to-be and Passing-away. A revised text with introduction and commentary by H. H. Joachim. Oxford 1922

Lloyd, G. E. R., The Hot and the Cold, the Dry and the Wet in Greek Philosophy, in: Journal of Hell. Studies 84 (1964), 32-106

Partington, J. R., A History of Chemistry. Theoretical background. London: Macmillan 1970

Seeck, G. A., Über die Elemente in der Kosmologie des Aristoteles. Zetemata 34 (1964), München: Beck 1964

Seeck, G. A. (Hrsg.), Die Naturphilosophie des Aristoteles. Darmstadt: WB 1975

Solmsen, Fr., Aristotle's System of the Physical World. New York: Cornell UP 1960

IV. Alternative wissenschaftliche Behandlungsweisen eines Gegenstandes

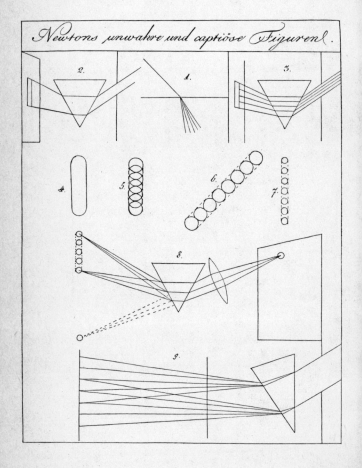

1. Ist Goethes Farbenlehre Wissenschaft?*

C. F. Frhr. v. Weizsäcker gewidmet

I. Einleitung

Goethes Farbenlehre ist keine Alternative *in* der Entwicklung der neuzeitlichen Wissenschaft, sondern eine Alternative außerhalb –, eine Alternative *zur* neuzeitlichen Naturwissenschaft. Man könnte fast glauben: die einzige, die in der Neuzeit entstanden ist. Aber das ist natürlich eine historische Verblendung, eine Täuschung, die durch die erfolgreiche Verdrängung anderer Alternativen erzeugt wird. Daß Goethes Farbenlehre nicht das Schicksal anderer Alternativen teilt, deren bloße historische Existenz schon dem allgemeinen Bewußtsein entschwunden ist, verdankt sich nicht zuletzt der Tatsache, daß ihr Autor auf einem anderen Gebiet, der Belletristik, ein solches Ansehen genießt. Das sicherte auch der Farbenlehre ein bleibendes Interesse. Goethes eigene Perspektive auf sein Werk – immerhin sein umfangreichstes! – konnte dabei nicht übernommen werden; er selbst sah sich mehr noch als Naturwissenschaftler denn als Dichter.

Bekannt ist Goethes Farbenlehre aber nicht: der durchschnittliche Physiker etwa und der deutsche Abiturient weiß, daß es sie gibt, nicht aber worin sie besteht. Wenn ich die Forderung aufstellte – was ich hiermit auch in allem Ernst tun möchte, daß jeder Physiker Goethes Farbenlehre studiert haben sollte, daß jeder Gymnasiast neben der Newtonschen auch die Goethesche Farbenlehre kennenlernen sollte, dann muß dies auf Unverständnis stoßen. Meine Begründung, daß es wohl kaum einen besseren Weg geben kann, zu begreifen, was Physik ist, als diese Konfrontation Newtons mit Goethe, wird auf die Frage treffen, ob denn Goethes Farbenlehre überhaupt Wissenschaft sei, nicht bloß eine Lehre subjektiver Erfahrungen, kultureller Bedeutungen, – bloß Literatur.

Ist Goethes Farbenlehre Wissenschaft? Es ist klar, daß diese Frage verneint werden wird, wenn man von den schärfsten Demarkationskriterien der an der neuzeitlichen Physik orientierten Wissenschaftstheorie ausgeht. Um aber andererseits überhaupt die Vergleichbarkeit zu bewahren, empfiehlt es sich, von einer möglichst schwachen Bestimmung von Wissenschaftlichkeit auszugehen, um dann Schritt für Schritt durch Analogiebeziehungen die Strukturen einer Wissenschaft, die aber doch von der neuzeitlichen deutlich unterschieden ist, aufzuzeigen.

Man versteht unter Wissenschaft im allgemeinsten Sinne systematisches Wissen. Wollte man diese Bestimmung so auslegen, daß das Wissen als ein Aussagensystem vorliegen muß, um als Wissenschaft zu gelten, so hätte Goethes Farbenlehre wenig Aussicht, das Prädikat der Wissenschaftlichkeit zu erhalten. Goethes Farbenlehre stellt aber eine systematische Ordnung in einem bestimmten Phänomenbereich her. Wir wollen deshalb in einer kurzen Charakterisierung dieser Lehre hervorheben, nach welchen Prinzipien und Gesetzen das geschieht (II).

Die Zweifel an der Wissenschaftlichkeit von Goethes Farbenlehre resultieren einerseits daraus, daß sie sich selbst als ausschließende Alternative zu Newtons optischer Behandlung der Farben verstand. Da aber Newtons Optik als integrierter Bestandteil neuzeitlicher Wissenschaft über jeden Zweifel erhaben ist, scheint Goethe in dieser Auseinandersetzung wenig Chance zu haben. Um diesen Punkt aufzuklären, müssen wir versuchen, Goethes Polemik gegen Newton in ihren Hauptpunkten darzustellen (III).

Andererseits stimmt bedenklich, daß Goethes Farbenlehre keine wissenschaftliche Tradition begründet hat. Neuzeitliche Wissenschaft zeichnet sich dadurch aus, daß sie einen fortsetzbaren Forschungsprozeß darstellt, in dem Wissen akkumuliert wird. Wir wollen deshalb untersuchen, wie Goethes Farbenlehre unter dem Kriterium der Fortsetzbarkeit zu beurteilen ist, bzw. wie Fortsetzbarkeit als Kriterium für Wissenschaftlichkeit selbst zu beurteilen ist (IV).

Schließlich gilt die Goethische Farbenlehre deshalb als ein fragwürdiges wissenschaftliches Unternehmen, weil sie in Bereiche der subjektiven Wahrnehmung vorstößt. Zwar hat Goethes Farbenlehre gerade hier die Ergebnisse erzielt, die die weiteste Anerkennung gefunden haben, indem sie die Gesetzmäßigkeit von Farberscheinungen nachwies, die vorher als zufällige optische Täuschungen gegolten hatten; um so dringender ist es aber, sich ein Bild darüber zu machen, in welcher Weise die für

Wissenschaft verbindliche Intersubjektivität der Erkenntnisse in diesem Bereich gesichert werden soll (V).

II. Goethes Farbenlehre als systematische Erkenntnis

Goethes Farbenlehre gliedert sich in drei Teile, den didaktischen, den polemischen und den historischen Teil. Im didaktischen wird die eigentliche Lehre dargestellt, im polemischen mit der newtonschen konfrontiert, im historischen wird die Farbenlehre in ihrer Entwicklung von der Antike bis ins 18. Jahrhundert verfolgt.

In dem didaktischen Teil werden die Farbphänomene, gegliedert nach dem Grad ihrer Beständigkeit, als physiologische, physische und chemische Farben behandelt; es wird eine Theorie für das Hervortreten der Farben aufgestellt, es werden Gesetze für den Zusammenhang der Farben untereinander nach Prinzipien entwickelt; es wird die sinnlich-sittliche Wirkung der Farben behandelt und schließlich das Verhältnis der Farbenlehre zu anderen Wissenschaften und zur Praxis bestimmt.

Wir heben die systematischen Züge der Farbenlehre heraus.

a. Die Bedingungen des Hervortretens von Farben.

Goethes Beschreibung der Farbphänomene enthält in der Regel die Angabe, wie die Situation beschaffen bzw. herzustellen sei, in der ein bestimmtes Farbphänomen wahrgenommen werden kann. Es handelt sich dabei um Angaben über Lichteinfall, Beschaffenheit von Flächen, Aufstellung von Geräten, über die Art, hinzublicken und dergleichen. Diese Angaben betreffen die empirischen Bedingungen des Hervortretens von Farben. Goethe hat nun versucht, über die von Fall zu Fall variierenden Bedingungen für das Hervortreten von Farben hinaus eine allgemeine Theorie dafür zu geben. Diese allgemeine Theorie besteht kurz in folgendem Prinzip: Farbe entsteht, wenn Licht und Finsternis durch die Trübe miteinander vermittelt werden.

»Wir sehen auf der einen Seite das Licht, das Helle, auf der anderen die Finsternis, das Dunkel; wir bringen die Trübe zwischen beide, und aus diesem Gegensatz, mit Hülfe gedachter Vermittlung, entwickeln sich, gleichfalls in einem Gegensatz, die Farben . . .« (13,368).

Man sieht, wie Goethe hier das, was bei den empirischen Bedingungen als helle und dunkle Flächen, als trübe Flüssigkeit, Rauch usw. auftritt, auf eine allgemeine Formel zu bringen versucht. Und zwar ist das Allgemeine, auf das er abhebt, nicht gegenständlicher, sondern selbst phänomenaler Art. Wir meinen, daß er damit einerseits von den apparativen Bedingungen, andererseits von den materiellen Bedingungen (Licht als Energieform) abstrahiert und die Bedingungen der Farbphänomene selbst im Bereich sichtbarer Phänomenalität sucht. Mit Licht meint er nicht ein existierendes Quantum, sondern die sichtbare Helligkeit, mit Trübe nicht ein trübes Medium, sondern die Einschränkung des Sichtraumes, mit Finsternis nicht die bloße Abwesenheit von Licht, sondern die sichtbare Dunkelheit.

Goethe legt Wert darauf, daß die Bedingungen der Farbphänomene selbst Phänomene sind:

»Es werden uns gewisse unerläßliche Bedingungen des Erscheinenden näher bekannt ... Von nun an fügt sich alles nach und nach unter höhere Regeln und Gesetze, die sich aber nicht durch Worte und Hypothesen dem Verstande, sondern gleichfalls durch Phänomene der Anschauung offenbaren. Wir nennen sie Urphänomene ...« (13, 367).

Licht, Finsternis und Trübe sind zusammen ein Urphänomen, nämlich das Urphänomen der Farbe. Sie treten selbst nie isoliert auf, sondern sind stets in gegenseitiger Vermittlung, sie sind für sich gar nicht wahrnehmbar. Farbe ist ganz allgemein die Manifestation des Lichtes, die Tat – und das heißt doch wohl die Energeia – des Lichtes, wie Goethe einmal sagt[1].

Das Licht tritt am anfänglichsten und damit am reinsten im Gelb hervor. »Zunächst am Licht entsteht uns eine Farbe, die wir Gelb nennen« (13, 366). Die Trübe erscheint am vollkommensten im Weiß. »§ 147. Die vollendete Trübe ist das Weiße, die gleichgültigste, hellste, erste undurchsichtige Raumerfüllung« (13, 362). Die anfängliche Manifestation der Finsternis ist das Blau (13, 326). Ihren bleibenden Vertreter als Oberflächenfarben besitzen andererseits Licht und Finsternis in Weiß und Schwarz. »§ 18. Das Schwarze, als Repräsentant der Finsternis, ..., das Weiße, als Stellvertreter des Lichts« (13, 332). Man muß also sagen, daß Licht, Finsternis und Trübe für sich genommen bloße Abstraktionen sind. Sie sind in allen Farberscheinungen mit enthalten, sie erscheinen in allen zumal. Ihr Status als Bedingungen des Hervortretens von Farbe ist also nicht als ihr vorgängiges Vorhandensein zu verstehen, sondern als transzendentale oder formale Bedingung, sie sind zu verstehen als Richtungen, in die das Wesen der Farbe auseinandertreten kann, um zu erscheinen (Licht – Finsternis), und als das Medium, an dem sich dieses Auseinandertreten vollzieht. Denn – hier steht ein allgemeineres Prinzip im Hintergrund – jede Erscheinung ist die Darstellung einer Einheit in polarer Entgegensetzung:

»§ 739. Treue Beobachter der Natur, wenn sie auch sonst noch so verschieden denken, werden doch darin miteinander übereinkommen, daß alles, was erscheinen, was uns als ein Phänomen begegnen solle, müsse entweder eine ursprüngliche Entzweiung, die einer Vereinigung fähig ist, oder eine ursprüngliche Einheit, die zur Entzweiung gelangen könne, andeuten und sich auf solche Weise darstellen« (13, 488).

Erscheinung ist stets Hervortreten des Wesens von etwas durch Polarisation[2]. Die Bedingungen der Erscheinung sind die möglichen Richtungen ihrer Polarisation und deren Vermittlung.

So abstrakt vorgetragen mutet, was wir als Theorie des Hervortretens von Farbe bezeichneten, recht spekulativ an. Aber zum einen muß man berücksichtigen, daß es sich um ein traditionsreiches und sehr erfolgreiches Schema von Theorienbildung handelt. Goethe weist selbst auf die Polaritätslehre im Bereich der elektrischen und magnetischen Erscheinungen hin (13, 488), ebenso hätte er die antike Musiktheorie, Harmonik und Rhythmik nennen können (vergl. dazu III, 1). Zum anderen wird von dieser Theorie durchaus kein spekulativer Gebrauch gemacht, sondern im einzelnen gezeigt, wie Licht und Finsternis, in der Regel konkretisiert durch ihre Repräsentanten Weiß und Schwarz, an der Trübe, nämlich trüben Medien, Farben erscheinen lassen. Freilich geht der Versuch, die Erscheinungen aus den Bedingungen herzuleiten, manchmal über die konkrete Repräsentanz hinaus. So etwa, wenn das Entstehen der Refraktionsfarben aus der Annahme eines Nebenbildes, das die Funktion der Trübe übernimmt, erklärt wird. (*Physische Farben* XV. Ableitung der angezeigten Phänomene, bes. § 238 f.).

Es sei kurz Goethes Erklärung der Refraktionsfarben angegeben, um ein konkretes Beispiel für die Arbeit seiner Theorie zu geben: Die Refraktionsfarben erscheinen in Goethes Lehre als zweite Klasse der dioptrischen Farben, also jener, die unter Mitwirkung eines durchscheinenden Mediums entstehen. Die erste Klasse wird von den Farberscheinungen gebildet, bei denen das durchscheinende Medium selbst die Rolle des ›Trüben‹ übernimmt. Hier zeigt sich nun, daß Dunkles durch ein trübes Medium (etwa Rauch oder Nebel) angeschaut, blau erscheint. Umgekehrt erscheint Helles durch ein trübes Medium gelb.

Bei den dioptrischen Farben der zweiten Klasse handelt es sich nun um solche, die mit Hilfe brechender Medien, insbesondere des Prismas erscheinen. Brechende Medien sind, so sagt Goethe, solche, die das Bild, das man durch sie anschaut, verrücken. Das seitlich verrückte Bild spielt nun bei der Erscheinung der Refraktionsfarben in Goethes Theorie die Rolle des trüben Mediums: Nehmen wir an, daß wir durch ein Prisma einen weißen Streifen auf schwarzem Grund betrachten. Dann – so Goethe – schiebt sich durch die Verrückung die dunkle Grenze über den hellen Streifen: man sieht Helles durch Trübe, also Gelb; es schiebt sich die helle Grenze über den dunklen Hintergrund: man sieht Dunkles durch Trübe, also Blau. Die Steigerung der Phänomene erzeugt neben dem Gelb das Orange, neben dem Blau das Violett. Ist der weiße Streifen so schmal, daß sich die Farberscheinungen berühren (also das sonst verbleibende Weiß zwischen ihnen verdecken), dann erzeugen das Gelb und das Blau zusammen das Grün in ihrer Mitte: man hat das Spektrum Orange, Gelb, Grün, Blau, Violett[3]. Man sieht also, wie hier die Farben durch ein Zusammenspiel von Helligkeit, Dunkelheit und Trübe zustande kommen. Dabei spielt das seitlich verrückte Bild die Rolle des ›Trüben‹.

b. Die Farbgesetze

In dem von uns als Prinzip des Hervortretens der Farbe zitierten Satz hatte Goethe gezeigt, daß sich die Farben »gleichfalls in einem Gegensatz« entwickeln. Er fährt an der genannten Stelle (§ 175; 13, 368) fort: »Die Farben (,) deuten aber alsbald, durch einen Wechselbezug, unmittelbar auf ein Gemeinsames wieder zurück«. In diesem Satz ist bereits angedeutet, was dann in den Farbgesetzen im einzelnen entwickelt wird, die Beherrschung ihrer Mannigfaltigkeit durch Polarität und Totalität, vor allem aber ist ausgesprochen, daß Farben sind, was sie sind, nur in ihrem Zusammenhang: eine Farbe ist keine Farbe. Das Wesen der

Farbe kann sich immer nur in einer gesetzmäßig gegliederten Mannigfaltigkeit spezialisieren, und Farbe erscheint in der Regel auch nur als eine solche Mannigfaltigkeit: »Farbe«, sagt Goethe, zum Definieren gepreßt, »Farbe sei die gesetzmäßige Natur in bezug auf den Sinn des Auges« (13, 324). Wir glauben, daß hier ein gewisser Ton auf »gesetzmäßig« liegt: Farbe ist überhaupt nur diejenige optische Erscheinung, die mit anderen in einem gesetzmäßigen Zusammenhang steht. Goethe weist damit auf gewisse ›Stilisierungen‹ hin, die die sinnlichen Phänomene wesentlich bestimmen, sich andererseits in deren physikalischen Fundamenten nicht voll reproduzieren lassen. In der Harmonik werden als Töne nur diejenigen Geräusche zugelassen, die sich mit anderen in einen geordneten Zusammenhang fügen, nämlich nach der antiken Musiktheorie, um ein Beispiel zu nennen, untereinander in einfachen oder überteiligen Verhältnissen stehen (s. III, 1). Diese Bestimmung gibt sogar einen guten physikalischen Sinn, aber – wie das wohltemperierte Klavier zeigt – die musikalische Stilisierung ist davon nicht abhängig. Entscheidend ist, daß als Farbe nur gilt, was sich gesetzmäßig in die Totalität der Farberscheinungen einfügt, ebenso wie als Ton nur gilt, was seinen systematischen Ort im Gefüge der Tonleiter hat[4].

Die Totalität der Farben stellt Goethe nun durch ihre Anordnung im Farbkreis dar. Dieser Kreis ist ein Gebilde von hoher Ordnung. Er wird beherrscht durch drei Prinzipien der Farbbeziehung: Polarität, Steigerung, Mischung. Blau und Gelb bringen als diejenigen Farben, die zunächst an Finsternis und Licht erscheinen, deren ursprüngliche Polarität zur Darstellung. Sie sind jede für sich, Blau über Violett, Gelb über Orange, zu steigern, um sich in einem gemeinsamen Kulminationspunkt, dem Purpur, zu treffen. Das andere Beziehungsprinzip, die Mischung, bringt zwischen Gelb und Blau Grün hervor, ebenso sind aber auch das zwischen Rot und Blau liegende Violett, und das zwischen Rot und Gelb liegende Orange als jeweilige Mischung aufzufassen. Diese Verhältnisse sind in den bestimmten Lagebeziehungen im Farbkreis: Gelb, Orange, Purpur, Violett, Blau, Grün, Gelb darzustellen. Ebenfalls ergeben sich die in bestimmter Weise als bedeutsam angesehenen Farbkombinationen gesetzmäßig in Entsprechung zu ihrer Lage im Farbkreis: Je zwei gegenüberliegende Farben sind als harmonische oder – wie wir sagen würden –komplementäre Farbkombinationen anzusehen.

Sie stellen als Paar genommen die ganze Totalität dar – was sich durch gewisse Versuche wechselseitiger Forderung und Ergänzung dartun läßt. Je zwei Farben, zwischen denen eine Mischungsfarbe liegt, bilden eine ›charakteristische‹ Kombination. Da von den sechs Farben des Farbkreises allein Grün von sich aus schon eine Mischungsfarbe ist, ergeben sich so vier charakteristische Farbzusammenstellungen: gelb/blau, gelb/purpur, blau/purpur, orange/violett. Als letzten Typ von Farbzusammenstellungen – der Sekunde in der Musiklehre entsprechend – behandelt Goethe die ›charakterlosen‹. Es sind diejenigen Kombinationen, in denen jeweils zwei im Farbkreis nebeneinanderliegende Farben zusammengebracht werden, also Farben, die gegenseitig im Verhältnis der Steigerung oder im Verhältnis des Enthaltenseins (Gelb gegen Grün, Blau gegen Grün) stehen.

Goethe entwickelt die hier angegebenen Farbgesetze in seinem Kapitel über die sinnlich-sittliche Wirkung der Farben. Wir haben hier nicht diese dargestellt, sondern den systematischen Zusammenhang der Farben, in der sich ihre Wirkung festmachen läßt. Daß Goethe von der sinnlich-sittlichen Wirkung ausgeht, dürfte von dem historisch bedingten Interesse an der malerischen Wirkung der Farben abhängen. Auch die Harmonielehre könnte man von der Wirkung der Intervalle her darstellen. Historisch ist man von den mathematischen Gesetzmäßigkeiten ausgegangen, und erst im 17. Jahrhundert hat die Musik ihren Platz im Quadrivium, unter den mathematischen Wissenschaften, verlassen, um im Trivium neben die Rhetorik zu treten, die es von alters her mit den menschlichen Affekten zu tun hat. Die gesetzmäßige Seite der Farbenlehre ist, wenngleich wohl schwerer als die Musiklehre, einer mathematischen Darstellung fähig. Goethe selbst freilich meint, daß sie nicht »vor den Gerichtsstuhl des Mathematikers« (13, 328) gehöre, daß ihre Fehlentwicklung bei Newton gerade damit zusammenhänge, daß sie in die Hände eines Mathematikers geraten sei (ebd. und 13, 484). Freilich hängt Goethes Ablehnung mit einer – für seine Zeit noch verständlichen – eingeschränkten Auffassung der Mathematik als Meßkunst zusammen (13, 484).

III. Goethe gegen Newton

Die Farbenlehre Goethes stellt wegen seiner Polemik gegen Newton ein Skandalon der Wissenschaftsgeschichte dar. Als einen solchen Skandal hat Goethe seinerseits die Newtonsche Farbenlehre empfunden. Und so äußert sich denn heute das Gefühl für den goethischen Skandal mit fast denselben Worten, mit denen Goethe sein Erstaunen über Newton formulierte[5]: »Wie konnte ein so großer, so umfassender Geist so irren?« (13, 537, Nachwort von C. F. von Weizsäcker). Man bringt mit solchen Worten zum Ausdruck, daß man die Irrtümer Goethes nicht für zufällige hält, wie sie jedem Forscher unterlaufen, sondern sich zu ihrer systematischen Auflösung, zur Bezeichnung einer einheitlichen Quelle der Irrtümer aufgefordert fühlt.

Goethe hat versucht, die Quelle für die ›Irrtümer‹ Newtons psychologisch oder – wie er sagt – ethisch zu bezeichnen: Er sieht ihren Grund in ›Newtons Persönlichkeit‹ (s. *Materialien zur Gesch. der Farbenlehre*, Leopoldina I, 6; 295 ff.). Er zählt Newton zu den rasch zupackenden, mehr theoretisch als experimentell veranlagten Forscherpersönlichkeiten. Er schreibt ihm eine besondere Charakterfestigkeit zu, die sich – zu seinen Ungunsten – im unerschütterlichen Festhalten an vorgefaßten Meinungen äußere. Als zweiten ›ethischen‹ Grund fügt Goethe eine Vermutung hinzu, die heute als ein forschungslogische Bewertungsprinzip von Theorien bekannt ist. Danach wird eine Theorie als progressiv bezeichnet, sofern sie nicht nur problemlösend, sondern vielmehr problemerzeugend ist (Lakatos). Mit gutem Gespür für diesen Zug neuzeitlicher Wissenschaft vermutet Goethe, »daß vielleicht Newton an seiner Theorie so viel Gefallen gefunden, weil sie ihm, bei jedem Erfahrungsschritte, neue Schwierigkeiten darbot« (*Materialien . . .* 14, 176).

Wollte man für Goethes Irrtümer eine vergleichbare ›ethische‹ Begründung geben, so wäre sie wohl nicht so sehr aus seinem Charakter, als vielmehr aus der Verschiedenheit der Forschertypen als soziologischer Erscheinungen, denen Goethe bzw. Newton zuzurechnen sind, zu gewinnen. Während Goethe zum Typ der systematisch arbeitenden Naturliebhaber gehört, ist Newton den wissenschaftlichen professionals zuzurechnen. Die erstere Gattung setzt sich im allgemeinen aus Autodidakten zusammen, die empirisch, sammelnd und klassifikatorisch arbeiten. Sie haben

131

bis ins 19. Jahrhundert hinein – etwa bis zu Gregor Mendel – für die Wissenschaft eine große Bedeutung gehabt[6]. Seit unserem Jahrhundert werden dagegen Fortschritte in der Wissenschaft nur noch von den professionellen Wissenschaftlern erwartet. Für sie ist die Ausbildung zum Wissenschaftler, eine Sozialisation auf theoretische und experimentelle Normen hin charakteristisch. Als einen ihrer ersten Vertreter kann man Newton bezeichnen. Goethe ermangelte dagegen durchaus jeder naturwissenschaftlichen und mathematischen ›Schulung‹, und daraus mag sich in vielen Fällen erklären, daß er nicht verstand, was der heutige Naturwissenschaftler als »den klaren Sinn der Worte und Versuche Newtons« (v. Weizsäcker, a.a.O. 537) bezeichnet.

Freilich würde diese soziologische Einordnung das Skandalon der Newton-Polemik bei Goethe nicht lösen. Man würde nämlich so Goethes Anspruch, mit Newton in Konkurrenz zu treten, d. h. seinem systematischen und theoretischen Anspruch, nicht gerecht. Es bietet sich deshalb an, die Wurzel des Übels gerade in diesem Anspruch festzumachen, d. h. die Ursache aller Irrtümer Goethes in seiner Meinung zu suchen, daß er überhaupt von demselben Gegenstand oder – wenn schon von demselben Gegenstand, so auch – in derselben Hinsicht handele. So etwa ist Heisenberg verfahren, wenn er eine Lehre von verschiedenen Wirklichkeitsgeschichten zu Hilfe nimmt:

»Am richtigsten kann man vielleicht den Unterschied der Goethischen und der Newtonschen Farbenlehre bezeichnen, wenn man sagt, daß sie von zwei ganz verschiedenen Schichten der Wirklichkeit handelten«[7].

Ähnlich formuliert A. Speiser:

»Goethes Farbenlehre ist keine Physik, keine Naturwissenschaft, sondern eine Beschreibung von Seelenkräften . . . Nun ergibt sich die Einordnung der Farbenlehre von selbst. Sie ist eine Geisteswissenschaft . . .«[8].

Zu einer solchen Lösungsmöglichkeit wird man geführt, wenn man – was an sich ganz zutreffend ist – das Proprium der Goethischen Farbenlehre in seine Behandlung der physiologischen Farben setzt. Man übersieht dabei aber, daß Newton ganz klar formuliert, daß er seinerseits nicht von diesem Bereich von Farbphänomenen handelt, so daß es in bezug auf diese Phänomene überhaupt gar keinen Streit geben kann. Newton hat sich zwar mit den ›subjektiven‹ Farbphänomenen beschäftigt – so hat er etwa bis zur Gefahr der Erblindung mit Nachbildern experimentiert –, aber er schließt sie ausdrücklich von seiner Grundthese, der Zusammengesetztheit aller Farben aus homogenem Licht, aus:

»All the Colours in the Univers which are made by Light, and depend not on the Power of Imagination, are either the Colours of homogeneal Lights, or compounded of these . . .« (*Opticks*, Book I, Part II, Prop. VII).

Newton unterscheidet also unmißverständlich zwischen den physischen und physiologischen Farben, aber mehr noch: er erklärt, daß seine Theorie nicht eigentlich von den Farben, d. h. den Farbempfindungen, handelt, sondern von den Fähigkeiten des Lichts, solche Farbempfindungen zu erregen:

»Definition. The homogeneal Light and Rays which appear red, or rather make Objects ap pear so, I call Rubrifick or Red-making; those which make Objects appear yellow, green, blue, and violet, I call Yellow-making, Green-making, Blue-making, Violet-making, and so of the rest. And if at any time I speak of Light and Rays as coloured or endued with Colours, I would be understood to speak not philosophically and properly, but grossly, and accordingly to such Conceptions as vulgar People in seeing all these Experiments would be apt to frame. For the Rays to speak properly are not coloured. In them there is nothing else than a certain Power and Disposition to stir up a Sensation of this or that Colour. For as Sound in Bell or musical String, or other sounding Body, is nothing but a trembling Motion, and in the Air nothing but that Motion propagated from the Object, and in the Sensorium 'tis a Sense of that Motion under the Form of Sound; so Colours in the Object are nothing but a Disposition to reflect this or that sort of Rays more copiously than the rest; in the Rays they are nothing but their Dispositions to propagate this or that Motion into the Sensorium, and in the Sensorium they are Sensations of those Motions under the Forms of Colours«[9].

Goethe hat diese Stellen keineswegs übersehen[10]. Es heißt deshalb dem eigentlichen Problem ausweichen, wenn man annimmt, daß Goethe von einem anderen Gegenstand als Newton handele. Goethe wollte vielmehr auf Newtons eigenstem Gebiet mit ihm in Konkurrenz treten, nämlich auf dem Gebiet der physischen Farben, insbes. der ›Refraktionsfarben‹ und zwar so, daß er für sie eine Theorie zur Erklärung anbot, die im Gegensatz zu der Newtons nicht auf diese Farbphänomene beschränkt war, sondern alle Farbphänomene einheitlich zu behandeln gestattete.

Erst wenn man anerkennt, daß Goethe eine Theorie aller Farberscheinungen anbot, die also u. a. auch die Newtonfarben erklären sollte, wird man seine sog. Irrtümer systematisch verstehen können. Man wird dann an jeder einzelnen Stelle angeben können, warum Goethe die Newtonschen Versuche anders interpretieren mußte; die sog. Irrtümer werden sich dann als mögliche andere Auffassungen darstellen lassen, sich als – häufig gekünstelte – Exhaustionen der eigenen Theorie erweisen, sie werden sich als systematische Verblendungen erklären lassen, und schließlich wird man auf Stellen stoßen, an denen die Goethische Theorie echt versagt. Dieses mühsame Geschäft hat, soweit wir sehen, bisher niemand auf sich genommen, und auch wir wollen es nicht in Angriff nehmen. Statt dessen wollen wir an Hand von Goethes Einwänden gegen Newton versuchen, den Unterschied ihrer Theorien allgemein zu kennzeichnen.

Goethe und Newton treten in Konkurrenz, weil sie zwei verschiedene Theorien für ein erklärungsbedürftiges Phänomen anbieten, nämlich für die ›Refraktionsfarben‹, d. h. also für die gesetzmäßig an durchsichtigen Mitteln auftretenden Farberscheinungen. Die Unterschiede beider Theorien sind sehr tiefgreifend, ihre Vergleichbarkeit scheint manchmal nur dadurch möglich, daß sie beide eben Erklärungen für dieselben Phänomene liefern sollen.

Wir wollen zuerst einen Unterschied zwischen Goethe und Newton angeben, der noch gewissermaßen vor ihrer jeweiligen Theorie liegt, nämlich ihr verschiedenes Erkenntnisinteresse und damit den verschiedenen Bezug zur Praxis, den ihre Theorien haben.

»Denn es ist ein großer Unterschied, von welcher Seite man sich einem Wissen, einer Wissenschaft nähert, durch welche Pforte man hereinkommt« (Goethe 13, 329 f.).

Newton unternahm seine optischen Studien in der Absicht, das dioptische Fernrohr zu verbessern. Es ging ihm darum, die lästigen farbigen Säume, die an den Rändern von durch ein Fernrohr betrachteten Gegenständen auftreten, wegzubringen. Sein Interesse war also überhaupt nicht auf die Farben als solche gerichtet, sie traten in seine Problemstellung vielmehr als Unschärfen der Abbildung ein – die dann freilich subjektiv als farbig empfunden werden. Man sieht hier, wie aus dem Interesse an

134

scharfen Abbildungen sich Newtons Grundthese bzgl. der dioptischen Farberscheinungen ergibt: Sie sind zu verstehen als Erscheinungen der verschiedenen Brechbarkeit des Lichts: »Lights which differ in Colour, differ also in Degrees of Refrangibility« (Book I, Part I, Prop. I, Theor. I). Diese These, die also die Farberscheinungen von einer gewissen dem Licht inhärierenden Eigenschaft abhängig macht, der ›Refrangibilität‹, ist zu verstehen als das Ergebnis langer Versuche, diese Farberscheinungen beim dioptischen Fernrohr durch Variation der äußeren Bedingungen, durch Veränderung der Glasdicken, der Öffnungsgrößen, des Lichteinfalls, der Grenzen von Hell und Dunkel[11] zu beseitigen. Diese Versuche waren negativ verlaufen. Newton überzeugte sich, daß die farbigen Säume beim dioptischen Fernrohr ihren Grund in einer für diesen Apparat wesentlichen Eigenschaft des Lichts haben und daß dieser deshalb prinzipiell nicht zu verbessern ist[12]: »The Perfection of Telescopes is impeded by the different Refrangibility of the Rays of Light« (Prop. VII, Theor. VI). Der einzige Ausweg besteht also darin, daß man ein Teleskop baut, welches keinen Gebrauch von der Brechung des Lichtes macht: diese Überlegung führte zu Newtons Konstruktion des Spiegelteleskops.

Newton lernt also die Farben als chromatische Aberration kennen, einer möglichst zu behebenden Störung optischer Abbildungen, er findet deren Ursache in einer Eigenschaft des Lichts, die von äußeren Bedingungen unabhängig ist. Goethe dagegen ist, wie er sagt, »von der Seite der Malerei, von der Seite ästhetischer Färbung der Oberflächen in die Farbenlehre hineingekommen« (13, 329). Diese andere Zugangsart zu den Farbphänomenen bedingt eine ganz andere Einstellung zu den Farbphänomenen selbst. Es geht nicht mehr um die Frage, ob man die Farbphänomene zum Verschwinden bringen kann, sondern vielmehr um ihre angemessene Darstellung, ihren inneren Zusammenhang, ihre Wirkungen. Denn Thema ist nicht wie bei Newton das Scharf-Sehen, sondern das Farbig-Sehen. Sind für ersteres, wie Newton zeigt, die äußeren Bedingungen relativ gleichgültig, so werden sie für letzteres wesentlich. Gerade weil, wie auch Newton sagt, die Farben nicht Eigenschaften des Lichtes sind, sind die Bedingungen ihres Hervortretens für Goethe das Hauptthema der Farbenlehre.

Nachdem wir so das verschiedene praktische Interesse von

Goethe und Newton dargestellt haben, wenden wir uns dem Unterschied beider Theorien als solcher zu. Man ist dabei leicht geneigt, Goethe als den Phänomenologen Newton als dem mit Modellvorstellungen arbeitenden neuzeitlichen Naturwissenschaftler gegenüberzustellen. Diese Entgegensetzung stimmt insofern nicht, als es gerade das Besondere Newtonscher Naturwissenschaft ist, die Phänomene selbst in ihrem gesetzmäßigen Zusammenhang ohne Rückgriff auf Modellvorstellungen darzustellen. Dies ist der Sinn seines ›hypotheses non fingo‹. So beginnt er auch seine *Optik* mit einem entsprechenden Satz:

»My Design in this Book is not to explain the Properties of Light by Hypotheses, but to propose and prove them by Reason and Experiments«.

Newton ist also nicht weniger Phänomenologe als Goethe: er hatte zwar die Hypothese korpuskularer Ausbreitung des Lichtes, sie spielte aber für seine Behandlung der Farbphänomene in der *Optik* keine Rolle. Beide verzichten auf die Angabe eines kausalen Mechanismus, durch den die Farberscheinungen hervorgebracht werden, beide geben aber dennoch eine allgemeine Theorie dieser Erscheinungen, Newton durch die Angabe gewisser Eigenschaften des Lichtes, Goethe durch die Angabe der Bedingungen des Hervortretens von Farberscheinungen.

Wir versuchen jetzt die Unterschiede der beiden Theorien näher zu kennzeichnen. Man geht dabei am besten von der merkwürdigen Tatsache aus, daß Goethe Newtons ausdrückliche Feststellung, daß seine Theorie nicht eigentlich die Farben, sondern die Fähigkeit des Lichts, auf Grund deren im Sensorium Farbempfindungen entstehen, behandelt, zwar kennt und bespricht, aber doch systematisch ›nicht zur Kenntnis‹ nimmt! Gerade diese Feststellung wäre doch geeignet, den ganzen Streit zwischen Newton und Goethe zu entschärfen. Goethe könnte doch sehr gut sagen, daß Newton eben die Powers and Dispositions of Light, er aber die Sensations of this or that Colour behandele. Wir glauben aber, daß sich für Goethe die Situation durchaus anders darstellte. Er rechnete die Scheidung von Dispositions of Lights von Sensations in the Sensorium zur Newtonschen Theorie, die er bestritt. Wenn er so es ablehnte, mit seiner Theorie eine Rolle in dem bei Newton deutlich zutage tretenden cartesischen Schema von res extensa und res cogitans zu übernehmen, so war er damit sicherlich hellsichtiger als alle seine Interpreten, die ihn heute über die Unterscheidung von Gegenständen oder Schichten der Wirklichkeit allzuschnell mit Newton versöhnen wollen. Ihr Gegenstand war derselbe, nämlich das erklärungsbedürftige Phänomen der dioptischen Farberscheinungen, aber ihre Theorien waren verschieden. Newton unterscheidet auf der einen Seite das Licht mit seinen Eigenschaften, die als solche keine eindeutige Beziehung zu den Farben haben, und die Farbempfindungen auf der anderen Seite, die durch die Dispositionen des Lichts erklärt werden sollen. Das Ziel dieser Erklärung ist dabei nicht die Angabe eines wahrnehmungsphysiologischen Mechanismus, sondern die Aufstellung einer gesetzmäßigen Korrelation von Lichtdisposition und Farbempfindung etwa der Art e = f(d_1, d_2, ... d_n), wobei e eine Variable für Farbempfindungen, die d die verschiedenen Lichtdispositionen darstellen. Eine solche psychophysische Korrelation versucht Newton in seiner Prop. VI Prob. II des zweiten Teils im ersten Buch der *Optik* zu geben[13]. Goethe nun lehnt bereits die Trennung von objektiven Eigenschaften des Lichtes und subjektiven Empfindungen ab. Wie er freilich seine eigene Position hier bestimmt, ist für moderne wissenschaftstheoretische Betrachtungen nicht eben befriedigend. Er spricht mit Ausdrücken neuplatonischer Mystik von der Identität von Licht und Auge (s. Einleitung zur Farbenlehre, 13, 324). Diese Rede, die dem Auge selbst Lichthaftigkeit zuschreibt, besagt wahrnehmungstheoretisch, daß die Farbwahrnehmung durch ein Zusammenspiel des Lichtes, das den Gegenständen entströmt, und des Lichtes, das vom Auge ausgeht, zustande kommt. Goethe verweist selbst auf diese auf Platon[14] zurückgehende Lehre:

»Indessen wird es faßlicher, wenn man behauptet, im Auge wohne ein ruhendes Licht, das bei der mindesten Veranlassung von innen oder von außen erregt werde« (13, 324).

Wenn man einmal diese Lehre aller Modellvorstellungen entkleidet – wie es Goethe getan hat –, wenn man insbesondere Licht nicht als ein wie auch immer propagiertes Gegenständliches ansieht, so bleibt von ihr die These, daß die Farben – kartesisch gesprochen – weder in die Ordnung der res extensa noch in die Ordnung der res cogitans gehören, daß sie weder etwas Objektives noch etwas Subjektives sind, sondern daß es vielmehr objektive und subjektive Bedingungen für ihr Hervortreten gibt. Diese systematisch anzugeben, macht sich Goethes Theorie anheischig.

Da wir Goethes Theorie bereits entwickelt haben, wollen wir im folgenden die Unterschiede weiter an Hand von Goethes Einwänden gegen Newtons Theorie verfolgen. Newtons Theorie erklärt die Farberscheinungen an durchsichtigen Mitteln dadurch, daß das Licht Anteile verschiedener Disposition enthält. Er bestimmt die für die Farberscheinungen verantwortliche Disposition als Refrangibilität. Dementsprechend ist, was Goethe in seiner Polemik hauptsächlich bekämpft, die ›Hypothese diverser Refrangibilität‹. Das Licht ist für Goethe einheitlichen Wesens, Differenzierungen treten lediglich durch differente Bedingungen hervor, insbesondere gibt es eine unterschiedliche Brechung nur bei verschiedenen brechenden Mitteln. Damit haben wir zwei Hauptpunkte von Goethes Polemik gegen Newton bestimmt: Goethe behauptet, Newton sehe das Einfache als zusammengesetzt und das Zusammengesetzte als einfach an (1), und er gestehe den Bedingungen nicht wie er selbst »Wert und Würde« (13, 528) zu (2).

(1) Für jede Wissenschaft ist charakteristisch, was in ihr als ›einfach‹ angenommen wird. In Newtons Theorie ist das homogene Licht, d. h. das Licht, das nur eine Refrangibilität aufweist und dementsprechend nur eine Disposition zur Farbempfindung enthält, einfach. Für Goethe ist das farblose Sonnenlicht einfach, und zwar nicht als ein einfaches Element für eine Zusammensetzung, sondern als eine einfache Bedingung für das Hervortreten von Farben. Die Farben selbst sind nicht Spezifikationen des Lichtes, sondern treten durch die Beschränkung des Lichtes durch die entgegengesetzte Bedingung der Finsternis (vermittelt durch die Trübe) an Grenzen hervor. Die Mannigfaltigkeit der Farben wird nach Goethes Theorie überhaupt nicht durch das Gesetz der Spezifikation, sondern durch das Gesetz der Polarität beherrscht[15]. Das heißt aber, daß es für Goethe, streng genommen, keine einzelnen Farben gibt: sie treten immer mindestens paarweise in polarem Gegensatz hervor.

(2) Da Newton den Erklärungsgrund der Farberscheinungen in die Eigenschaften des Lichtes setzt, versucht er bei seinen Experimenten, den Einfluß von ›Bedingungen‹ möglichst auszuschalten. Konsequent tadelt Goethe an diesen Experimenten gerade die Vernachlässigung der Bedingungen (wie Bildgröße, Abstände, Lichteinfall, Helligkeitsverhältnisse u. dgl.), denn sie sind es gerade, was in seiner Theorie die Funktion von Erklärungsgrün-

den übernimmt. Damit hängt Goethes häufig geäußerter Vorwurf zusammen, Newton betrachte das prismatische Bild als ein fertiges, obgleich es doch ein werdendes sei. Zwar ist dieser Vorwurf häufig unberechtigt, aber er trifft doch den richtigen Kern, daß nämlich für Newton die Farben selbst (genauer die Farbdispositionen) invariant sind und durch ›Bedingungen‹, Prismen, Linsen, aufgestellte Schirme nur verschieden sortiert werden. Für Goethe dagegen gibt es keine Farben, bis die letzte Bedingung gesetzt ist. So leugnet er etwa die Weißsynthese aus dem Spektrum, weil eben vor dem zweiten Prisma noch kein fertiges Bild existiere[16].

(3) Eng mit dem Vorwurf, Newton vernachlässige die Bedeutung der Bedingungen in Experimenten, hängen alle Einwände gegen die idealisierende Methode Newtons zusammen. Newton gibt in seinen Versuchsbeschreibungen die äußeren Bedingungen in der Regel sehr genau an, ohne die Wahl eben dieser Bedingungen im einzelnen zu begründen. Goethe erkennt, daß es jeweils genau die Bedingungen sind, unter denen sich das Phänomen, das Newton behandeln will, möglichst gut und rein zeigt. Eben dies tadelt Goethe, in der Meinung, daß sich Newton auf diese Weise an singulären Fällen festklammere. Da es Newton darum zu tun ist, bestimmte Eigenschaften des Lichtes festzustellen, wählt er natürlich die Bedingungen, bei denen sich diese Eigenschaften am deutlichsten, und das heißt vor allem möglichst ohne Beimischung von anderem, fassen lassen. Für Goethe, dem es um die Beziehung von Bedingungen und Phänomenen zu tun ist, ist es ganz absurd, feste Bedingungen für einen Versuch zu wählen, um ›reine‹ Phänomene zu erhalten. Vielmehr besteht für ihn ein Versuch darin, durch Variation der Bedingungen eine Reihe von Phänomenen zu erzeugen[17]. Der Gipfel der Unwissenschaftlichkeit ist es für Goethe, wenn Newton an manchen Stellen die Phänomene, die seine Versuche ihm zeigen, ›korrigiert‹[18]. An Stellen, wo das Experiment nicht genau liefert, was seine Theorie behauptet, konjiziert Newton z. B., daß das verwendete Licht doch nicht ganz homogen war, daß die Oberflächen der verwendeten Gläser nicht ganz in Ordnung waren und dgl. – Dieses für die neuzeitliche Naturwissenschaft charakteristische Verfahren der Exhaustion durch Annahme von Fehlerquellen, ist für Goethe ganz absurd: Wie soll die Theorie die Phänomene erklären, wenn man die Phänomene so zurechtstutzt, daß sie zur Theorie passen?

(4) Damit ist ein vierter Unterschied bezeichnet, den Goethe freilich nicht explizit bemerkt. Newton macht in den *Principia Mathematica* den Unterschied zwischen wahren Phänomenen und Phänomenen, wie sie sich bloß so zeigen (verum et apparens). Für Goethe, der die ›Natur‹ im Sinne von ›das Gegebene‹ erforscht, sind prinzipiell alle Phänomene nebengeordnet. Diese Nebenordnung bedingt aber ihrerseits eine Reihenfolge der Phänomene: Es gibt einfachste Phänomene und ein erstes Auftreten von Erscheinungen. Diese ›natürliche‹ Ordnung nicht zu beachten, wirft Goethe Newton vor, der in medias res geht und seine *Optik* mit den für seine Theorie charakteristischen Experimenten beginnt[19].

(5) Das hat seinen Grund darin, daß Newton mit seinen Experimenten ja seine Theoreme ›beweisen‹ will. Goethe hält dagegen »daß sich durch Erfahrungen und Versuche eigentlich nichts beweisen läßt« (Farbenlehre, Polemischer Teil, Leopoldina I, 5; 12), und das sicherlich mit einigem Recht. Es wäre eine besondere Untersuchung nötig, um zu verstehen, wie Newton solches Beweisen eigentlich meint. Sicher ist, daß er im Gegensatz zu Goethe, der bestrebt ist, seine gesamte Erfahrung mit Farben in der Farbenlehre darzustellen, nur ganz wenige, ausgewählte Experimente bringt. Diese dienen dabei offenbar nicht der Datenerhebung, sondern sind wohl Schritt für Schritt in der Darstellung der Theorie als experimenta crucis konzipiert. Für Goethe erscheint dieses Verfahren als stereotyp und erfahrungsarm, für ihn ist Newton ein Mathematiker, der monoman seine Theorien durchzusetzen strebte und der Erfahrung sehr fern stand.

(6) Es sei schließlich noch eine These genannt, durch die sich Goethes Wissenschaft von Newtons unterscheidet, die Goethe freilich selbst nicht recht hat entfalten können. Zu Goethes Farbenlehre gehört essentiell eine Geschichte der Farbenlehre, denn er behauptet, »daß die Geschichte der Wissenschaft die Wissenschaft selbst sei« (13, 319).

Wenn man nun die Punkte, durch die sich Goethe von Newton absetzt, noch einmal rückblickend überschaut, so zeigt sich, daß Goethe mit großem Scharfblick Züge bei Newton aufgespürt hat, die gerade das Charakteristische der neuzeitlichen Naturwissenschaft ausmachen: Die Idealisierung, die Exhaustion, den Elementarismus, den hypothetisch deduktiven Charakter der Theorien, die theoretische Präformation der Phänomene, den Cartesianismus, die Ahistorizität. Wir haben versucht zu zeigen, wie sich in der Polemik gegen diesen Wissenschaftsbegriff bei Goethe ein ganz anderer andeutete, wir haben darauf hingewiesen, daß sich in dem beiderseitigen Anspruch, gewisse Phänomene zu erklären, eine echte Konkurrenz der Theorien ergibt. Darüber mußten wir die Frage nach dem Ausgang dieser Konkurrenz, die Frage nach der Wahrheit der Theorien zurückstellen. Wir sahen es als die dringlichste Aufgabe an, die Lösung dieses Problems zunächst möglichst schwer zu machen. Wenn wir dazu noch etwas Vorläufiges sagen können, so ist es folgendes: Ohne Zweifel kann Goethe eine große Mannigfaltigkeit von Phänomenen auf dem Gebiet der Refraktionsfarben ›auf seine Weise‹ sehr wohl erklären. Seine Theorie scheint wirklich zu versagen gerade bei solchen Experimenten, die Newton eigens zum Beweis seiner ›Hypothese der diversen Refrangibilität‹ konstruiert hat. So etwa bei dem Nachweis verschiedener Brennweiten einer Linse in verschiedenem monochromatischen Licht (*Opticks*, Book I, Part I, Exper. 2). Newton zeigt, daß sich von schwarzen Linien auf diversem farbigen Hintergrund in verschiedenem Abstand zur Linse scharfe Bilder ergeben; Goethe muß dagegen seine Zuflucht zu ad hoc Hypothesen über Kontrastwirkungen nehmen[20]. Ein anderes typisches Beispiel für das Versagen der Goethischen Theorie liefert Newtons sehr schönes Experiment zur ›diversen Reflexibilität‹ der Lichter. Was Newton ›diverse Reflexibilität‹ nennt (s. *Opticks*, Book I, Part I, Def. 3), ist im Grunde nur eine Folge der diversen Refrangibilität: Es handelt sich um die Tatsache, daß der Einfallswinkel, bei dem Brechung in Totalreflexion übergeht, bei den verschiedenen Lichtern verschieden ist. Bei dem entsprechenden Experiment Newtons beschränkt sich Goethe auf Polemik, ohne selbst eine Erklärung zu versuchen[21]. Eine andere Gruppe von Experimenten, bei denen Goethes Theorie sichtlich versagt, sind diejenigen, die Newton eigens dazu aufgebaut hat, ›Goethe zu widerlegen‹. Es handelt sich um solche, bei denen Newton den Einfluß von äußeren Bedingungen systematisch ausschaltet. Als Beispiel sei das Experiment genannt, durch das Newton die »Goethische«, im Grunde – wie Goethe auch weiß – sehr alte These widerlegen will, daß die Refraktionsfarben nur an Grenzen von Hell und Dunkel erscheinen (Book I, Part II, Exp. 1). Newton zeigt in diesem Experiment, daß man durch Einführung eines Hindernisses in ein Strahlenbündel aus einem durch dieses erzeugten Refraktionsbild zwar einzelne Farben ausblenden kann, aber damit zugleich, daß die erscheinenden Farben von dem Hindernis total unabhängig sind. Diesen Versuch kann Goethe überhaupt nicht verstehen, geschweige denn vernünftig deuten, er weist lediglich auf das ganz Unwesentliche hin, daß am Schatten des Hindernisses wieder ein Refraktionsbild (ein farbiger Saum) entsteht[22]. Schließlich muß noch darauf hingewiesen werden, daß Goethe selbst an einem durchaus ›natürlichen‹ Phänomen gescheitert ist: Es ist ihm unseres Wissens nicht gelungen, eine im Sinne seiner Theorie überzeugende Erklärung des Regenbogens zu liefern[23].

Newton ist offenbar im Verfolg seiner Theorie von dem ursprünglich gegebenen erklärungsbedürftigen Phänomen, der chromatischen Aberration, zur experimentellen Darstellung von Phänomenen fortgeschritten, auf die ›nur‹ seine Theorie paßte. Als Pendant dazu auf Goethes Seite wären jetzt wieder die physiologischen Farben zu nennen. Für diese liefert die Newtonsche Theorie ihrerseits keine Erklärung. Um das Gleichgewicht noch besser herzustellen, muß gesagt werden, daß Newton sein Ziel, die durch Licht erzeugten Farberscheinungen zu erklären, im Grunde auch nicht erreicht, wohl auch nicht erreichen kann. Denn im Wahrgenommenen ist immer auch die Aktivität des Wahrnehmens ausgeprägt, es weist eine Stilisierung auf, die sich aus dem objektiven Anlaß der Wahrnehmung allein nicht begründen läßt. Die Schwäche von Newtons Theorie zeigt sich deshalb auch am deutlichsten in seinem ›psychophysischen Gesetz‹, dem Gesetz über die Zusammensetzung der Farben aus Spektralfarben, bei dem er die in den Farbbeziehungen irgendwie spürbare Harmonie in die Dispositionen des Lichtes hineininterpretiert[24].

Newtons und Goethes Theorie entzündeten sich an ein und demselben erklärungsbedürftigen Phänomen. Sie entfernten sich in ihrer Ausarbeitung immer weiter voneinander, indem jede die ihr eigentümlichen Phänomene erzeugte bzw. aufsuchte. Von daher wird es verständlich, daß man rückblickend den Konflikt zwischen beiden lösen kann, indem man sie jeweils auf die für sie eigentümlichen Phänomene beschränkt. Dann ist Newtons Theorie Physik und handelt von den objektiven Eigenschaften des Lichtes, Goethes Theorie ›Wahrnehmungswissenschaft‹[25] und handelt von Gesetzen des Sehens. Dabei unterschlägt man allerdings auf Seiten Newtons das ›psychophysische‹ Gesetz, auf

Seiten Goethes seinen Anspruch, das objektive Phänomen der chromatischen Aberration zu erklären.

IV. Unbeschränkte Wissensakkumulation

Wie ist Goethes Farbenlehre unter dem Kriterium der Wissensakkumulation zu beurteilen? Goethe selbst hat sein Werk als durchaus zur Fortsetzung geeignet eingeschätzt, er hat sich ausdrücklich Nachfolger gewünscht. In gewisser Weise hat er sie auch gefunden, etwa schon in Runge, der den Farbkreis durch die Schwarzwerte zur Kugel ergänzte. Und doch ist der Farbenlehre nicht – wie offenbar der übrigen Naturwissenschaft – eine unbegrenzte Kumulation zuteil geworden.

Daß aber ein Wissen unbegrenzt fortsetzbar sei, ist vielfach – so etwa von Peirce – als Charakteristikum der Wissenschaft angesehen worden. Kann man dem zustimmen? Es könnte doch sein, daß ein bestimmtes Sachgebiet in einer endlichen Anzahl von Schritten erkenntnismäßig zu erschöpfen ist. In der Physik heute wird klar, daß sie in ihren Grundprinzipien vollendbar ist. Aber dadurch wird die empirische Seite nicht notwendig endlich. Und zwar nimmt man das an 1.) wegen der unendlichen Komplexität des Kontingenten 2.) wegen der Vermutung einer Unendlichkeit von technisch erzeugbaren Effekten. Beide Punkte sind allerdings in Zweifel zu ziehen. Die Verbindung des Wirklichen mit dem Unendlichen ist der Versuch, es gegen die Bestimmtheit des Möglichen zu unterscheiden. Nun ist wohl wahr, daß man durch Angaben endlich vieler Bestimmtheiten ein Wirkliches nicht erfaßt. Aber man braucht daraus nicht den Schluß zu ziehen, daß man demnach unendlich viele Bestimmtheiten benötigte. Denn die »Unendlichkeit« des Wirklichen könnte ja auch als Unbestimmtheit ausgelegt werden. Umgekehrt kann man aber auch versuchen, die Individualität des Wirklichen aufzugeben (wie in gewissen Typen von Statistik, vgl. dazu auch Teilchenerzeugung und Vernichtung in der modernen Physik). Daß das Wirkliche unendlich komplex ist, scheint mehr eine emphatische Rede über seine hohe Komplexität zu sein. Daß man technisch beliebig neue Effekte erzeugen kann, ist auch keine selbstverständliche These. Dagegen spricht die zu vermutende endliche Anzahl von natürlichen Grundkräften. Soll man damit »unabsehbar« Effekte erzeu-

143

gen können? Das liefe auf eine sehr metaphysische These über eine Art technischen Emergentismus hinaus. Durch solche Überlegungen wird es dann sehr fraglich, ob man die unendliche Fortsetzbarkeit als Kriterium für Wissenschaftlichkeit gelten lassen kann.

Fragen wir noch einmal, woher diese Forderung nach unendlicher Fortsetzung kommt. Sie scheint ihren Ursprung bei Kant zu haben. Nach Kant gehören Wahrnehmungen zu Erfahrungen, dann und insoweit sie sich in einen Zusammenhang integrieren lassen. Es ist gerade die Möglichkeit ihrer Verbindung, die sie zu objektiven macht – auf diese Weise sind sie etwa von Träumereien und Halluzinationen geschieden. (Freilich muß man hier noch den intersubjektiven Zusammenhang hinzunehmen).

Die Prinzipien, die nach Kant diese Einheit stiften, sind von der Art, daß sie eine Fortsetzung fordern:

a) Der Zusammenhang des Wirklichen dem Raume und der Zeit nach führt auf die Forderung einer Ausdehnung der Erfahrung auf den unendlichen Raum und die unendliche Zeit (Quantität).

b) Die Teilung des Wirklichen führt auf die Forderung einer unendlichen Fortsetzung in der Suche nach »elementaren« Bausteinen (Qualität, Realität).

c) Die Gegebenheit des Wirklichen als einer Wirkung zwingt zu einer unendlichen Fortsetzung in der Frage nach deren Ursachen (Relation).

d) Die Bedingtheit des Wirklichen seinem Dasein nach führt auf die Forderung einer unendlichen Fortsetzung der Suche nach Bedingungen phänomentaler Existenz (Modalität).

Was die Erfahrung zu einer systematischen Einheit macht, sind die kosmologischen Ideen, in denen die Welt als ein Ganzes gegebener Erscheinungen vorgestellt wird, und die in ihrem regulativen Gebrauch eine unendliche Fortsetzung des Forschungsprozesses (als Informationsgewinnung verstanden) fordern.

Kant beschreibt damit als Erfahrungswissenschaft quasi eine historia naturalis, deren Aufgabe es ist, die Gesamtheit möglicher Fakten zu erfassen und zu einem »historischen«, besser gesagt: kosmologischen System zu ordnen. Die Aufgabe der Naturwissenschaft erschöpft sich für ihn also nicht in der Gewinnung von Grundgesetzen, ihr Gegenstand ist nicht nur

»Natur in formaler Bedeutung«, sondern auch in materieller Bedeutung, nämlich »als Inbegriff aller Dinge, sofern sie Gegenstände unserer Sinne, mithin auch der Erfahrung sein können, worunter also das Ganze aller Erscheinungen, d. i. die Sinnenwelt ... verstanden wird« (*Metaphysische Anfangsgründe der Naturwissenschaft*, Vorrede A III).

Hat man einmal den Ursprung der Forderung nach unendlicher Fortsetzbarkeit der Erkenntnis im Interesse am extensionalen Zusammenhang der Natur erkannt, so wird zweifelhaft, ob diese Forderung noch für die moderne Naturwissenschaft verbindlich ist. Unabhängig von dieser Frage kann man jedenfalls sagen, daß Goethes Interesse auf einen solchen Zusammenhang nicht gerichtet war und vielleicht auch nicht gerichtet sein konnte.

Darüber darf auch nicht hinwegtäuschen, daß gerade Goethe, wie vielleicht das ganze 18. Jahrhundert, an vollständiger, extensiver Phänomene-Sammlung interessiert war. Denn das braucht keineswegs zu bedeuten, daß ein extensionaler Phänomenzusammenhang gesucht wurde. Das Interesse kann z. B. auf Klassifikation gerichtet sein, d. h. auf extensionale Sammlung ohne extensionalen Zusammenhang. Demgegenüber sind die Prinzipien der Naturwissenschaft, die Kant beschreibt, auf den Zusammenhang der Natur gerichtet: Raum, Zeit, Kausalität, existenzielle Bedingtheit der Erscheinungen. Das letzte Prinzip faßt die anderen gewissermaßen zu einem zusammen: Die Phänomene hängen ihrem Dasein nach das eine vom anderen ab und das eine mit dem anderen zusammen. Für einen derartigen Zusammenhang interessiert sich nun Goethe keineswegs. Er fragt vielmehr

1. nach den Bedingungen des Erscheinens von Phänomenen; aber diese Bedingungen werden nicht in anderen Phänomenen gesucht, jedenfalls nicht in solchen derselben Stufe. Er fragt
2. nach dem Zusammenhang der Phänomene, aber nicht nach ihrem Zusammenhang dem Dasein nach, sondern nach ihrem strukturellen Zusammenhang.

V. Intersubjektivität

Jede Wissenschaft, die empirisch verfährt, wird angeben müssen, wie sie sich ihres Gegenstandes versichert. Sie hat Regeln anzugeben, nach denen man vorgehen muß, um sicher zu sein, daß man es mit dem Gegenstand der Wissenschaft zu tun hat. Man kann der Auffassung sein, daß dadurch der Gegenstand selbst operational definiert wird. Dies scheint insbesondere in den messend operierenden Naturwissenschaften der Fall zu sein: Temperatur ist, was man thermometrisch erfaßt, träge Masse ist, was man durch Beschleunigungs- und Verzögerungsversuche als konstante Körpereigenschaft bestimmt.

Goethe gibt nun zunächst eine sehr große Fülle von empirischen Regeln der Farberzeugung an. Es handelt sich um die Beschreibung seiner Versuche. Diese Beschreibungen verbürgen zunächst von Fall zu Fall die intersubjektive Versicherung des Phänomens Farbe. Der Charakter der Intersubjektivität verdient nun zunächst einige Betonung, weil er für Wissenschaftlichkeit gewöhnlich für verbindlich gehalten wird.

Goethe unterscheidet subjektive von objektiven Farbphänomenen, für beide ist aber durch die Angabe der Regeln der Phänomenversicherung die Intersubjektivität gesichert. Vom Standpunkt der Physik aus müßte man allerdings alle goethischen Farben als subjektiv bezeichnen. Denn er betrachtet stets, was man, d. h. ein Mensch, als Farbe sieht, nicht etwa die nach Wellenlängen feststellbaren Anteile des Lichtes. Hierin liegt in der Tat ein sachlicher Unterschied, denn z. B. wird ein aus zwei Komplementärfarben gemischtes Licht, das also auch physikalisch nur zwei Wellenlängen enthält, ebenso als farblos gesehen wie Licht, das aus allen Farben gemischt wurde. Was Goethe als Farben bezeichnet, sind jeweils die gesehenen Farbphänomene. Bei ihnen unterscheidet er noch sinnvoll zwischen subjektiven und objektiven Farben. Objektive Farben sind die, die an Gegenständen angetroffen werden und mit denen Gegenstände beschienen werden können, d. h. in erster Linie chemische und z. T. physische Farben. Subjektiv sind Farben, die entweder nur im Auge des Betrachters erzeugt werden – so etwa bei der Durchsicht durch ein Prisma – oder durch die Fähigkeit des Auges erzeugt werden, wie bei den physiologischen Farben. In beiden Fällen kann die Farbe, die man sieht, nicht irgendwo mit einem Schirm aufgefangen werden.

Für beide Typen von Farbphänomenen sichert Goethe nun durch Angabe der Versuchsbedingungen die Intersubjektivität. Dadurch wird das Phänomen zum ersten zu einem reproduzierbaren. Nur selten erwähnt Goethe kontingente, durch die Einbettung in die eigene oder in fremde Biographie singuläre Erfahrungen. Zum zweiten wird dadurch der Anspruch erhoben, daß sich verschiedene Forscher über die Phänomene müssen einigen können. Diese Einigung findet allerdings immer auf der Primärebene statt, d. h. durch Hinsehen. Keine empirische Forschung wird auf eine Einigung auf der Primärebene verzichten können, aber anders als bei Goethe geschieht das doch so, daß die konkrete Phänomenfülle dabei auf wenige elementare Alternativentscheidungen reduziert wird, etwa auf einen Zeigerausschlag nach links oder rechts. Diese elementaren Alternativen sind in der Regel so gewählt, daß man über sie nicht streiten kann. Der ganze Vorgang der Verständigung wird damit auf den argumentativ zu begründenden Zusammenhang von Elementarereignissen und Phänomenen verschoben (Beispiel: Ansprechen eines Geigerzählers als Elementarereignis, Zerfall eines Radiumatoms als Phänomen). Bei Goethe wird also die Phänomenfülle nicht reduziert, und der Punkt der Einigung bleibt der, ob man ein bestimmtes, angegebenes Phänomen – etwa die Blaufärbung eines Schattens – sieht oder nicht. Die zugemutete Intersubjektivität ist damit zwar mit größerer Unsicherheit belastet als die der übrigen neuzeitlichen Naturwissenschaft, sie scheint aber nicht prinzipiell von anderer Art zu sein.

Vielleicht verdient ein Unterschied aber doch nähere Beachtung, der damit zusammenhängt, daß Goethe grundsätzlich an – im Sinne neuzeitlicher Naturwissenschaft – subjektiven Phänomenen interessiert ist. Das, was wir oben die Reduktion auf Elementarereignisse nannten, ist in der neuzeitlichen Naturwissenschaft nämlich in der Regel ein Verfahren, durch das man Objektivität in dem Sinne sicherstellt, daß man die Entscheidung, ob ein Phänomen vorliegt oder nicht, Apparaten überlassen kann. Natürlich muß letzten Endes auch dann von einem Menschen festgestellt werden, ob ein Apparat angesprochen hat oder nicht, aber was dabei festgestellt wird, gesehen, gehört wird, kann ein Phänomen durchaus anderer Art sein als das untersuchte. Dadurch wird aber die Sensitivität des Apparates für die interessierende Phänomenebene relevant, die Sensitivität des Menschen bleibt für diesen Phänomenbereich aus dem Versuch ausgeschlossen. Damit wird aber die innere Organisation des Apparates zum Kriterium für die Erscheinung eines Phänomens, nicht die des Menschen.

Dieser Schritt läßt sich nun in zweierlei Weise beurteilen. Man kann einerseits sagen, daß dadurch als Phänomen festgehalten wird, was objektiv ist, d. h. daß man auf solche Weise ausscheidet, was nur der inneren Organisation der menschlichen Erkenntnisorgane entspringt. Dieser Standpunkt, der den subjektiven Anteil als Täuschung eliminieren will (physiologische Farben als optische Täuschung), hat das Problematische, daß er als Phänomen festhält, was dem Menschen erscheint, und doch andererseits dem Apparat die Entscheidung darüber zuweist, was das wahre Phänomen ist (Man hält »Farbe« als Phänomen fest und läßt den Apparat über das Vorliegen einer Farbe entscheiden, obgleich er doch nur auf frequente Energieimpulse anspricht).

Man kann andererseits sagen, daß damit nicht mehr Farbe als das in Rede stehende Phänomen angesehen wird, sondern die jeweils feststellbaren elektromagnetischen Schwingungen. Dadurch wird Farbempfindung aber zu einem bloßen Detektor solcher Schwingung und zwar zu einem durchaus unsicheren. Denn was farblich empfunden wird, muß erst weitgehend reduziert werden, um überhaupt als Detektor des in Rede stehenden Phänomens gelten zu können.

Um hier Klarheit zu schaffen, muß man wohl zwischen einem Phänomen als Gegenstand der Physik (besser gesagt einem Effekt) und einem Phänomen als sinnliche Affektion des Menschen unterscheiden. Die Physik sichert ihre Objektivität dadurch, daß sie als Phänomen nur gelten läßt, was mit anderen Objekten in Wechselwirkung steht, ihr Gegenstand konstituiert sich durch die Möglichkeit solcher Wechselwirkung. Deshalb ist Kausalität für diesen Gegenstandsbereich verbindlich. Anders verhält es sich bei sinnlichen Phänomenen. Ihre Phänomenalität wird nicht in bezug auf einen anderen Gegenstand gedacht, sondern in bezug auf das erkennende Subjekt. Dieser Bezug ist aber nicht als Kausalrelation anzusehen. Denn es lassen sich nicht zwei Zustände, wie in der Physik der des physikalischen Objekts und der des registrierenden Apparates, unterscheiden. Das sinnliche Phänomen ist Gegenstand und Vorstellung zumal. Will man aber als Ursache des sinnlichen Phänomens das physikalische Objekt benennen (Schwingungen für Farbe), so ist der Zustand des Subjektes, die Farbempfindung eben nicht als Wirkung, sondern allenfalls als Antwort auf einen Anlaß zu verstehen (farbige Schatten, geforderte Farben). Will man also eine Wissenschaft, d. h. ein systematisches Wissen vom Bereich der sinnlichen Phänomene aufbauen, so ist das Kausalprinzip nicht als allgemeines Schema zu brauchen. Es gilt vielmehr, einerseits nach den gesetzmäßigen Bedingungen des Hervortretens der zu untersuchenden Phänomene zu fragen und andererseits nach ihrem gesetzmäßigen Zusammenhang untereinander.

VI. Schluß

Unsere Darstellung wird deutlich gemacht haben, daß man einigen Grund hat, Goethes Farbenlehre als Wissenschaft zu bezeichnen. Sie ist eine methodisch vorgehende Erkenntnisunternehmung, die auf die systematische Ordnung eines Gegenstandsbereiches abzielt, die erlaubt, ihre Phänomene aus Prinzipien abzuleiten und zwischen ihnen Gesetze anzugeben. Freilich ist diese Wissenschaft in vielem von der übrigen neuzeitlichen Wissenschaft unterschieden. Sie sichert die Intersubjektivität ihrer Daten nicht durch apparative Feststellung, ihre Erklärungen sind nicht kausal, sie weist nicht auf eine Unendlichkeit möglicher Erkenntnisse hinaus, durch die sie sich fortsetzen ließe.

Überall aber, wo Goethes Wissenschaft von einem essential neuzeitlicher Naturwissenschaft abweicht, läßt sich eine analoge Struktur, ein funktionales Äquivalent angeben. Der Identifizierung eines Objekts durch geregelten Umgang mit Apparaten entspricht die sprachlich geregelte Verständigung über sinnliche Erfahrungen[26]. Der Herstellung fester Bedingungen und Parametervariation gemäß einer Hypothese entspricht die Variation der Bedingungen und vollständige Durchmusterung des Konkreten entlang der natürlichen Ordnung der Phänomene. Dem Gesetz als funktionaler Beziehung quantitativer Daten entspricht das Gesetz als strukturelle Beziehung zwischen den Phänomenen. Der Erklärung als Angabe von Ursachen für Wirkungen entspricht die Erklärung als Angabe von Anlässen für das Hervortreten von Phänomenen durch Polarisation. Der theoretischen Herstellung der Einheit gegebener Daten durch Reduktion auf zugrundeliegende Entitäten (Atome, Moleküle), entspricht die theoretische Einheit im Urphänomen. Mag es deshalb vom Standpunkt der neuzeitlichen Naturwissenschaft her problematisch erscheinen, bei Goethe von ›Daten‹, ›experimenteller Methode‹, ›Gesetz‹, ›Erklärung‹ oder ›Theorie‹ zu reden, so findet sich doch in seiner Wissenschaft für all dies ein Äquivalent[27].

Damit ist zumindest gezeigt, daß es nicht absurd ist, nach Alternativen zur neuzeitlichen Naturwissenschaft zu fragen. Ob aber Alternativen etwa Goethischer Prägung auch einen praktischen Sinn haben, ist damit noch nicht entschieden.

Wenn Goethes Farbenlehre sich nicht als Wissenschaft etabliert hat, so scheint uns dies nicht an ihren mannigfaltigen – insbesondere in der Polemik gegen Newton zutagetretenden – Schwächen zu liegen. Den Grund dafür, daß sie ein im wesentlich historisch und persönlich isoliertes Stück Wissenschaft blieb, sehen wir vielmehr in dem Erkenntnisinteresse, aus dem sie unternommen wurde. Dieses Interesse war ein ästhetisches Interesse, Goethe hoffte, durch seine Farbenlehre vor allem etwas für die Malerei zu leisten. Nun sind es in der Tat auch immer die Maler gewesen, die an Goethes Farbenlehre Interesse genommen haben – aber doch nicht, insofern sie beanspruchte, Wissenschaft zu sein. Es wäre eine besondere Frage, warum die Maler nicht an einer Theorie der Farberscheinungen interessiert sind; Tatsache ist jedenfalls, daß für sie seit alters gewisse Faustregeln und Erfahrungssätze genügen. Sollte Goethes Farbenlehre Aktualität gewinnen, dann müßte sie (über eine Neuformulierung mit Hilfe der modernen Mathematik hinaus) in einen anderen Zusammenhang praktisch definierter Interessen treten.

Diese Interessen dürften da gegeben sein, wo man – etwa zur Gestaltung ›humaner‹ Umwelten – eine Wahrnehmungswissenschaft benötigt. Ein Interesse an einer Wissenschaft dieses Typs könnte sich immer dort ergeben, wo nicht nur die Natur als Bereich möglicher Manipulation, sondern zugleich die Wirkung des Menschen in der Natur, wo nicht nur die Erfahrungen des Menschen mit der Natur, sondern zugleich seine Selbsterfahrungen im Umgang mit der Natur, thematisiert werden.

Anmerkungen

* Der Vf. ist Chr. Goegelein durch die Lektüre seiner Dissertation: Zu Goethes Begriff von Wissenschaft auf dem Wege der Methodik seiner Farbstudien (München: Hanser 1972) und F. J. Zucker durch viele anregende Gespräche verbunden. Chr. Goegelein hat zur Endfassung dieses Aufsatzes durch kritische Anmerkungen beigetragen.

Zitiert wird nach folgenden Ausgaben: 1) Goethes Werke. Hamburger Ausgabe in 14 Bänden, hrsg. v. E. Trunz, Hamburg 1948 ff.; zitiert als (13, . . .) u. (14, . . .). 2) Goethe, Die Schriften zur Naturwissenschaft; vollständige mit Erläuterungen versehene Ausgabe, hrsg. im Auftrage der Leopoldina von D. Kuhn, R. Matthaei, G. Schmid, W Troll u. L. Wolf, Weimar 1947 ff; zitiert als (Leopoldina . . .).

1 »Die Farben sind Taten des Lichts«, sagt Goethe, fügt aber hinzu »Taten und Leiden«. In diesem Zusatz drückt sich Goethes Absetzung von der platonisch-aristotelischen Ontologie aus. Das Wesen hat in der Erscheinung nicht nur eine mehr oder weniger starke Wirksamkeit, sondern erfährt durch die ›Bedrängnis‹, in die es gerät, eine Steigerung. Daraus hat H. Schmitz den Angelpunkt seiner Goethe-Interpretation gemacht (H. Schmitz, Goethes Altersdenken, Bonn 1959, bes. §§ 6, 7).

2 Ganz ähnliche Überlegungen finden sich in einer Frühschrift Kant's, nämlich in dem ›Versuch, den Begriff der negativen Größen in die Weltweisheit einzuführen‹. Auch hier handelt es sich um den Versuch, die vielfältig beobachtete Polarität, oder Real-Repugnanz – wie Kant sagt – zu einem allgemeinen Prinzip empirischer Realität zu machen.

3 S. 13.376 f. Ein guter Erfolg für Goethe ist es, daß er die andere Anordnung der Farben im Spektrum, wenn man einen schwarzen Streifen auf weißem Hintergrund betrachtet, erklären kann. Es erscheint dann: Blau, Violett, Purpur, Orange, Gelb.

4 Eine verwandte Auffassung finden wir bei A. Speiser: »Gerade wie in der Musik die stetige Reihe der Töne durch die diskontinuierliche Tonleiter geprägt wird und dadurch erst die Musik möglich macht, so soll der kontinuierliche Farbenkreis durch das Sechseck der Farben rot; orange, gelb, grün, blau und violett eingeteilt werden und die Farbenmannigfaltigkeit einer harmonischen Wirkung öffnen.« (Goethes Farbenlehre, in: Goethe und die Wissenschaft, Frankfurt 1951, S. 86)

5 Etwa: »Denn wie wäre es einem der ersten Mathematiker möglich, sich einer solchen Unmethode zu bedienen . . .« (Materialien, 14, 175).

6 In einer neueren Arbeit wird versucht, Goethes Naturwissenschaft im ganzen aus diesem für das 18. Jahrhundert charakteristischen Typ von Forschung zu erklären. Manfred Kleinschneider, Goethes Naturstudien, Bonn 1971.

7 W. Heisenberg, Die Goethische und die Newtonsche Farbenlehre im Lichte der modernen Physik. In: Wandlungen in den Grundlagen der Naturwissenschaft, Leipzig u. Stuttgart, 7. Aufl. 1947, S. 61.

8 A. Speiser, Goethes Farbenlehre. In: Speiser, Die mathematische Denkweise, Leipzig u. Stuttgart 1937, S. 96/97.

9 I. Newton, Opticks. Zitiert nach der Ausgabe in Dover Publications, New York 1952, S. 124 f.

10 S. Polemischer Teil §§ 596 u. 456. In letzterem macht Goethe die sehr kluge Bemerkung, daß Newton durch die ›Definition‹ den Unterschied von Korpuskular- und Wellentheorie habe neutralisieren wollen, um dann in der Folge die Vorteile der Wellentheorie zu seiner Analogie von Farbenlehre und Harmonielehre zu gebrauchen. Faktisch benutzt Newton hier den Unterschied von dispositions und colours, um die Möglichkeit der Erzeugung einer Farbe durch eine Mannigfaltigkeit von Lichtern einsichtig zu machen.

11 S. dazu Goethe, Materialien, 14, 146 ff.

12 Es war für Goethe ein gewisser Triumph, daß diese Verbesserung später doch gelang. Newton war die Abhängigkeit des Brechungsindex vom brechenden Material noch nicht bekannt, und damit lag die Möglichkeit achromatischer Linsen und Prismen außerhalb seiner Vorstellungen.

13 Newtons Kalkulation der Mischungsfarben setzt die These voraus, daß die einzelnen Farben im Spektrum nach den Verhältnissen der harmonischen Intervalle verteilt sind. Diese These zeigt, wie stark Newton gewissen spekulativen Traditionen verpflichtet ist – für die entsprechenden Messungen muß er sich freilich auf einen Gehilfen berufen, »whose Eyes for distinguishing Colours were more critical than mine« (a.a.O. 126).

14 *Theätet* 156 f., *Timaios* 67 f.

15 Vgl. § 27 des Polemischen Teils. Goethe stellt dort fest, daß es mindestens zwei Weisen gibt, auf die aus einer Einheit eine Differenz entstehen könne: »Erstens, daß ein Gegensatz hervortritt, wodurch die Einheit sich nach zwei Seiten hin manifestiert . . .; zweitens, daß die Entwicklung des Unterschiedenen stetig in eine Reihe vorgeht« (Leopoldina I, 5; 11).

16 Vgl. Polemischer Teil § 143, § 544, didaktischer Teil § 352. Für Goethe wird nicht weißes Licht zerlegt und wieder synthetisiert, vielmehr heben sich zwei gesetzte Bedingungen in ihrem Resultat auf.

17 »Wir haben diesen Apparat der Vorbilder, um zur Gewißheit zu gelangen, bis ins Überflüssige vervielfältigt. Denn dadurch unterscheidet sich ja bloß der Experimentierende von dem, der zufällige Erscheinungen, als wären es unzusammenhängende Begebenheiten, anblickt und anstaunt. Newton dagegen seinen Schüler immer nur an gewissen Bedingungen festzuhalten, weil veränderte Bedingungen seiner Meinung nicht günstig sind.« (Polemischer Teil § 74, Leopoldina I, 5; 27)

18 S. z. B. Polemischer Teil §§ 178, 438–444.

19 S. Polemischer Teil § 14, 15. Nach Goethe hat man die Untersuchung der Refraktionsfarben mit planparallelen Mitteln zu beginnen.

20 Polemischer Teil §§ 70 ff.

21 Newton, Book I, Part I, Exp. 9; Goethe, Polemischer Teil § 196 ff.

22 Polemischer Teil § 325 ff., bes. § 360.
23 Dieser Meinung ist auch Speiser, s. A. Speiser, Goethes Farbenlehre, in: Goethe und die Wissenschaft, Frankfurt/M. 1951, S. 90 f.
24 Book I, Part II, Prop. VI, Prob. II, s. auch Anm. 13.
25 Wir übernehmen diesen Terminus von F. J. Zucker.
26 Die Verständigung über sinnliche Wahrnehmung setzt sowohl Sprachregelungen als auch Konventionen über ›Normalsichtigkeit‹ voraus.
27 Zu dieser Gegenüberstellung vergl. A. C. Zajonc, Goethe's theory of colour and scientific intuition. In: Am. Journal of Physics 44 (1976), 327–333, bes. die Übersicht S. 331.

2. Der Streit zwischen Titchener und Baldwin über die Messung von Reaktionszeiten

Einleitung

Die Existenz von Alternativen in den Humanwissenschaften ist ein bekanntes Faktum und wird nicht bestritten – wenn nicht gerade »oberste Werte« von Wissenschaftlichkeit wie die Trennung von Wissenschaft und Politik (s. V) oder der Universalismus (s. VI, 1) in Frage stehen. Man weiß, daß es in der Psychologie, in der Soziologie Schulen gibt, alternative theoretische Ansätze, verschiedene Modelle, man ist auf einen Methodenpluralismus eingestellt. Unklar ist, ob sich diese Tatsache dem unreifen Entwicklungsstadium dieser Wissenschaften verdankt oder ein für sie charakteristischer Zug ist. Für die These, daß die Humanwissenschaften für immer multiparadigmatisch bleiben müssen, spricht folgende Überlegung: Jede Verwissenschaftlichung eines Gegenstandes stilisiert diesen, läßt ihn nur noch unter bestimmten empirischen Zugangsarten und bestimmten Begriffen Thema sein. In der Naturwissenschaft konnte auf Dauer die Differenz zwischen lebensweltlich gegebenem Gegenstand und wissenschaftlich thematisiertem Gegenstand zum Verschwinden gebracht werden, weil der Gegenstand Natur bzw. besser: die isolierten Naturobjekte auf Dauer nur noch in der eingeschränkten Form interessant waren, in der sie wissenschaftlich thematisiert und damit beherrschbar gemacht worden sind. So interessiert in der technischen Lebenswelt Wärme schließlich nur noch als Temperatur, Wärmemenge, Wärmeleitfähigkeit usw., Wucht nur noch als Impuls oder Energie. Dagegen hält sich im Umgang mit Menschen auf Dauer ein Interesse an der undifferenzierten Erscheinung in der Lebenswelt, ein Interesse an der Intelligenz neben dem IQ, ein Interesse am Subjekt neben der Rolle. Das jedenfalls, solange und soweit das soziale Leben noch nicht auf technische Funktionen reduziert ist. Für die Humanwissenschaften wäre danach eine wissenschaftliche Adäquation an den diffusen und vieldeutigen lebensweltlichen Gegenstand nur durch eine Vielzahl alternativer Verwissenschaftlichungen möglich.

Ob aus Einsicht oder nicht, wir haben gelernt, mit einer Vielzahl von Psychologien und Soziologien zu leben. Dieser Zustand, der nahe an das von Feyerabend so energisch gegen die Windmühlenflügel der Wissenschaftstheorie verfochtene *anything goes* heranreicht, ist aber keineswegs von der Einsicht getragen, daß alternative Thematisierungen des Gegenstandes Mensch auch Wissensformen hervorbringen, die von einer unterschiedlichen Funktionalität sind. Allenfalls in der Medizin kann man sagen, daß ein solches Bewußtsein vorhanden ist, daß hier etwa ein Physiologe oder Chirurg im Bewußtsein der Beschränktheit seiner Zugangsart einen Fall etwa an den Psychosomatiker oder Psychoanalytiker abgeben kann.

In welchem Maße alternative Ansätze in den Humanwissenschaften als vorläufig betrachtet werden, hängt offenbar immer noch davon ab, als wie maßgeblich man das Paradigma der Naturwissenschaft für die Humanwissenschaften ansieht. Zunächst, d. h. in der Entstehungszeit von Humanwissenschaften, also der Pädagogik, der Psychologie, der Soziologie, wurde durch Naturwissenschaft Wissenschaftlichkeit schlechthin definiert. So entwarf August Comte die Soziologie als Physik des Sozialen, so versuchte Wundt die Psychologie als wissenschaftliche Disziplin, d. h. im Unterschied zur philosophischen Psychologie, als Psychophysik bzw. physiologische Psychologie zu entwickeln. Da wir nun seit Dilthey etwa und Rickert damit rechnen, daß die Humanwissenschaften überhaupt einen anderen Wissenschaftstyp als die Naturwissenschaften beanspruchen müssen, sind wir geneigt, die Vielfalt von Ansätzen und Theorien selbst als Charakteristikum von *soft sciences* hinzunehmen. Doch diese Zeit des *laissez faire* könnte zu Ende gehen, je mehr wir gezwungen sind, die Dichotomie von Natur und Gesellschaft zu überwinden (s. VI, 2). Dann stellt sich einerseits die Aufgabe, den Menschen samt seiner kulturellen Selbstproduktion als Naturwesen zu betrachten wie auch umgekehrt die Natur auf der Ebene makroskopischer Systeme als gesellschaftlich produziert anzusehen. Die Frage, ob der multiparadigmatische Zustand in den Sozialwissenschaften als ein Zustand der Unreife zu betrachten ist, kann auf Dauer nicht mehr umgangen werden, da sich ja – sollte man das aus prinzipiellen, erkenntnistheoretischen Gründen verneinen – von daher umgekehrt auch die Forderung einer multiparadigmatischen Naturwissenschaft stellen könnte. Der Fall, den wir im folgenden betrachten wollen, liegt für diese aktuelle Konstellation recht günstig: Er fällt nämlich in die Zeit, in der noch offen war, ob nicht die Wissenschaftlichkeit der Humanwissenschaften, hier speziell der Psychologie, allein in der Anlehnung an das Paradigma neuzeitlicher Naturwissenschaft liegen könne.

Der Fall Titchener/Baldwin bezeichnet eine Alternative *in* der neuzeitlichen Wissenschaft. Zwar kommt es in der Heftigkeit der Auseinanderstzung auch vor, daß die Kontrahenten sich gegenseitig ihre Wissenschaftlichkeit bestreiten, d. h. also Ausgrenzungsversuche vornehmen, zwar ist es ihnen in gewissen Phasen auch so vorgekommen, als handele es sich um die Richtigkeit und Falschheit von Theorien bzw. die Sauberkeit und Unsauberkeit von Methoden. Aber relativ bald einigte man sich doch darauf, daß es sich um alternative Ansätze in der Wissenschaft handelte und zog deshalb eine Segmentierung der Psychologie einer Exkommunizierung des Gegners vor. Aber was bedeutet systematisch diese Anerkennung einer Alternative in der Wissenschaft? Es geht ja nicht darum, daß wir in Titchener und Baldwin Vertreter zweier Teile von Psychologie vor uns haben, die sich mit verschiedenen »Seelenteilen« beschäftigen. Der Streit geht um *ein* Phänomen, nämlich psychische Reaktionszeiten. In ihm treten alternative Behandlungsweisen dieses einen Gegenstandes einander entgegen.

Aber was heißt hier *ein* Gegenstand? Sind psychische Reaktionszeiten Gegenstände, die irgendwo schon fix und fertig vorkommen, so daß die Wissenschaft nur noch nachzusehen bräuchte, wie sie sich verhalten bzw. wie groß sie sind? Dann würde doch wohl die Konsequenz sein, daß von zwei verschiedenen wissenschaftlichen Ansätzen, die sich widersprechende Fakten bezüglich dieses einen Gegenstandes konstatieren, einer falsch ist. Was umgekehrt der Fall Titchener/Baldwin lehren kann, ist, daß der *wissenschaftliche* Gegenstand nicht unabhängig von der Art ist, in der man an ihn empirisch herangeht bzw. von den Begriffen, mit denen man über ihn spricht. Mit anderen Worten: Die Konstitution des wissenschaftlichen Gegenstandes durch die wissenschaftlichen Methoden ist ein Erklärungsgrund dafür, daß es Alternativen in der Wissenschaft gibt. Die Konstitution des wissenschaftlichen Gegenstandes hat im wesentlichen zwei Seiten, nämlich die Bestimmung der Daten in ihren formalen Eigenschaften durch die Regeln des experimentellen Zugangs zum Gegenstand und die Bestimmung der Gesetzesartigkeit und des

Gegenstandstyps durch die wissenschaftliche Begrifflichkeit, mit der man über den Gegenstand redet. Da durch die unterschiedliche Wahl von Experimentalregeln und Begrifflichkeit der wissenschaftliche Gegenstand überhaupt erst formiert wird, ist damit zu rechnen, daß einem lebensweltlichen Gegenstand mehrere wissenschaftliche Gegenstände entsprechen. Wir werden uns bei der Analyse des Falles im wesentlichen auf die Wirkung von Experimentalregeln beschränken.

Vorgeschichte

Da es sich hier um alternative Verwissenschaftlichungen eines Gegenstandes handelt, muß die Geschichte, wie dieser Gegenstand überhaupt in die Wissenschaft hineinkam, doch zumindest kurz erzählt werden.

1796 entließ der englische Astronom Maskelyne seinen Gehilfen Kinnebrook, weil dieser Sterndurchgänge ständig später beobachtete als er selbst, und zwar mit einer nach den damaligen Erwartungen an Meßgenauigkeit intolerablen Verzögerung. Von diesem Ereignis hörte der Königsberger Astronom Bessel zirka 20 Jahre später. Er sah es im Horizont systematischer Fehlerbearbeitung und Verrechnung, wie sie damals durch Gauss gerade begründet worden war. Bessel ließ sich die Daten Maskelynes und Kinnebrooks kommen, analysierte sie und stellte selbst Beobachtungsvergleiche zwischen sich und ihm bekannten Astronomen an. Da Bessel zwischen sich und seinen Kollegen teils sogar noch größere Differenzen feststellte als zwischen Maskelyne und Kinnebrook, wurde die Abweichung in den Beobachtungsdaten erst einmal aus der Atmosphäre persönlicher Inkompetenz herausgelöst und zum anerkannten Phänomen der »persönlichen Gleichung«. Die persönliche Gleichung als systematische Fehlerquelle astronomischer Beobachtungen veranlaßte nun aber nicht nur Untersuchungen, in denen ihre Größe festgestellt werden sollte, sondern auch solche, bei denen es darum ging, ob diese Fehlerquelle eventuell vermeidbar sei, und das hieß physiologische und psychologische Untersuchungen. Die Problematisierung dieses Phänomens unter psychologischen Gesichtspunkten erfolgte nun zu einer Zeit, in der sich die Psychologie als Wissenschaft überhaupt erst herausbildete – man kann fast sogar sagen, daß sie sich mit der Behandlung dieses Phänomens herausbildete: Die persönliche Gleichung war nämlich überhaupt das erste psychologische Phänomen, das einer experimentell quantitativen Behandlung zugänglich wurde: Donders kam auf die Idee, zeitliche Differenzen in der persönlichen Gleichung dem Faktor der Aufmerksamkeit zuzurechnen, und führte Messungen durch, diese Vermutung zu bestätigen. Die weitere Entwicklung der Reaktionszeitmessungen erfolgte dann im Rahmen und im Sinne der Fragestellungen der Leipziger Schule unter W. Wundt, – bis 1895 der Amerikaner Baldwin Messungen publizierte, die sowohl nach der Anlage der Experimente als nach den gewonnenen Daten erheblich von den Leipziger Ergebnissen abwichen. Darüber entwickelte sich zwischen ihm und Titchener, einem anderen Amerikaner, der aber als Wundt-Schüler die Leipziger Position vertrat, eine heftige Kontroverse.[1]

Alternative Messungen von Reaktionszeiten

Im Rahmen der sich entwickelnden jungen experimentellen Psychologie wurde nun die Messung von Reaktionszeiten ganz aus dem ursprünglichen praktischen Kontext astronomischer Messungen herausgelöst. Unter Führung von Wilhelm Wundt versuchte die experimentelle Psychologie ihren Status als Wissenschaft zu erlangen, indem sie sich methodisch eng an dem Vorbild der Naturwissenschaft orientierte, das hieß aber, daß sie sich neben der experimentellen Methode auch den Elementarismus der Naturwissenschaft zueigen gemacht hatte: Sie sah ihre Hauptaufgabe darin, die »Elemente« des psychischen Lebens aufzufinden. (Wundt, 1887,4) Im Rahmen dieser Aufgabe wurden nun von Anfang an die Experimente zum Reaktionsverhalten des Menschen angesetzt[2]. Man unterschied komplexe und einfache Reaktionen.

Einfache Reaktionen sind solche, bei denen ein bestimmter, fest verabredeter Reiz eine bestimmte, fest bestimmte Reaktion auslöst. Komplexe Reaktionen sind solche, bei denen noch zwischen verschiedenen Reizen ein bestimmter erkannt und zwischen verschiedenen Reaktionen ein bestimmter ausgewählt werden muß. Man hoffte nun durch ein Subtraktionsverfahren die Dauer eines einzelnen Erkenntnis- oder Auswahlaktes zu bestimmen, indem man nämlich die Zeiten einer komplexen Reaktion um die einer einfachen verringerte.

Der Streit um die einfachen Reaktionen war nun durch Versuche ausgelöst, noch bei einfachen Reaktionen die Dauer eines bestimmten Teilaktes, nämlich der sog. Apperzeption zu bestimmen. Wundt hatte theoretisch die einfache Reaktion als aus 5 Teilakten zusammengesetzt angesehen:

Je einen Teil für die rein physiologische Leitung von Reiz und Reaktion, einen Teil für die Auffassung des Stimulus (Perzeption), einen für dessen Bewußtwerden (Apperzeption), und einen Teilakt für die Willenserregung. (Wundt, 1887, II, 261 ff.) Wenn man nun Anlaß hatte, einen bestimmten Reaktionsverlauf als Reflex, als automatisch anzusehen, so bedeutete das in diesem Ansatz, daß er einen Teilakt weniger enthielt, daß nämlich darin die Apperzeption fehlte. Durch Vergleich mit dem entsprechenden nicht-reflexiven Reaktionsvorgang, hatte man also Aussicht, den Teilakt Apperzeption näher zu bestimmen. Nun gab es seit den Untersuchungen von Lange 1888[3] ein Paar von Reaktionsverläufen, die diese Deutung zuließen:

Lange hatte zwischen sensorieller und muskulärer Reaktionsweise bei den einfachen Reaktionen unterschieden:

Als sensoriell bezeichnete er eine Reaktion, bei der der Reagent seine Aufmerksamkeit auf den Stimulus richtete, als muskulär eine Reaktionsweise, bei der der Reagent seine Aufmerksamkeit auf die motorische Ausführung der Reaktion richtete. Er hatte nun experimentell gezeigt, daß die muskuläre Reaktionsweise in der Regel deutlich kürzer ist, und zwar ziemlich konstant um etwa 100 m.sec. Man sah nun die muskuläre Reaktion, also diejenige, bei der die Aufmerksamkeit nicht auf die Feststellung des Stimulus gerichtet ist, als automatische an:

Die bewußte Feststellung des Reizes, so argumentierte man mit einigem Recht, stellt einen Hiat zwischen Reiz und Reaktion dar, sie verzögert die Reaktion.

Die muskuläre Reaktion sollte daher gerade um den Teilakt der Apperzeption kürzer sein als die sensorielle.[4]

Alle Aufmerksamkeit der Experimentatoren richtete sich daher auf die sog. sensoriell-muskuläre Differenz: Man versuchte sie möglichst genau zu bestimmen und von anderen Einflüssen zu reinigen, um sie dem Teilakt der Apperzeption sicher zuweisen zu können.

Damit sind Herkunft, Zweck und Ergebnisse der Experimente zur einfachen Reaktion dargestellt – bis zu Baldwin.

Baldwin nun machte Experimente, bei denen sich je nach Person bald eine kürzere muskuläre Reaktionszeit herausstellte – wie es nach Theorie und Ergebnissen der Leipziger Schule sein mußte –, bald aber eine kürzere sensorielle Reaktionszeit, bald eine Indifferenz zwischen beiden. Er erklärte seine Ergebnisse durch eine Typentheorie der Reaktion:

Durch Untersuchungen anderer Art wußte man, daß sich die Menschen in ihrem Sprach-, Gedächtnis- und Assoziationsverhalten typisch unterscheiden. Die einen brauchten für die geforderte Sprach-, Gedächtnis- oder Vorstellungsleistung eher einen sensorischen Auslöser, die anderen einen motorischen. So war etwa beim Sprechen für die einen ein Vorgefühl in den Sprachorganen der Auslöser des Sprechens, für die anderen eher eine Erinnerung an das gehörte oder geschriebene Wort.

Baldwin meinte nun, daß bei den motorischen Typen die muskuläre Reaktionsweise die kürzere sein müßte – weil sie eben die diesem Typ adäquate Reaktionsweise darstellte, bei den sensorischen sollte aber die sensorielle Reaktionsweise die kürzere sein. Nicht also die Ausrichtung der Aufmerksamkeit war nach Baldwin die primäre Ursache von Unterschieden der Reaktionszeit, sondern vielmehr die individuelle Veranlagung der reagierenden Personen. (Baldwin, 1895)

Baldwin entwickelte also eine durchaus andere Theorie des Reaktionsverhaltens als die Leipziger, um seine anderen Ergebnisse zu erklären. Aber die erste und für unseren Zusammenhang relevante Frage war natürlich, wie denn die Leipziger überhaupt so andere experimentelle Ergebnisse erhalten konnten. Die Antwort kann nur sein, daß sie ihre Experimente anders einrichteten. Speziell warf Baldwin den Leipzigern vor, daß sie für ihre Experimente – in seiner Auffassung gesprochen – Personen einer bestimmten »Anlage« auswählten bzw. eigens herauszüchteten.

Die für die Auswahl, Behandlung und Einschätzung der Versuchspersonen maßgeblichen Regeln waren offenbar für die unterschiedlichen Ergebnisse der Leipziger Schule einerseits und Baldwins andererseits verantwortlich zu machen.

Betrachten wir nun beide Parteien in dieser Hinsicht genauer:

Wenn man Arbeiten aus der Wundtschen Schule liest, wird man darüber verwundert sein, daß die Personen, die man nach heutiger Terminologie im allgemeinen als Versuchspersonen bezeichnet, häufig als »Beobachter« eingeführt werden. Diese sogenannten Beobachter sind – was ebenfalls den heutigen Leser in Erstaunen versetzt – in der Regel die Verfasser der entsprechenden Studie selbst. Um das zu verstehen, muß man sich erinnern, daß Wundt gelehrt hatte »alle Psychologie beginnt mit Selbstbeobachtung«, – Experiment und Geschichte seien ihre Hilfsmittel (s. Boring, 1950,320). Der Mensch im Experiment war deshalb niemals schlechthin Objekt der Untersuchung, sondern immer auch zugleich Subjekt der Untersuchung, er war Beobachter. Das heißt aber zugleich, daß er in seinem psychologischen Verhalten auch niemals als ganzer thematisiert war, vielmehr ging es darum, das Funktionieren des inneren psychischen Apparates zu erkunden, eines natürlichen Gegenstands wie andere auch, der nur nicht mehr vor dem äußeren Sinn (im Sinne Kants), sondern vielmehr vor dem inneren Sinn gegeben war. Da man an den prinzipiellen Gesetzen des inneren psychischen Geschehens interessiert war, war zugleich anzunehmen, daß diese für alle Menschen von gleicher Gültigkeit waren, so daß die möglichen Unterschiede zwischen Teilnehmern an Experimenten primär deren Qualifikation als wissenschaftliche Beobachter, – oder besser gesagt: als Instrumente betrafen.

Es wird daher immer wieder gesagt, daß die Teilnehmer an Experimenten »psychologisch« sein müssen oder die »psychologische Anlage« haben müssen.[5]

Ein Instrument muß störungsfrei und vor allem zuverlässig arbeiten. Die Wissenschaftler der Leipziger Schule betrachteten sich selbst also als Teilnehmer von Experimenten keineswegs als vorbelastet, vielmehr unterzogen sie andere hinzuzuziehende Personen eines Trainings in psychologischer Selbstbeobachtung. Innerhalb eines bestimmten Experiments kam dann noch die spezielle Eignung der Person in Bezug auf das zu untersuchende Phänomen in Betracht. So waren für die Messung der Differenz zwischen sensorischer und muskulärer Reaktionsweise Versuchspersonen auszuscheiden, die in ihrer Reaktionsweise schwankend waren, bzw. diese Differenz nicht eindeutig zeigten. Personen, die diese Differenz in umgekehrter Weise zeigten, bei denen also die sensorielle Reaktion schneller war, wurden nicht als Gegeninstanzen für die Theorie gewertet, sondern vielmehr als ungeeignet zur Messung des untersuchten Phänomens.

Aus dieser Auffassung der Versuchspersonen als psychologischer Instrumente erklärt sich auch die erstaunlich geringe Zahl der zu den Versuchen der Wundtschen Schule herangezogenen Personen. Zwar wurde jeweils eine große Zahl von Versuchen durchgeführt, um mögliche Störungen statistisch ausschalten zu können, diese Störungen wurden aber nicht aus der Individualität der Versuchsperson erwartet, sondern vielmehr aus dem stets schwankenden Bewußtseinsfluß.

Personen mit individuellen Eigenheiten waren eben für die Untersuchung nicht geeignet, bzw. mußten durch psychologisches Training sich so qualifizieren, daß sie als neutraler Beobachter ihres eigenen inneren Apparates fungieren konnten.

Ganz anders bei Baldwin: Zwar sind auch bei seinen Versuchen die daran beteiligten Personen häufig identisch mit den Verfassern der Untersuchung, zwar sind auch bei ihm nur sehr wenige Personen an den Versuchen beteiligt. Aber das ist hier eher eine Inkonsequenz aus der Tradition der Leipziger Schule. Seine von ihm selbst formulierten Regeln verlangen vielmehr »to test everybody« und »to take persons just as they come« (Baldwin, 1896, 89).

Er wehrt sich mit Entschiedenheit dagegen, nur Personen einer bestimmten »Anlage« zu den Versuchen hinzuzuziehen. Vielmehr wird für ihn die Anlage ja gerade Untersuchungsgegenstand. Auch sollen durch vorhergehendes Training nicht individuelle Unterschiede weggebracht werden, sie sind vielmehr selbst wertvolle Daten für die Theorie (ebda).

Die an den Versuchen beteiligten Personen werden dadurch erst eigentlich *Versuchspersonen*. Ihr psychisches Verhalten im ganzen wird zum Gegenstand der Untersuchung. Damit entfällt aber die Verläßlichkeit eines Teils ihrer psychischen Funktionen als Voraussetzung der Beurteilung der Versuchsergebnisse: Die Selbstbeobachtung kann nicht mehr als ein quasi geeichtes Instrument verstanden werden. Vielmehr werden jetzt unabhängige Versuchsmethoden notwendig, um deren Ergebnisse gegeneinander korrelieren zu können, und so die Aussagefähigkeit von Daten zu validieren.

So muß etwa bei den Baldwinschen Versuchen zur Reaktionszeit der Gedächtnis- oder Vorstellungstyp der Versuchspersonen durch unabhängige Methoden ermittelt werden. Die Introspektion genügt dazu sicherlich nicht, da die Fähigkeit zu sicherer und aussagekräftiger Introspektion ja schon eine spezielle Anlage darstellt und das Training zu dieser Fähigkeit den psychologischen Typ der Person im ganzen gewandelt haben kann. Speziell ist natürlich jegliches Training im Reaktionsverhalten zu vermeiden, da ja nach Baldwins Theorie Typen, also psychologische Anlagen, nicht angeboren sind, sondern durch Gewohnheit erworben.

Wenig später haben auch Angell und Moore (1896) gezeigt, daß sich bei längeren Reaktionszeitversuchen, die Reaktionsweisen der Versuchspersonen durch Übung verändern.

Bevor wir nun nach der Bedeutung dieser zwischen den Leipzigern und Baldwin unterschiedlichen Experimentalregeln fragen, wollen wir den Kern der Sache noch einmal auf eine kurze Formel bringen:

Die Leipziger versuchen, die Versuchspersonen zu möglichst neutralen und »geeichten« Beobachtern eines möglichst reinen, labormäßigen psychischen Phänomens zu machen.

Baldwin versucht, die Versuchspersonen als nach Möglichkeit von den Bedingungen des Versuchs unbeeinflußte natürliche Objekte zu belassen.

Daß sich bei so unterschiedlichen Normen experimentellen Verhaltens verschiedene Daten ergeben können, ist klar. Wenn wir jetzt nach der wissenschaftlichen Bedeutung dieser Unterschiede fragen, so können wir feststellen, daß sich in den Experimentalregeln jeweils ein unterschiedliches Forschungsinteresse manifestiert (1), daß die Forscher durch die Experimentalregeln jeweils einen anderen Gegenstand vor Augen haben (2), und daß die unterschiedlichen Experimentalregeln Schulen innerhalb der Psychologie trennten (3).

1) Die Leipziger betrachteten die sensoriell-muskuläre Differenz als ein bestimmtes Naturphänomen – wie etwa die elektrische Induktion, oder die magnetische Anziehung –, das es also möglichst rein darzustellen galt, um daraus auf die Gesetze der zugrundeliegenden Natur – hier der Natur der Psyche – schließen zu können.

Ein unregelmäßiges Reaktionsverhalten bei bestimmten Personen ließ deshalb diese Personen als nicht geeignete Beobachter erscheinen; zeigten Personen eine regelmäßige Abweichung von der sensoriell-muskulären Differenz, so mußten sie als durch Erziehung, Gewohnheit und Krankheit systematisch gestört ausgeschieden werden. (Titchener, 1895, 514)

Baldwin ist dagegen wissenschaftlich gerade an den individuellen Unterschieden der Menschen interessiert. Er möchte hier gewisse Regelmäßigkeiten aufdecken: Er hält den Leipzigern entgegen, daß sie nur das regulär Reguläre untersuchten, er aber das regulär Irreguläre (Baldwin, 1896, 83). Seine Absicht ist nicht mehr auf die Natur der Psyche überhaupt gerichtet, vielmehr möchte er Verfahren entwickeln, die etwa für die Schule und die Diagnostik von psychischen Leiden wertvoll sind. Das Reaktionsexperiment ist deshalb für ihn kein Mittel mehr, die Elemente des Psychischen zu ermitteln, vielmehr will er es zu einem Testverfahren entwickeln, mit dem man schnell und einfach den psychologischen Typ von Personen feststellen kann. (Baldwin, 1895, 271)

2) Das führt dazu, daß Baldwin im Grunde mit einem anderen Gegenstand als die Leipziger zu tun hat. Man hat diesen Unterschied apostrophiert, indem man sagte:

Die Leipziger untersuchten human mind und Baldwin human minds. (Krantz, 1965, 8 f.) Genauer gesagt war für die Leipziger die Seele Gegenstand der Untersuchung, insofern sie sich als eine allgemeine Struktur beschreiben läßt, ein psychischer Apparat, der für alle Menschen als Mitglieder der Gattung homo sapiens oder vielleicht sogar weiter als animal überhaupt identisch ist.

Dagegen untersuchte Baldwin die psychischen Vorgänge im Kontext bestimmter Absichten, Inhalte, Lebenszusammenhänge.

Deshalb erscheinen bei ihm die psychischen Akte als Funktionen, die durch Anlage, Erziehung, Gewohnheit geprägt sind.

3) Diesen Unterschied der Gegenstände hat wenig später Titchener (1898) als einen der psychologischen Schulen bzw. Disziplinen formuliert. Er machte den Unterschied durch eine Analogie zur Biologie deutlich. In der Biologie gibt es die Morphologie, die sich mit der Struktur der Lebewesen beschäftigt, die Physiologie, die sich mit den Funktionen der einzelnen Glieder und Vorgänge beschäftigt, und schließlich die Genetik, die die Entwicklung der Lebewesen zum Thema hat. Entsprechend könne man in der Psychologie eine strukturelle, eine funktionelle und eine genetische Psychologie erwarten. Zwar bestand er als guter Leipziger darauf, daß die strukturelle Psychologie zuerst entwikkelt werden müsse, bevor man Aussicht auf eine funktionelle und genetische Psychologie habe – aber durch seine Unterscheidung war doch die Andersartigkeit der sich in den 90er Jahren entwik-

kelnden amerikanischen Psychologie anerkannt. Diese, die funktionelle Psychologie, die von Cattel, Baldwin, Dewey, Angell und anderen vorangetrieben wurde, war durch die Möglichkeiten der Anwendung als Schul-, Erziehungs- und Entwicklungspsychologie einerseits und durch bestimmte Gegenstandsbereiche (die Tierpsychologie) andererseits geprägt. (Boring, 1950, 550–578)

Methodisch verstand sich diese Schule im Gegensatz zur kontinentalen, d. h. im wesentlichen zur Leipziger Schule. Ihr Verhältnis zur Empirie war geprägt durch genau die Prinzipien, die uns bei Baldwin begegneten: Festhalten individueller Unterschiede, Ausschaltung der Introspektion, Datenerhebungen aus großen Samples, ganzen Bevölkerungsteilen, Aufsuchen von Korrelationen, Entwickeln von psychologischen Tests.

Schluß

Unser Beispiel ist im wesentlichen auf die Bedeutung von Experimentalregeln, weniger auf die unterschiedliche Art von Theoriebildung hin analysiert worden. Die Experimentalregeln sind dafür verantwortlich, was in einer Disziplin als wissenschaftliches Datum anerkannt wird und was nicht. Die Daten sind aber die Weise, in der der Gegenstand der Wissenschaft jeweils gegeben ist.

Die wissenschaftlichen Alternativen ergeben sich in diesem Fall aus der alternativen Zugangsart zum Phänomen der Reaktionszeiten. Was diese Reaktionszeiten sind, wie sie sich verhalten und wie groß sie sind, hängt deutlich von dieser Zugangsart ab. Es sind also in diesem Fall nicht einmal nur die formalen Eigenschaften der Daten, wie das für Quantifizierungsverfahren generell der Fall ist, die von der empirischen Zugangsart abhängen, sondern sogar die Daten selbst. Im allgemeinen kann man aber nur sagen, daß durch die Regeln des experimentellen Zugriffs auf den Gegenstand dessen Erscheinungsweise bestimmt wird. Diese Regeln sind verantwortlich

– für die Art der Isolierung des Gegenstandes;
– für die Idealisierung, die das Experiment unterstellt, d. h. für die Trennung von Phänomen und systematischer Störung;
– ferner für die Art, in der dispositionale Eigenschaften manifest werden;

– für die Art, in der Bedingungen operationell nach Ursache und
Wirkung geordnet werden;
– dafür, was im Experiment als einfach und was als zusammengesetzt zu gelten hat;
– und sie bestimmen den Typ der Quantifizierung der Phänomene.[6]

Bestimmen die Experimentalregeln die empirische Konstitution
des wissenschaftlichen Gegenstandes, so sind sie ihrerseits – das
zeigte unser Fall deutlich – abhängig von dem Erkenntnisinteresse, in dem der Gegenstand überhaupt wissenschaftlich thematisiert wird. Dieser Zusammenhang kann nun auch bedeuten, daß
das so produzierte wissenschaftliche Wissen von durchaus verschiedener Verwendbarkeit ist. Da in unserem Fall die Seite von
Titchener, d. h. also die Leipziger Position eine rein innerwissen-
schaftliche Thematisierung des Gegenstandes darstellte und gar
keine externe Verwendbarkeit des Wissens beanspruchte, so ist
diese Seite der alternativen Thematisierung eines Gegenstandes
hier nicht so deutlich. Jedenfalls ist klar, daß die mit den Methoden von Wundt und Titchener gewonnenen Daten *nicht* zu
diagnostischen Zwecken, etwa zur Identifizierung von psychologischen Typen, verwendbar sind. Auf eine solche Verwendbarkeit hin waren aber gerade Baldwins Experimente angelegt
worden.

Anmerkungen

1 Die Hauptstationen der Kontroverse sind durch Baldwin 1895, Titchener 1895, Baldwin 1896, Titchener 1896 bezeichnet. Eine Analyse
der Kontroverse – freilich unter anderen Gesichtspunkten als wir
(Verhältnis von sachlichen und unsachlichen Argumentationen, Sinn
und Unsinn der Schulbildungen) – gibt Krantz 1965. Dort auch
weitere Literatur zu dem Fall.
2 Zu diesem historischen Hintergrund s. Boring 1950, 147 ff.
3 Bericht darüber s. Wundt 1887, II, 265 ff.
4 Zum Verfahren der Bestimmung von Teilakten durch Subtraktion s.
Boring 1950, 148 f. Wie vorsichtig Wundt selbst hier Schlüsse zog,
zeigt Wundt 1887, II, 268: Er rechnet damit, daß nicht nur bestimmte
psychische Teilakte fortfallen, sondern auch die physiologischen Bedingungen verändert sind.

5 S. etwa Titchener 1895, 507 »endowed with the gifts requisit for psychological experimentation«.

6 Die Evidenz für diese Liste ist natürlich nicht allein der Analyse des Falles Titchener/Baldwin zu entnehmen. Vgl. auch den Fall Goethe/ Newton, Teil IV, 1 in diesem Band.

Literaturverzeichnis

Angell, R. J./Moore, A., 1896: Reaction-Time: A Study in Attention and Habit. In: The Psychological Review III, 1896, 245–258.

Baldwin, J. M., 1895: Types of reaction. In: Psychological Review II, 1895, 259–273.

Baldwin, J. M., 1896: The type theory of reactions. In: Mind 5 (ns), 1896, 81–90.

Boring, E. G., 1950: A History of Experimental Psychology, New York Appleton-Century-Crofts, 2. Aufl. 1950.

Krantz. D. L., 1965: The Baldwin/Titchener Controversy. In: D. L. Krantz (ed.), Schools of Psychology, New York: Appleton-Century-Crofts 1965.

Lange, L., 1888: Neue Experimente über den Vorgang der einfachen Reaktion auf Sinnesreize. In: Philosophische Studien 4, 1888, 479–510.

Titchener, E. B., 1895: The type theory of simple reactions. In: Mind 4 (ns), 1895, 506–514.

Titchener, E. B., 1896: The »type theory« of simple reactions. In: Mind 5 (ns), 1896, 236–241.

Titchener, E. B., 1898: The Postulates of a Structural Psychology. In: The Philosophical Review VII, 1898, 449–465.

Wellmer, A., 1971: Erklärung und Kausalität. Zur Kritik des Hempel-Oppenheim-Modells der Erklärung. Frankfurt: Habilitationsschrift, 1971.

Wundt, W., 1887: Grundzüge der physiologischen Psychologie, Bde. I, II. Leipzig: Engelmann, 3. Aufl. 1887.

V. Wissenschaft als Politik

| Freitag | № 14. | den 6. October. |
| Berlin. | | 1848. |

Die medicinische Reform.

Eine Wochenschrift

herausgegeben von

R. Virchow und R. Leubuscher.

Dieses Blatt erscheint jeden Freitag. Post-ämter und Buchhand-lungen nehmen Be-stellungen an.

Preis vierteljährlich 20 Sgr. Einzelne Num-mern 2 Sgr. Inserate die Zeile 2 Sgr.

Die „medicinische Reform" beginnt mit diesem Blatte ihr zweites Quartal. Indem sie ihren bisherigen Abonnenten für ihre Theilnahme dankt, kann sie die Versicherung geben, dass sie auch künftig mit Ent-schiedenheit und Bestimmtheit für die zeitgemässe Reorganisation der öffentlichen Gesundheitspflege wirken wird. Nachdem sie bisher die Principien, aus denen diese Reorganisation hervorgehen muss, scharf zu entwickeln gesucht hat, wird sie jetzt auf die Einzelnheiten mehr und mehr eingehen können. Der wissen-schaftliche Theil wird in demselben Sinne, wie es bis jetzt bei der Cholera geschehen ist, die für die Pathologie und Therapie wichtigen Ereignisse behandeln. So lange und so oft es nothwendig ist, wird, wie in der letzten Zeit, wöchentlich ein ganzer Bogen ausgegeben werden, obwohl der ursprüngliche Plan nur auf einen halben angelegt war. Indem wir so jedem Bedürfniss zu genügen trachten, hoffen wir, dass die Herren Aerzte sowohl durch Mittheilungen an unser Blatt, als auch durch immer weitere Verbreitung desselben die Anstrengungen, welche wir für die gute Sache machen, unterstützen werden.

Schliesslich machen wir wiederholt darauf aufmerksam, dass die Postanstalten Bestellungen ohne Wei-teres annehmen und ausführen. Wir wünschen die Benutzung der Post um so mehr, als es in unserem eigenen Interesse liegt, dass unser Blatt schnell in die Hände der Herren Abonnenten kommt.

Radicalismus und Transaktion.

Als wir vor nunmehr drei Monaten das erste die-ser Blätter in die Welt hinaussendeten, sprachen wir es aus, dass eine radicale Reform in der Medicin nicht mehr aufzuschieben sei. Und hatten wir nicht vollen Grund, auf eine baldige Erfüllung unserer Hoff-nungen zu rechnen? Die deutsche Einheit war in aller Munde und wie es schien, in aller Herzen; die Einleitungen zur Begründung gleichmässiger Institu-tionen durch das ganze Vaterland waren geschehen, und in allen Gauen erhoben auch die Aerzte ihre Stimmen für eine Umgestaltung der öffentlichen Ge-sundheitspflege. Ueberall sprach es sich aus, dass der Geist der neuen Zeit auch hier durchgreifende Veränderungen verlange, dass das Monopol, die Falsch-heit und die Bevormundung auch hier vernichtet, die gesetzlich anerkannten Principien der gleichen Berech-tigung Aller auch hier endlich zur Geltung gebracht werden müssten. Keine Partei wagte es mehr zu läugnen, dass der neue Staat nur durch demokra-tische Einrichtungen gesichert werden könne, und

wir durften es wohl erwarten, dass endlich ein frei-sinniges Ministerium des öffentlichen Un-terrichts und der öffentlichen Gesundheits-pflege es begreifen würde, wie es nie eine andere Aufgabe haben könne, als den grossen Gedanken des Humanismus Gestalt zu geben. Die sociale Frage war der Gegenstand aller Berathungen; niemand schien es vergessen zu wollen, dass die politische Gestal-tung des Staats nur das Aeusserliche, die Form her-vorbringen werde, innerhalb welcher die innere, we-senheitliche Umgestaltung der Gesellschaft in friedli-cher und humaner Weise vor sich gehen könne, gleichsam das offene Gefäss, in welchem der grosse Gährungsprocess der widerstreitenden Bedürfnisse na-turgemäss vor sich gehen und die schädlichen Stoffe, welche mit jeder Gährung neu entstehen, von dem Geistigen abgeschieden werden können. Und welchem Ministerium lag diese Frage näher, als demjenigen, wel-chem die demokratische Organisation des öffentlichen Unterrichts und der öffentlichen Gesundheitspflege an-vertraut war, demjenigen, in welchem gewissermaassen alle die höchsten Fragen der Zeit ihren Vereinigungs-

1. 1848 und die Nicht-Entstehung
der Sozialmedizin

*Über das Scheitern einer wissenschaftlichen Entwicklung
und seine politischen Ursachen*

0. Die These

R. Virchow unternahm im Frühjahr 1848 im Auftrag der preußischen Regierung eine Reise nach Oberschlesien, um die dortige Typhusepidemie zu untersuchen. Er kam mit der Überzeugung zurück, daß die Ursachen nicht einfach in klimatischen Verhältnissen und ›Miasmen‹ zu suchen seien, sondern vielmehr in den Wohn- und Arbeitsverhältnissen der Menschen. Er forderte eine *politische* Medizin, die sich in umfassender Weise um die menschlichen Lebensbedingungen kümmern sollte.

Virchow stand mit dieser Forderung nicht allein. Vielmehr entwickelte sich mit der Revolution 1848 eine Bewegung, die eine Reform des Medizinalwesens anstrebte. Diese Bewegung hatte in der von Virchow und Leubuscher herausgegebenen Wochenschrift ›Die medizinische Reform‹ ihre eigene Zeitung und in der Generalversammlung der Berliner Ärzte ihr politisches Organ. Neben der Neubestimmung der Medizin als sozialer Wissenschaft war die Emanzipation des Medizinalwesens von staatlicher Bevormundung Ziel der Bewegung.

So wie die Ideen der medizinischen Reform in den Zusammenhang des revolutionären Aufbruchs 1848 gehören, so ist auch ihr Scheitern aus dem Scheitern der Revolution zu erklären. Teils auf äußeren Druck, teils aus innerer Resignation zogen sich die Ärzte wieder aus ihrem öffentlichen Engagement zurück. Die Zeitung ging ein, Virchow verließ Berlin. Damit war ein Ansatz zur Entwicklung der Sozialmedizin gescheitert, der erst 100 Jahre später sich durchsetzen sollte.

Der ›Fall Virchow‹ wurde von uns schon einmal aufgenommen im Rahmen des Projektes ›Alternativen in der Wissenschaft‹, insbesondere von W. v. d. Daele. Wir verfolgten ihn nicht weiter, weil er sich dem – zu engen – Konzept von sozialer Selektion wissenschaftstheoretisch definierbarer Alternativen nicht fügte.

I. 1848 – eine bürgerliche Revolution?

Die Liberalen zehren noch heute von 1848 als *ihrer* Revolution: wissenschaftlich gestützt durch die Parolen und die Mehrheiten von damals. Ein Proletariat sagen sie, habe es damals in Deutschland noch gar nicht, fast gar nicht gegeben. ›Selbst wenn eine halbe Million in Preußen und eine knappe viertel Million in Sachsen für die Fabrik in Anspruch genommen werden, und wenn sich daraus für das Gebiet von ganz Deutschland die Zahl von einer Million freier Arbeiter errechnet, so ist damit noch nicht gesagt, daß alle diese Meister und Gesellen, die an die Fabrikbetriebe abgeflossen sind, nun schon Proletarier wären... Die Demokratie ist nicht eine Forderung des Arbeiterstandes gewesen, sondern die soziale Frage war ein Bestandteil der bürgerlichen Demokratie‹ (Stadelmann, 9 f., 21). Sozialisten dagegen halten sich daran, daß es Arbeiter und Bauern waren, die die Revolution ›gemacht‹ haben. Freilich sind sie damals wie heute behindert durch Marx' Strategie: zuerst die bürgerliche, dann die proletarische Revolution, von seiner Forderung damals, die liberale Fraktion zu stützen. Der Armenarzt Dr. Gottschalk, bis zu Marxens Ankunft im Frühjahr 1848 der führende Kopf der Kölner Arbeiterbewegung, wurde von Marx verdrängt, weil er radikaler war, weil er die proletarische Revolution wollte. Der Streit heute ist nur eine Verlängerung des Streites damals: Als die Volksbewaffnung erreicht war, schlossen die Bürger die Proletarier aus, *ihr* Ziel Einheit und Freiheit schien ihnen schließlich besser erreichbar durch eine Zusammenarbeit mit dem Thron, der die Ordnung wieder herstellte und wahrte.

Für Virchow, den Radikalen, den Sozialisten, sah das anders aus: Für ihn war nicht Einheit und Freiheit, sondern ›die soziale Frage... der Gegenstand aller Beratungen‹. (Die medizinische Reform, 6. Oktober 1848.) Er geißelte deshalb die Kompromißbereitschaft der ›wohlmeinenden‹ Liberalen: ›Von dem frischen Radikalismus des revolutionären Volkes sind sie zu den Transaktionen mit der alten Gewalt übergangen... Wenn zehn oder hundert Proletarier im Kampfe für diesen Gedanken der menschlichen Existenz fallen, so schreien sie Zeter über die Wühler, welche sie dazu angetrieben haben. Aber wenn die Proletarier zu Tausenden durch Typhus oder Cholera weggerafft werden, da sehen sie nicht die Wühler, welche im egoistischen Interesse die

Freunde der Ruhe, des Besitzes, der Gesetzlichkeit aufreizen, den alten Zustand zu erhalten, welcher das Proletariat gemacht hat, und an die bestehenden Verhältnisse anzuknüpfen, zu denen ja auch das Proletariat gehört.‹ (ebd.) Für ihn war das Proletariat existent, zwar nicht nur und nicht primär auf den Barrikaden, wo er sie gesehen hatte, sondern in den Spalten der Krankheitsstatistik: ›In Berlin macht die Schwindsucht mehr als den neunten Teil aller Todesfälle und von den an der Schwindsucht Gestorbenen gehören fast 80% der arbeitenden Klasse an.‹

Virchow, R., Radikalismus und Transaktion. In: *Die Medizinische Reform*, 6. Okt. 1848.

Obermann, K., *Deutschland 1815–1849*, Berlin: VEB Dt. Verlag der Wissenschaften, 1961.

Stadelmann, R., *Soziale und politische Geschichte der Revolution von 1848*, München: Bruckmann, 1948.

II. Die Revolution und die Ärzte

Für die Ärzte war die Situation klar. ›Täusche man sich doch darüber nicht: Die Bewegung unserer Tage ist eine rein materielle‹, schreibt Virchow am 6. Oktober 1848 in der medizinischen Reform. Die soziale Frage sei das Problem ihrer Tage, und keine Staatsform sei als gesichert anzusehen, die nicht ›Wohlstand, Bildung und Freiheit für alle!‹ erreicht habe. Ihr eigenes Anliegen, die öffentliche Gesundheitspflege, Durchführung der medizinischen Reform, begriffen sie als Teil der sozialen Frage. ›Die Ärzte sind die natürlichen Anwälte der Armen, und die soziale Frage fällt zu einem erheblichen Teil in ihre Jurisdiktion.‹ (Virchow, in: Die medizinische Reform vom 10. Juli 1848). Sie gerieten damit innerhalb der revolutionären Bewegung in die linke Fraktion, in die Fraktion der Volkspartei, der Arbeiter, denen es wie der Arzt Georg Büchner schon Jahre früher schrieb, ›bei weitem nicht so betrübend (war), daß dieser oder jener Liberale seine Gedanken nicht drucken lassen darf, als daß viele tausend Familien nicht imstande sind, ihre Kartoffeln zu schmälzen.‹

Der Koalition mit dem Proletariat waren sich die Ärzte der medizinischen Reform durchaus bewußt. So schreibt Virchow in seinem Artikel über den Armenarzt (Medizinische Reform vom 3. November 1848): ›Diese Verhältnisse mußten notwendig die

Armen und Ärzte erbittern, beide mußten allmählich mehr und mehr von der Überzeugung durchdrungen werden, daß sie die Opfer falscher gesellschaftlicher Grundsätze waren. Die Gesellschaft schuf sich selbst ihre Feinde. Das Proletariat wurde von Tag zu Tag unruhiger; unklare Gedanken von Menschenwohl und Menschenwürde begannen sich in ihm zu regen und wurden von wühlerischen Elementen zu immer allgemeinerer Agitation benutzt, eine Agitation dergegenüber, wie man sagt, die europäische Zivilisation auf dem Spiele steht. Und wer kann sich darüber wundern, daß die Demokratie und der Sozialismus nirgend mehr Anhänger fand, als unter den Ärzten? Daß überall und auf der äußersten Linken, zum Teil an der Spitze der Bewegung, Ärzte stehen? Die Medizin ist eine soziale Wissenschaft, und die Politik ist nichts weiter als die Medizin im großen.‹

Virchow hat die Kluft zwischen der bürgerlichen und der proletarischen Klasse bereits aufbrechen sehen. Es war die Angst vor den Proletariern, die die bürgerliche Fraktion schon bald zu ›Transaktionen‹ mit den alten Feudalmächten bewog. Die erste gewalttätige Konfrontation zwischen Bürgern und Arbeitern hat Virchow selbst miterlebt und darüber in der medizinischen Reform vom 20. Oktober berichtet. ›Zum erstenmal standen Barrikaden zwischen Bürgerwehr und Arbeitern, und der soziale Charakter unserer Revolution war zum erstenmal seit März wieder entschieden hervorgetreten. Mag der Anfang dieses Kampfes immerhin unbedeutend und frivol, der Kampf selbst sinnlos und zwecklos gewesen sein, jedermann fühlt doch, daß hier eine tiefe Wunde der Gesellschaft aufgerissen ist, gegen welche alle Palliative vergeblich sind. Es ist noch nicht die Bourgeoisie und der Sozialismus, welche gegeneinander unter den Waffen stehen, aber er sind auch nicht der große Hunger und die nackte Armut, welche dem konkreten Besitz gegenübertreten. Als wir heute morgen die neun kräftigen Leichname in dem Leichenhause der Charité hingestreckt sahen, die Gesichter blaß und blutleer, die Wunden klaffend, als wir uns erinnerten, wie wir eine Gruppe dieser Arbeiter nach der anderen auf unseren Seziertischen gesehen hatten, erst die vielen Pneumonien, dann Ruhren, Cholera, und jetzt – der Tod durch Bruderhand, da freilich mußte es uns klar werden, daß unser Volk eine Entwicklungsstufe hinter sich hatte.‹

Für *ihn*, den Arzt, waren die Klassen bereits geschieden, die

Krankheit, die Not schied sie; in dieser Konfrontation von Bürgerwehr und Arbeitern wurde nur manifest, was für ihn die Typhusepidemie in Schlesien schon vorher gezeigt hatte und was die Choleraepidemie in Berlin ihm täglich vor Augen führte. Es gab nicht *ein* Volk, sondern Klassen von unterschiedlich Betroffenen: ›Ist es so unklar, daß unsere Bewegung eine soziale ist und daß man nicht Anleitungen zu schreiben hat, um die Inhaber von Melonen und Lachsen, von Pasteten und Eistorten, kurz von wohlhäbigen Bourgeois zu beruhigen, sondern daß man Anstalten treffen muß, um dem Armen, der kein weiches Brot, kein gutes Fleisch, keine warme Kleidung, kein Bett hat, der bei seiner Arbeit nicht mit Reissuppen und Kamillentee bestehen kann, dem Armen, der am meisten von der Seuche getroffen wird, durch eine Verbesserung seiner Lage vor derselben zu schützen? Mögen die Herren im Winter sich erinnern, wenn sie am geheizten Ofen sitzen und ihren Kleinen Weihnachtsäpfel verteilen, daß die Schiffsknechte, welche die Steinkohlen und die Äpfel hier hergebracht haben an der Cholera gestorben sind! Ach, es ist sehr traurig, daß immer tausend im Elend sterben müssen, damit es einigen Hunderten wohlgeht, und daß diese Hunderte, wenn wieder ein neues Tausend an die Reihe kommt, nur eine Anleitung schreiben.‹ (Virchow, In der medizinischen Reform vom 25. August 1848 gegen eine ›Anleitung‹ der Sanitätspolizei zum Verhalten bei Cholera.)

III. 6 Tage danach

Charité, am 24st. März 1848

Lieber Vater,

Seit meinem letzten Briefe wirst Du gesehen haben, dass die Revolution vollkommen gesiegt hat. Das Königthum hat die Macht u. das Vertrauen gleichzeitig verloren, und die einzige Möglichkeit für dasselbe, noch einen Schein von Glanz zu bewahren, ist in dem kühnen Versuch einer deutschen Hegemonie gegeben. Allerdings ist das ein großer politischer Streich. Aber noch kann Niemand sagen, wie das auslaufen wird. Für den Augenblick haben wir Ruhe, aber die Ruhe eines Vulkans und zwar eines noch nicht ausgebrannten. Vorläufig gibt es keine Macht bei uns: weder die Regierung, noch das Volk, oder wie man für das letztere sagen muss, weder Bürger, noch Arbeiter haben sich bis jetzt der Gewalt bemächtigt. Glücklich für uns, wenn diese Theilung der Gewalt eine bleibende wird. Allein das steht nicht zu erwarten. Schon beginnt unter der Bürgerschaft (Bourgeoisie) die Reaction gegen die Arbeiter (das Volk). Schon spricht man wieder von Pöbel; schon denkt man daran, die politischen Rechte ungleichmässig unter die einzelnen Glieder der Nation zu vertheilen; schon wagt man, die Presse zu terrorisieren, und die Regierung beginnt allmählich wieder einen Ton anzustimmen, der dem Ton vor dem 18ten März sehr nahe verwandt ist. Aber die Volkspartei ist wach, und auch sie ist mächtig. Sie wird dahin sehen, dass man dem Volk, welches sein Blut vergossen hat, nicht dasjenige wieder schmälert, was man ihm heilig versprochen hat, und dass nicht eine Bourgeoisie die Früchte eines Kampfes geniesst, den sie nicht geschlagen hat. Die grosse Frage des Tages, welche in Volksversammlungen, Clubs, Kaffeehäusern etc. agitiert wird, ist die Berufung des Landtages, welche unter allen Verhältnissen hintertrieben werden muss. Was soll das kostbare Puppenspiel, dass man den Landtag zusammenkommen läßt, damit er sich selbst auflöse? Und was soll aus der Ordnung werden, wenn es diesem aus dem 10jährigen Besitz hervorgegangenen Landtage gefallen sollte, die gleiche politische Berechtigung Aller nicht anzuerkennen? Giebt die besitzende Partei nicht nach, so haben wir eine Zeit der Anarchie und Zerrüttung aller Verhältnisse vor uns, die uns die Schrecken der französischen Revolution bringen kann. Die zweite wichtige Frage ist die Wiederherstellung Polen's. Das Gouvernement ist tölpelhaft genug, sich dagegen zu erklären und sich auf die Wiener Verträge zu berufen – Verträge, die in diesem Augenblick niemand mehr anerkennt, als Russland. Trotzdem wird und muss der Aufstand in Polen ausbrechen und diesmal wird Deutschland entschieden auf Polen's Seite sein. Ein Krieg mit Russland wird dann schwer zu umgehen sein. – So verwickelt sind die Verhältnisse, und jeder Tag kann ein Ereignis bringen, welches die Verwicklung steigert.

Der Anblick Berlin's heute, verglichen mit dem vor 14 Tagen, ist wahrhaft traumhaft. Ueberall Leben, überall Waffen, überall freie und öffentliche Rede. Ganz Berlin hängt voll deutscher Fahnen und die Strassen haben dadurch ein ausserordentlich buntes und belebtes Aussehen gewonnen. Von allen Seiten kom-

men die Leute in hellen Haufen angefahren, um den Schauplatz
der Kämpfe zu sehen; ganze Deputationen von Städten und
Corporationen erscheinen, um ihre Freude über so glorreiche
Siege darzubringen. Die Berliner selbst sind natürlich voll Siegesstolz und jeder Strassenjunge thut, als ob er mehrere Soldaten
getroffen hätte. Das ist etwas ganz Neues und fast das Wichtigste
bei der Sache, dass wir jetzt Selbstgefühl, Selbstachtung, Selbstvertrauen gewonnen haben. Diese Eigenschaften sind das erste
Bedürfnis für die Selbstregierung, welche die einzige der Völker
würdige Form des Staates ausmacht. Wünschen wir nun, dass die
Selbstregierung nicht noch einmal durch Waffengewalt erkämpft
werden muß, denn ein zweiter Kampf würde gewiss ungleich
blutiger sein, als der erste. Die Armee würde dabei weniger zu
fürchten sein, als die bewaffnete Bourgeoisie; es würde ein wahrer Bürgerkrieg werden.

Lebe recht wohl, halte Dich gesund.

Dein Rudolf

IV. Der Arzt als Ware

›Der Staat hat . . . den Arzt an den Gewinn, den Kranken an den
Besitz des Geldes gewiesen.‹ Das schreibt Salomon Neumann in
seinem Buch über die ›Öffentliche Gesundheitspflege und das
Eigentum‹ (25). Schon vorher hatte Neumann medizinstatistische
Untersuchungen veröffentlicht, 1848 legte er der Generalversammlung der Berliner Ärzte einen ausgearbeiteten Gesetzesentwurf über eine neue Medizinalverfassung vor, die These von der
Medizin als sozialer Wissenschaft stammt von ihm. In seinem
Buch analysiert er die Stellung des Arztes innerhalb der polizeistaatlich garantierten bürgerlichen Gesellschaft. Das Prinzip dieser Gesellschaft ist der Egoismus, der Erwerbstrieb, das oberste
Recht, das der Staat garantiert, das Recht auf Eigentum (68). Wer
nichts besitzt, fällt aus dieser Gesellschaft heraus: ›Diese Rechtslosigkeit der Besitzlosen im Staate des Eigentumsrechts ist der
Inhalt der furchtbaren Frage, welche unsere Welt bewegt; Armenwesen, Pauperismus, Proletariat sind Ausdrucksweisen dieser inhaltsschweren Frage, deren Beantwortung über die soziale
Zukunft der Welt entscheidet.‹ Vergeblich fragt Neumann, ob es
eines neuen Prinzips für die gesellschaftliche Verbindung der

Menschen bedarf (68). In Ermangelung eines solchen Prinzips muß es als wichtigste Aufgabe des Staates angesehen werden, die Gesundheit des Einzelnen zu erhalten. Denn ›der gewöhnliche Tagarbeiter besitzt in der physischen Kraft seines Körpers sein ganzes und einziges Eigentum‹ (70/71). Neumann fordert deshalb eine gesetzliche Verankerung eines Rechts auf Gesundheit. Das zu garantieren, verlangte aber die Stellung des Arztes in der Gesellschaft verändern. Das Gesetz von 1825 hatte die ärztliche Tätigkeit zum freien Gewerbe gemacht. Der Staat hatte übernommen, dieses Gewerbe durch Prüfungen und durch Verfolgung von Scharlatanerie zu schützen. Damit ist ›Geld vom Staat zur Triebfeder der ärztlichen Tätigkeit gestempelt worden‹. Der Arzt erscheint selbst als Ware (21), eine Ware, die sich gerade diejenigen nicht beschaffen können, die sie am nötigsten brauchen.

Für die Armen bleiben die Brosamen vom Tische des Herren, d. h. Sanitätspolizei und Armenärzte. Wer ist arm 1848? Neumann nimmt den Teil der Berliner Bevölkerung, von dem keine Miete erhoben werden kann – Obdachlose nach heutigen Begriffen. Nach Neumann war es ein Sechstel der Berliner Haushalte, ca. 180 000 Menschen. Zu ihrer Betreuung gab es 30 Armenärzte, selbst so arm, daß sie – wegen Nebenverdiensten – nur ein Fünftel ihrer Tätigkeit den Armen widmeten. Der Staat als Garant des Eigentums und der Arzt als Ware – da mochte Salomon Neumann die Zukunft der öffentlichen Gesundheitsfürsorge nicht dem Staat allein anvertrauen. Er setzte auf die freie Assoziation der Ärzte, die bei Erhaltung der freien gewerblichen Tätigkeit doch gemeinsam die Armenkrankenpflege tragen sollten.

Neumann, S., *Die öffentliche Gesundheitspflege und das Eigentum. Kritisches und Positives mit Bezug auf die Preußische Medizinalverfassungsfrage*, Berlin, 1847.

V. Typhus und Demokratie

Vom 20. Februar bis zum 10. März bereiste Virchow Oberschlesien in staatlichem Auftrag, um die dort herrschenden Typhusepidemien zu untersuchen. Der Auftrag: ›Es sei für den dem Kultusminister anvertrauten Teil der Medizinalverwaltung wichtig, daß die Natur der mit so großer Gewalt auftretenden Epidemie auch in wissenschaftlicher Beziehung in einer möglichst gründlichen und erfolgversprechenden Weise untersucht werde‹. (58) Virchows Resultat, könnte man meinen, hat wenig mit Medizin und wenig mit Wissenschaft zu tun: ›Ich selbst war mit meinen Konsequenzen fertig, als ich von Oberschlesien nach Hause zurückeilte, um angesichts der neuen französischen Republik bei dem Sturz unseres alten Staatsgebäudes zu helfen, und ich habe später kein Bedenken getragen, jene Konsequenzen in der Versammlung der Wahlmänner des 6. Berliner Wahlbezirks für die deutsche Nationalversammlung darzulegen. Dieselben fassen sich in drei Worten zusammen: volle und unumschränkte Demokratie‹.

Was hat Typhus mit Demokratie zu tun?

Virchows Bericht ›Mitteilung über die in Oberschlesien herrschende Typhusepidemie‹ läßt nicht aus, was man im Sinne ›positiver‹ Wissenschaft erwarten könnte: Die Statistik, die Beschreibung des Krankenverlaufs, Untersuchungen über die Ätiologie, einzelne Krankengeschichten, Sektionsbefunde, angewandte Mittel und ihre Resultate, Seuchenbekämpfungsmaßnahmen. Darüber hinaus aber beschreibt er die geographische und politische Lage des Landes, die Lebensweise des Volkes, ihre Ernährung, ihre Arbeitsmöglichkeiten, ihre Wohnungen, er untersucht, was von staatlicher und privater Seite an Hilfeleistungen versucht worden ist und mit welchem Erfolg. Virchows Standpunkt bleibt naturwissenschaftlich, vielmehr ist er in der damals noch neuen und nötigen Wendung gegen deutsche Naturphilosophie sogar forciert naturwissenschaftlich, er sucht nach einer stofflichen Verursachung (einem Miasma), das eine Vergiftung des Blutes erzeugt, er versucht die Bildung eines solchen Miasmas aus bestimmten Witterungsverhältnissen zu erklären. Aber schon hier setzt die soziale, die politische Kritik an. Es sind eben nicht bloß die Witterungsverhältnisse, sondern auch die Lebensweise der Bewohner und ihre Wohnungen, die für die Bildung des Miasmas verantwortlich sind (203). Virchow beschreibt die engen, überfüllten und überheizten Wohnungen, die Einseitigkeit der Ernährungsweise der Bevölkerung und ihre Unfähigkeit, ihre Ernährungsweise zu ändern. Und dann: Typhus ist endemisch in Oberschlesien, d. h. ist dort einsässig, kommt immer wieder vor. Warum aber hat er sich zu einer so furchtbaren Epidemie entwickelt? ›In einem Jahr starben im Kreise Pless 10% der Bevölkerung, 6,48% davon an Hunger und Seuchen, 1,3% nach amtli-

179

chen Listen geradezu vor Hunger. In acht Monaten erkrankten im Kreise Rybnick 14,3% der Einwohner an Typhus, von denen 20,46% starben, und es wurde amtlich festgestellt, daß der dritte Teil der Bevölkerung sechs Monate lang ernährt werden müsse. Beide Kreise zählen schon im Anfang dieses Jahres gegen 3% der Bevölkerung an Waisen‹.

Virchow gibt zu, die Witterung war ungünstig, Ernten waren ausgefallen. Deshalb braucht aber ›in einem Staate, der so großes Gewicht auf die Vortrefflichkeit seiner Einrichtungen legte, wie Preußen‹, nicht 10% der Bevölkerung elend zugrunde zu gehen. Aber diese Bevölkerung muß er als arm, unwissend und stumpf-sinnig bezeichnen (216), eine Bevölkerung, die durch dreifache Fremdherrschaft an jeder eigenen Regung und Entwicklungs-möglichkeit gehindert wird: Als polnischsprechender Bevölke-rungsteil war sie von der kulturellen und politischen Entwicklung des preußischen Staates ausgeschlossen, als ›Hände‹ und Roboten den Grundherrn unterworfen, und schließlich moralisch und religiös der katholischen Kirche hörig. Virchow berichtet, daß die Kirche es fertig gebracht hat, diesem elenden Volke auch noch sein einziges Mittel zur Lust, den Alkohol, zu nehmen, worauf die Bevölkerung noch weiter in Stumpfsinn und Indolenz ver-sank. Die Abschaffung der Leibeigenschaft, d. h. die Freilassung der Bevölkerung in freie Lohnarbeit, hat ihr Elend nur noch vergrößert, weil die Fürsorge des Grundherrn für seine ›Hände‹ damit entfiel. Die von außen kommenden Hilfsmaßnahmen der staatlichen Bürokratie kamen zu spät und erreichten das Volk nicht. Viel erfolgreicher war noch die Tätigkeit eines privaten Hilfskomitees aus Breslau. Und im übrigen: Typhus und Hunger überall, doch die Häuser der wohlsituierten Bürger blieben ver-schont, die Bäcker hatten genügend Brot zu verkaufen, in den Gasthäusern speiste man vorzüglich, die Diners in den Herren-häusern nahmen ungestört ihren Gang. (Briefe v. 24. und 29. 2. 48)

Neben ›dem Zustand der Wohnungen und der Nahrung als Ursachen der Typhen‹ (89) stellt Virchow also eine totale Passivi-tät und Widerstandslosigkeit der Bevölkerung gegenüber ihren ›Geschicken‹ fest und ein totales Versagen der Administration. Sind es die Lebensverhältnisse, Armut und Mangel an Kultur (221), die die Bedingungen für epidemische Verbreitung von Typhus gesetzt haben, so müssen auch eben diese Bedingungen bekämpft werden, wenn zukünftige Epidemien verhindert werden sollen.

Virchows therapeutischer Vorschlag heißt deshalb Bildung, Freiheit und Wohlstand, und in diesem Fall, im Fall der polnischen Bevölkerung Oberschlesiens, ›nationale Reorganisation‹ (224): ›Man muß anfangen, dieses ganze Volk zur Erhebung, zur gemeinschaftlichen Anstrengung aufzustochern. Bildung, Freiheit und Wohlstand wird ein Volk nie von außen her, gewissermaßen geschenkweise im vollen Maße erlangen; selbst muß es erarbeiten, was ihnen Not tut‹. (224) Medizin wird damit politisch, Medizin wird revolutionär. Virchow schreibt (223): ›Die Medizin hat uns unmerklich in das soziale Gebiet geführt und uns in die Lage gebracht, jetzt selbst an die großen Fragen unserer Zeit zu stoßen‹.

Virchows Mitteilung war selbst ein revolutionärer Akt: Ein wissenschaftliches Gutachten, das sich gegen den Auftraggeber richtet, scheint paradox. Zwischen der Reise und der Ausarbeitung des Textes liegt der 18. März. Man könnte glauben, Virchow habe durch seinen Text einer schon gestürzten Administration noch den Schuldspruch nachgeworfen. Doch das trifft nicht zu: Für Virchow ging die Revolution weiter. Für ihn war der 18. März nur ein Anfang: Man hatte Zugeständnisse erreicht, ein Prinz verließ das Land, Minister wurden ausgewechselt. Aber der König blieb, die Bürokratie blieb, die Polizei blieb und die Preußische Medizinalordnung blieb: Für Virchow blieb fast alles noch zu tun.

Virchow, R., *Mitteilungen über die in Oberschlesien herrschende Typhusepidemie* (1849), Darmstadt: Wissenschaftliche Buchgesellschaft 1968.

VI. Die Medizinalreform

Das Bedürfnis nach einer Reorganisation des Gesundheitswesens und nach einer Neufassung der Medizinalgesetzgebung war schon lange vor der Revolution spürbar geworden. Die Medizinalreform hatte hauptsächlich zwei Themengruppen, nämlich die standespolitische einerseits, die Frage der öffentlichen Gesundheitspflege andererseits. Für die revolutionären Ärzte wurde der zweite Gesichtspunkt mit Vehemenz zum zentralen gemacht.

Die standespolitischen Gesichtspunkte betrafen hauptsächlich die unterschiedlichen ›Ränge‹ der Ärzte und die unterschiedliche Ausbildung. Es gab promovierte und nichtpromovierte Ärzte, Ärzte und Wundärzte und von jeder Gattung noch verschiedene Klassen verschiedener Berechtigung. Ferner gab es eine spezielle Ausbildung der Militärärzte, spezielle militärärztliche Kliniken (beispielsweise die Charité), so daß hier eine weitere Zerspaltung des Ärztewesens entstand. Auf der anderen Seite hatten wiederum die Militärärzte in der Militärhierarchie um ihr Ansehen zu kämpfen.

Das öffentliche Gesundheitswesen in Preußen war durch eine Ressorttrennung quasi handlungsunfähig gemacht: Die Sanitätspolizei, die also über gesundheitsgemäße Verhältnisse zu wachen hatte, unterstand dem Innenminister, das Ärztewesen jedoch war dem Medizinaldepartment des Kultusministers unterstellt. Ferner war die Funktion des Staates im Gesundheitswesen bloß eine ›polizeiliche‹, d. h. negative. ›Die Polizei ist der Geist, der stets verneint‹, schreibt S. Neumann. Eine positive Gesundheitsfürsorge des Staates, ein Recht auf Gesundheit war gesetzlich nicht verankert. Der Staat konnte einschreiten bei gesundheitswidrigen Einrichtungen (Sanitätspolizei) und bei unberechtigter Ausübung des Heilberufs (Gewerbepolizei). Den Staat auf die Fürsorge für die Gesundheit seiner Bürger zu verpflichten, war eines der Hauptanliegen der medizinischen Reform. Deshalb war die Stellung und Funktion des Armenarztes ein zentrales Thema ihrer Diskussion.

Daneben gab es eine Reihe von Themen, die die Universität und den medizinischen Unterricht betrafen. So ging es um die Abschaffung des Doktorgrades und um den ›Konkurs‹, d. h. um die Besetzung von Stellen nach freier Konkurrenz der Bewerber.

Die Bestrebungen zur Reform des Medizinalwesens nahmen mit dem Erfolg der Revolution im März 1848 einen bedeutenden Aufschwung. Die Ärzte hofften, daß mit der Neugestaltung der gesellschaftlichen Verhältnisse auch ihre Verhältnisse endlich reformiert werden würden. Die Begeisterung für ›Selbstregierung‹, ›Assoziation‹, das neugewonnene Selbstbewußtsein des Bürgers veranlaßten sie nun, ihre Verhältnisse selbst in die Hand zu nehmen. Überall bildeten sich Vereine und Ärzteversammlungen, nicht nur in Berlin, sondern in allen Provinzen und auch in anderen deutschen Staaten. Zeitungen zur medizinischen Reform wurden gegründet, die Berliner, hrsg. von Virchow und Leubuscher ist nur eine unter vielen. Die Berliner Ärzte traten zur Generalversammlung der Berliner Ärzte und Wundärzte zusammen. Daneben gab es noch den Verein zur Beförderung der Gesamtinteressen des ärztlichen Personals. Diese Versammlungen tagten wöchentlich, bildeten Kommissionen, arbeiteten Reformvorschläge, Gesetzesvorschläge aus und entwickelten Modelle der Armenkrankenpflege. All diese Initiativen führten aber dennoch nicht dazu, daß sie ihre Angelegenheiten selbst in die Hand nahmen, sie wurden als Eingabe an das Kultusministerium formuliert und blieben damit wirkungslos.

VII. Sozialmedizin heute

Heute ›gibt‹ es Sozialmedizin, man kann Bücher dieses Titels kaufen, man kann in Lexika unter diesem Schlagwort nachschauen, es gibt Lehrstühle und Institute, die diesem Fach gewidmet sind. Aber ihr Stand ist noch nicht fest, ihre Existenz noch immer nicht selbstverständlich, da geht es um Legitimation und Abgrenzung. Eine Genealogie des Faches wird konstruiert (George Rosen 1947), Virchow gilt als Ahnherr, Alfred Grotjahn, der erste Professor für Sozialhygiene in Berlin (1920) als theoretischer Begründer. Sozialmedizin soll nicht zu weit sein und nicht zu eng und besonders nicht politisch bedenklich: ›Eines ist Sozialmedizin gewißlich *nicht*: sie ist keinesfalls ein politisches Programm zur Änderung etwa der Struktur der ärztlichen Versorgung, der ärztlichen Praxis oder gar der Gesellschaft, wenngleich ihre Ergebnisse dem Politiker nicht selten helfen können, die Möglichkeiten und Tragfähigkeiten seiner politischen und standespolitischen Konzepte abzuschätzen‹. (Schäfer, Blohmke, 97). So definiert sie sich als theoretisches Fach, das zwar anwendbar ist, aber die Anwendung anderen überläßt – wohl den Politikern –, eine Medizin mit Gegenstand und Methode aber ohne Therapie.

Arbeitsgebiete der Medizin (nach Schäfer und Blohmke 1972, 105): 1) Kurative (klinische orientierte) Individualmedizin. 2) Hygiene (als Lehre vom Schutz der Gesundheit). 3) Präventivmedizin (als Lehre von der Verhütung der Krankheit). 4) Rehabilitationsmedizin (als Lehre von der Eingliederung in das Sozialleben nach klinischer Heilung). 5) Sozialmedizin (als Lehre des Zusammenhangs von Medizin und Gesellschaft).

Die Sozialmedizin hat sich damit von der Hygiene, der Lehre von der Gesundheit, getrennt und damit auf den normativen Aspekt verzichtet, den ihr Rosen 1947 (351/52) noch bescheinigte: ›Als deskriptive Wissenschaft erforscht sie die sozialen und medizinischen Verhältnisse besonderer Gruppen und stellt solche Kausalbeziehung her, wie sie zwischen diesen Verhältnissen bestehen: als eine normative Wissenschaft stellt sie Maßstäbe für die verschiedenen Gruppen auf, die studiert werden, und führt Maßnahmen auf, die ergriffen werden könnten, um die Verhältnisse zu erleichtern und die aufgeführten Maßnahmen zu realisieren‹.

Sozialmedizin heute beschäftigt sich mit der Wechselwirkung zwischen Krankheit und Gesellschaft, sie erforscht Krankheitsursachen, die mit individualmedizinischen Methoden nicht faßbar sind; sie bestimmt die gesellschaftlichen Rückwirkungen des Phänomens Krankheit, insbesondere in ökonomischer Hinsicht. Dazu gehört auch das System der sozialen Sicherung, des Versicherungswesens und der medizinischen Institutionen.

Rosen, G., Was ist Sozialmedizin? Analyse der Entstehung einer Idee (1947). In: E. Lesky (Hrsg.), *Sozialmedizin. Entwicklung und Selbstverständnis*, Darmstadt: Wissenschaftliche Buchgesellschaft 1977, 283–354.

Schäfer, H., M. Blohmke, *Sozialmedizin. Eine Einführung in die Ergebnisse und Probleme der Medizinsoziologie und Sozialmedizin*, Stuttgart: Georg Thieme 1972.

VIII. Was ist Sozialmedizin 1848?

›Die Medizin ist eine soziale Wissenschaft, und die Politik ist nichts weiter als die Medizin im großen‹. (Virchow, Die medizinische Reform 3. Nov. 1848). Ist das die Ankündigung einer neuen Disziplin ›Sozialmedizin‹? Tritt mit diesen Worten ein neuer Typ von Medizin, ein neues Paradigma für die Medizin in die Geschichte? Parole ist fast alles, was 1848 geschrieben wird, und viel ist es geblieben. Leubuscher schreibt in der medizinischen Reform vom 21. Juli 1848: ›Die Medizin ist eine soziale Wissenschaft; in diesem Augenblick fehlt diesem Worte jedoch noch der praktische Inhalt‹.

Was heißt überhaupt ›sozial‹ 1848? Für die Ärzte, die die These von der Medizin als sozialer Wissenschaft vertraten, verwies ›sozial‹ auf die soziale Frage, auf die Arbeiterfrage. So antwortet sich Leubuscher an der genannten Stelle selbst: ›Der nächste Weg, auf dem dieser Anspruch zur Wahrheit werden kann, ist eine lebendigere Teilnahme der Medizinalverwaltung an der Arbeiterfrage, deren Lösung alle Kreise der Gesellschaft beschäftigt‹. Die Aufgaben, die Leubuscher demgemäß bezeichnet, sind eine Diätetik der Gewerke, Bestimmung gesundheitsgemäßer Arbeitszeit, Gewerksärzte – und dann tritt immer wieder das Problem des Armenarztes auf.

Sozialmedizin, die Medizin der Armen, die Medizin der Arbeiterklasse? Definiert sich von der Gruppe der Klienten, der Betroffenen ein spezifischer Typ von Medizin? Die Arbeiterklasse, die Proletarier, das sind tendenziell und quantitativ alle Menschen, die Emanzipation der Proletarier fällt mit der Menschheit zusammen, sagt Marx. Entsprechend war für die Sozialmediziner von 1848 Medizin für alle, Gesundheit für alle eine Forderung; Medizin eine öffentliche Aufgabe, Gesundheit ein Grundrecht (siehe Entwurf der Generalversammlung Berliner Ärzte und Wundärzte zur neuen Medizinalverfassung, Medizinische Reformen, 6. April 1849).

Ist damit eine Spezialdisziplin, ein besonderer Typ von Medizin festgelegt? Dergleichen ließe sich definieren durch den besonderen Gegenstand, die Methode, die Ätiologie, die Therapie.

Der Gegenstand: Er war ein besonderer. Nicht mehr dem einzelnen kranken Individuum galt das primäre Interesse, sondern dem Volk, der Klasse der Armen und Arbeiter, der Bevölkerung bestimmter Regionen, beispielsweise Oberschlesiens. Epedemien und Volkskrankheiten, der Typhus, die Cholera, die Tuberkulose sind die große Herausforderung.

Diese Volkskrankheiten werden auch nicht nur als die Krankheiten von vielen, sondern als Erkrankung des Volkskörpers gesehen: ›Wie die Individuen ihre psychischen und somatischen Krankheiten haben . . ., so sehen wir auch psychische und somatische Volkskrankheiten in großer Ausdehnung‹. (Virchow, Die medizinische Reform, 22. Juni 1849). ›Epidemien gleichen großen Warnungstafeln, an denen der Staatsmann von großem Stil lesen kann, daß in dem Entwicklungsgang seines Volkes eine Störung eingetreten ist, welche selbst eine sorglose Politik nicht länger übersehen darf‹. (Virchow, Die medizinische Reform, 25. August 1848) – Der Gegenstand war ein besonderer, die Krankheiten des Volkes, die Epidemien – er wurde von der Epidemologie aufgenommen.

Die Methode: Sie war eine besondere, die medizinische Statistik, ohnehin noch schlecht entwickelt, wurde von den Sozialmedizinern um 1848 ständig betrieben. Die medizinische Reform bringt von Woche zu Woche den statistischen Stand der Choleraepidemie in Berlin. Statistik ist für die Sozialmediziner nicht nur Untersuchungsmethode, sondern Hauptargument, Kampfmittel. ›Die medizinische Statistik wird unser Richtscheid sein. Leben um Leben wollen wir abwägen und zusehen, wo die Leichen dichter liegen, bei den Arbeitern oder den Privilegierten‹. (Virchow, Die medizinische Reform, 19. Januar 1849) – Die Statistik, sicherlich eine besondere Methode, sie wurde als solche entwickelt, fand ihren Ort im System des Staates wie der Wissenschaft.

Die Ätiologie: Sie war sicherlich eine besondere – ein Ansatz unter anderen damals, in einer Zeit, in der noch für keine einzige Krankheit die Ursachenfrage wirklich geklärt war. Humoraler und solidarer Standpunkt, flüssige oder feste Krankheitserreger, Kontagion oder vielleicht Schmarotzer – nichts war geklärt. Im Rahmen dieses Spektrums nahm Virchow mit der Behauptung der Lebens- und Arbeitsgewohnheiten der Menschen als Krankheitsbedingungen eine besondere Position ein. Aber was mehr ist, er gab dieser wiederum eine theoretische Begründung. Er bekämpfte die damalige Trennung von Gesundheit und Krankheit, von Physiologie und Pathologie. Krankheit ist nicht ein Wesen für sich, sondern Leben unter besonderen Bedingungen: ›Diese Gesetze (d. h. die Gesetze des Lebens) bestehen, solange als die Lebensbewegung andauert; sie bestehen in derselben Weise im gesunden wie im kranken Körper; der ganze Unterschied liegt darin, daß ihre Manifestation verschieden ist. Dasselbe Naturgesetz manifestiert sich verschieden, je nach den *Bedingungen*, unter denen es zur Äußerung kommt. Der Unterschied des gesunden von dem kranken Körper kann also nur in der Differenz der Bedingungen begründet sein, unter denen die Lebensgesetze zur Erscheinung gelangen, . . .‹ (Die Einheitsbestrebungen in der wissenschaftlichen Medizin, 32) Nach diesem Konzept von Krankheit konnten also neben geographische und klimatische als Lebensbedingungen die sozialen und die politischen treten. Ja, die Frage nach den Bedingungen, unter denen die Lebensgesetze sich manifestieren, ließ in gewisser Weise die Frage nach Wirkfaktoren, nach Giften, Keimen und dergleichen zurücktreten.

Die Ätiologie war eine besondere, vor allem in der Verschiebung des Blicks von den Ursachen zu den Bedingungen. Als solche sollte sie historisch zunächst unterliegen, wurde kaum fortgeführt, weil wenig später die Bakteriologie als die erste beweisbare Verursachungslehre sich darstellte.

Die Therapie: Sie war eine besondere, so besonders, daß man sie heute kaum noch als medizinische identifiziert. War die Ätiologie der Krankheiten ganzer Bevölkerungsgruppen in sozialen und politischen Verhältnissen zu sehen, so mußte die Therapie selbst politisch sein. Schreibt Virchow in den Oberschlesischen Mitteilungen am Anfang noch zögernd, die Medizin habe als soziale Wissenschaft dem Staatsmann Aufgaben zu stellen, die dieser als ›praktischer Anthropolog‹ lösen werde, so sieht er am Ende ganz deutlich, daß er als Arzt wird politisch handeln müssen: ›Die Medizin hat uns unmerklich in das soziale Gebiet geführt und uns in die Lage gebracht, jetzt selbst an die großen Fragen unserer Zeit zu stoßen‹. (Mitteilungen, 223) Unmißverständlich heißt es dann in der medizinischen Reform vom 25. 8. 48: Die Medizin ›ist nicht mehr eine unpolitische Wissenschaft, die Staatsmänner bedürfen des Beistandes einsichtsvoller Ärzte‹. Die Sozialmediziner von 1848 verstanden ihre Tätigkeit für die Reform des Medizinalwesens als eine solche politische Tätigkeit, durch die sie an der politischen Therapie der Gesellschaft mitwirkten. Nicht Standesfragen, sondern die Volksgesundheit war für sie das zentrale Thema. Dieser Standpunkt weitete sich immer mehr aus bis zu der Position, daß Politik nichts anderes sei als Medizin im Großen. Für Virchow war die Reaktion seit der zweiten Jahreshälfte 1848 schließlich nichts weiter als eine der großen Epidemien dieser Zeit neben Typhus und Cholera: ›Wir begnügen uns hiermit, darauf aufmerksam zu machen, wie dasjenige, was bei dem einzelnen Individuum als Unfähigkeit des konsequenten Denkens, als Autoritätsglauben, kurz als Hemmung der Gehirntätigkeit erscheint, selbst als psychische Epidemie in großer Ausdehnung auftritt‹. (Die Epidemien von 1848, 118) – Die Therapie – sie war Politik, sie machte die Medizin zur politischen Wissenschaft. Virchow konnte das fortsetzen als Abgeordneter später, so wie andere auch, insofern er Arzt und Politiker in Personalunion war. Medizin als politische Wissenschaft aber gab es nicht fürderhin, gibt es auch heute noch nicht.

Sozialmedizin 1848, nach Gegenstand, Methode, Ätiologie und Therapie hätte sie eine medizinische Spezialität werden können. Aber war sie das, war sie als solche konzipiert? Die Sozialmediziner von 1848 redeten nicht von Sozialmedizin, sondern vertraten die These, ›Medizin ist eine soziale Wissenschaft‹, die *ganze* Medizin. Deshalb war, was sie faktisch betrieben, die Institutionalisierung durch Vereinsgründung und Zeitschrift nicht als die Institutionalisierung einer medizinischen Disziplin gemeint.

Sie meinten die ganze Medizin, und soweit sie als Medizin neu und anders sein sollte, sich von einem anderen medizinischen Paradigma absetzte, so war es die *naturwissenschaftliche* Medizin, die sie verlangten. Für Virchow war der naturwissenschaftliche Standpunkt, die Medizin als soziale Wissenschaft und der Kampf für Demokratie eins. Am 1. Mai 1848 schreibt er an seinen Vater, sein medizinisches Glaubensbekenntnis gehe in seinem politischen und sozialen auf, und: ›Als Naturforscher kann ich nur Republikaner sein, denn die Verwirklichung der Forderungen, welche die Naturgesetze bedingen, welche aus der Natur des Menschen hervorgehen, ist nur in der republikanischen Staatsform wirklich ausführbar‹. Auf der anderen Seite meint er, daß die politische Bewegung, in der er sich befand, erst mit der Durchsetzung der Naturgesetze in der Politik ihr Ende finden könne. In der medizinischen Reform vom 4. August 1848 schreibt er: ›Ihre endliche Ruhe wird sie aber erst dann finden, wenn wir auf dem kosmopolitischen Standpunkt, dem der humanen, naturwissenschaftlichen Politik, dem der Anthropologie oder der Physiologie (im weitesten Sinne) angelangt sein werden‹.

Was ist Sozialmedizin 1848? Medizin als soziale Wissenschaft, und das heißt als politische Wissenschaft, Politik als Medizin, Medizin als Naturwissenschaft, naturwissenschaftliche Politik, Physiologie im weitesten Sinne.

Virchow, R., Leubuscher, R., *Die medizinische Reform. Eine Wochenschrift*, Erschienen 10. Juli 1848 bis 29. Juli 1849, Nachdruck Hildesheim, Georg Olms 1975.

Virchow, R., Die Epidemien von 1848 (1849). In: R. Virchow, *Gesammelte Abhandlungen aus dem Gebiete der öffentlichen Medizin und der Seuchenlehre*, Berlin: August Hirschwald, 1879, 117–123.

Virchow, R., Die Einheitsbestrebungen in der wissenschaftlichen Medizin (1849), in: R. Virchow, *Gesammelte Abhandlungen zur wissenschaftlichen Medizin*, Frankfurt: Meidinger & Sohn 1856, 1–56.

IX. Über Urgeschichte

War Christus ein Christ? War Marx ein Marxist? Hat Virchow die Sozialmedizin begründet? Ein Ereignis ist, was daraus wird, und war doch nicht, was daraus geworden ist. So geschieht es immer wieder, daß als die wahren Christen sich fühlen, die sich vom Christentum abwenden, daß mit Marx gegen den Marxismus zu Felde gezogen wird.

Es gibt die medizinische Statistik, es gibt die Sozialhygiene, es gibt die Epidemologie, es gibt die Medizinsoziologie, und es gibt sogar die Sozialmedizin als Wissenschaft von der Wechselwirkung von Krankheit und Gesellschaft. Das alles entstand, fängt irgendwo an, hat irgendwie auch seinen Ursprung 1848. Doch ist die Medizin eine soziale Wissenschaft geworden? Zwanglos wird heute von Medizinhistorikern Virchow als der Vater der Sozialmedizin in Anspruch genommen. Doch wurden seine Ideen realisiert? Definiert sich Medizin sozial, von den Betroffenen her? Ist Medizin eine politische Wissenschaft geworden?

X. Über negative Ereignisse

Die Sozialmedizin entstand 1848 nicht, sie wurde politisch verhindert. Das impliziert: sie hätte entstehen können.

Das große ›hätte‹, ist das ein Thema der Wissenschaft? Das negative Ereignis als Tatsache? Wenn man darauf verzichtete, gäbe es die Geschichtswissenschaft nicht. 1848: Ein einziges großes Nichtereignis. Die verschütteten Hoffnungen, das gekränkte Selbstbewußtsein, der getäuschte Glaube – eine Wunde in der deutschen Geschichte bis heute. Noch die Nazis reklamierten, sie zu schließen, und nach dem Kriege setzte man erneut bei 1848 an.

Man kann die Geschichte auch anders lesen. Jeder Schritt ein Erfolg, was sich durchsetzt, ist richtig – gerade die ›positiven‹

unter den Historikern, die Wissenschaftsgeschichtler, neigen zu
dieser Auffassung. Sie schreiben die Geschichte der Disziplin als
Siegesgeschichte. Kein Wunder, denn die Rationalität in der
Wissenschaft definiert sich von heute, d. h. von hinten, die Geschichte ist die Überwindung von Mythos und Unvernunft, ein
einziger Siegeszug. Nichtentstehung der Sozialmedizin im
19. Jahrhundert? Aber geh', was vernünftig daran war, setzte sich
durch.

Nichtereignisse sind die Würze der Geschichte, wie des Lebens.
Ohne sie bliebe der bloße Verlauf. Doch wie zeigen, was nicht
geschah? Daß Handlungsverläufe abbrachen, Wege endeten, läßt
sich zeigen. Der Einmarsch von Wrangels Soldaten am 10. November 1848 setzte vielem ein Ende. Doch wohin wäre der Weg
gegangen? In eine bürgerliche, in eine sozialistische Gesellschaft?
Die medizinische Reform, wozu hätte sie geführt? Zu einer neuen
Disziplin, zu einem Gesetz, zu einem neuen Typ von Arzt? Die
Linien, aus dem was abbrach, konvergieren nicht, was nicht
geschah, bleibt unbestimmt.

Nichtereignisse leben von der Phantasie, die das Sein offenhält,
bevor es sich im Faktum verschließt. Verum et factum convertun-
tur? Als Maxime ist Vicos Satz gerade für die Geschichtswissenschaft unbrauchbar. Die Wahrheit der Geschichte wird nur der
Phantasie zugänglich, die die Fakten aufschmilzt.

XI. Virchow 1848/49

1848

Die medicinische Reform. Eine Wochenschrift. Jahrg. 1848. Juli-December.
(No. 1-26) Herausg. v. *R. Virchow* und *R. Leubuscher*. Jahrg. 1849.
Januar-Juli. (No. 27-52.) Herausg. v. *R. Virchow*.
Mittheilungen über die in Oberschlesien herrschende Typhus-Epidemie.
Berlin.
Diagnostischer Werth der pathologisch-anatomischen Zeichen der Chole-
ra. Med. Reform. I. 18.
Besprechung über die Cholera. Verhandlungen der Ges. f. wissensch.
Med. in Berlin, 14. August. (s. die Verhandlungen dieser Gesellschaft in
der Deutschen Klinik 1848 ff.)
Der puerperale Zustand. Das Weib und die Zelle. Verhandlungen d. Ges.
f. Geburtsh. i. Berlin. Bd. III. (s. a. Ges. Abhandl. z. wissenschaftl. Med.
S. 735.)

Das Medicinal-Ministerium. Med. Reform No. 3 und 4.

Die Epidemie im Jahre 1848 (betr. Cholera). Med. Reform Nr. 5, 10, 12, 13, 15, 18, 19, 20, 21, 22.

Kritik einer populären Schrift von Dr. C. Müller. (Cholera betr.) Med. Reform No. 22.

Was die ›Medicinische Reform‹ will. Med. Reform S. 1.

Die öffentliche Gesundheitspflege. Med. Reform S. 21, 37, 45, 53.

Der medicinische Universitätsunterricht. Med. Reform S. 85.

Der Concurs. Med. Reform S. 101, 109, 157.

Radicalismus und Transaction. Med. Reform S. 93.

Der medicinische Congreß. Med. Reform S. 117.

Der Armenarzt. Med. Reform S. 125.

Die militärärztlichen Bildungsanstalten. Med. Reform S. 57.

Das Militärmedicinalwesen. Med. Reform S. 61.

Der medicinische Unterricht. Med. Reform S. 69, 77.

Die Berichte der Regierungscommission über die Reform des Militärmedicinalwesens. Med. Reform S. 165, 169.

1849

Die Einheitsbestrebungen in der wissenschaftlichen Medicin. (Inhalt: Der Mensch. Das Leben. Die Medicin. Die Krankheit. Die Seuche.) Berlin. (s. a. Ges. Abhandl. z. wissensch. Med.)

Die naturwissenschaftliche Methode und die Standpunkte in der Therapie. Virch. Arch. *II*,3.

Mittheilungen über die in Oberschlesien herrschende Typhus-Epidemie. Virch. Arch. *II*, 143.

Programm für die Beobachtungen der oberschlesischen Bezirksärzte. – Phlebitis externa. Verhandl. d. Ges. f. wissensch. Med. i. Berlin. 2. April.

Einige Punkte aus der Lehre von Geschwülsten. Verhandl. d. Ges. f. wissensch. Med. i. Berlin, 14. Mai.

Die Anstellung von Armenärzten. Med. Reform No. 30, 31, 32, 34.

Die Volkskrankheiten. Med. Reform No. 51.

Die Epidemie von 1849. (Cholera betr.) Med. Reform No. 51, 52.

Die Lage des Medicinalwesens. Med. Reform S. 172.

Die medicinische Gesetzgebung. Med. Reform S. 181.

Das Medicinaledict. Med. Reform S. 201.

Die medicinischen Anstellungen. Med. Reform S. 261.

Die Enthüllungen über den ärztlichen Congress. Med. Reform. S. 249, 253, 257.

Der Staat und die Ärzte. Med. Reform S. 213, 217, 221, 225, 229.

Die ärztliche Prüfung. Med. Reform S. 233.

Die medicinische Verwaltung. Med. Reform S. 261.

›Schluß‹-Wort zur ›Medicinischen Reform‹. Med. Reform S. 273.

Der medicinische Unterricht. Med. Reform S. 69, 77.

Die Berichte der Regierungscommission über die Reform des Militärmedicinalwesens. Med. Reform S. 165, 169.

Quelle: W. Jacob, *Medizinische Anthropologie im 19. Jahrhundert.* Stuttgart: Enke 1967.

XII. Über große Männer

Von Helmholtz, Liebig, Virchow: das ist die deutsche Naturwissenschaft im 19. Jahrhundert. Aber sind sie die Physik, die Chemie, die Medizin? Wir behaupten: Es gab eine Entwicklung zur Sozialmedizin um 1848, es gab eine Bewegung unter den Medizinern, die Medizin selbst war in Bewegung, eine Revolution zeichnete sich ab, – und reden von Virchow, über Virchow, mit Virchow.

Geschichte als Biographie, Geschichte durch große Männer – das ist die Geschichte der Herrschenden, der Repräsentanten, der Dynastien. *Sie* betreiben Geschichte durch Unterzeichnen, durch Vorsitzen, durch Publizieren, res gestae sind Gesten. Sie geben deshalb der Bewegung ihre Interpretation, sie dienen ihr als Symbol, als konkreter Ausdruck des Gewollten und schließlich produzieren sie die Dokumente.

Warum Virchow? Die Medizin als soziale Wissenschaft, das war nicht Virchow, das war nicht einmal seine Idee. Doch er arbeitete Tag und Nacht, schlief fast gar nicht, schrieb und reiste; bei jeder Sitzung war er dabei, stellte die Anträge, machte den Vorsitz, berichtete nachher noch in der Zeitung. Er blieb noch, als andere schon aufgaben, er beharrte, als andere ›Reueerklärungen‹ abgaben, er führte die Sache fort, als die Bewegung schon tot war.

XIII. Die Wissenschaft und der Staat

Die Wissenschaft in Deutschland ist heute, war damals zum großen Teil verbeamtet: Der universitäre Unterricht findet, fand unter staatlichem Dach, ein großer Teil wissenschaftlicher Forschung findet in staatlichen Instituten statt, der größte Teil der wissenschaftlich ausgebildeten Personen arbeitete im Staatsdienst, damals noch mehr als heute. Diese Situation schützt die Wissenschaft, bewahrt sie vor einer kurzsichtigen Funktionalisierung für partikulare Interessen, aber dieser Status bedroht sie auch, damals wie heute: ›Die Freiheit zu lehren und zu lernen hat ein Ende, sobald man Ansprüche an den Staat macht‹, schrieb der geheime Rat Schmidt 1847 in seinem Beitrag zur Medizinalreform (zitiert nach Neumann, 39).

Die Ärzte von 1848 hatten ein ambivalentes Verhältnis zum Staat, ein widersprüchliches, doch ihre Widersprüche blieben ihnen selbst verborgen. Der Grund dafür mag darin liegen, daß sie sich in einer revolutionären Phase befanden, an den Staat dachten in einer Weise, wie sie ihn zu gestalten vorhatten, nicht wie er war. ›Da nun der Staat die sittliche Einheit aller gleichberechtigten Einzelnen darstellt und die solidarischen Verpflichtungen aller für alle bedeutet, . . .‹ schreibt Virchow (In der medizinischen Reform vom 4. August 1848) und zieht aus diesem – nicht erfüllten – Axiom weitere Folgerungen. Ähnlich Neumann, wenngleich vorsichtiger (denn er schreibt noch 1847): ›Ihr sprecht von der Idee der Assoziation, die allgewaltig unsere Zeit bewegt, und habt nicht begriffen, daß die Verkörperung dieser Idee eben der Staat ist – oder sein soll?‹ (Neumann, 78). Sein soll! Er war es faktisch nicht und die Revolution von 1848 hat den Staat und seine Bürokratie nicht angetastet. Die Revolutionäre verstanden den Staat als Gegner und erhofften doch gleichzeitig alles von ihm.

Die Ärzte von 1848 machten die Volksgesundheit zum zentralen Thema der Medizinalreform, wiesen diese Aufgabe aber dem Staat zu. ›Die Aufgabe des Staates ist es . . ., die Mittel zur Erhaltung und Vermehrung der Gesundheit und Bildung im möglichst größtem Umfange durch die Herstellung öffentlicher Gesundheitspflege und öffentlichen Unterrichts zu gewähren‹ (Virchow, In der medizinischen Reform vom 2. August 1848). Der Staat soll die Gesundheitsversorgung sicherstellen, – auf der anderen Seite aber lehnten es die Reformer aus berechtigtem Mißtrauen und aus langer Erfahrung ab, die Gesundheitsfürsorge in die Hände von Staatsbeamten zu legen, d. h. die Ärzte zu Beamten zu machen. Statt dessen entwickelten sie die Idee der ärztlichen Assoziationen (Neumann, 96) bzw. der Ärztekammer (Medizinische Reform vom 6. April 1849). Die Reform des Medizinalwesens wollten sie dem Staat nicht überlassen, sondern durch Bildung eines allgemeinen Kongresses, beschickt durch Deputierte der gesamten Ärzteschaft durchführen lassen. Aber

– diesen Kongreß beantragten sie beim Staat, beim Kultusminister, der die Sache geschickt verschleppte, bis die Reaktion da war. Was half es, daß Virchow am 6. Oktober 1848 drohend in der medizinischen Reform schrieb: ›Die Medizinalbehörden mögen machen, was sie wollen, die demokratische Organisation der öffentlichen Gesundheitspflege wird sich allenfalls auch ohne sie durchsetzen und dann gewiß auch auf demokratischem Wege‹. Das einzige, was *wirklich* geschehen ist, war die Bildung des Gesundheitspflegevereins des Berliner Bezirkskomitees der deutschen Arbeiterverbrüderung, die aus eigenen Mitteln Ärzte zur Versorgung der Arbeiter und Armen anstellte. (Medizinische Reform vom 11. Mai 1849). Die Ineffektivität staatlicher Medizinalpolizei erkennend, wollten die Reformer die Gesetze gegen Scharlatanerie und Pfuscherei abschaffen, auf der anderen Seite aber das staatlich sanktionierte Heilprivileg erhalten und sogar verstärken: Die ärztliche Doktorprüfung, d. h. also das Diplom, das die Universität selbst verlieh, wollten sie abschaffen, weil es teuer war, weil es neben dem Staatsexamen eine unnütze Verdoppelung schien, weil es zwischen den Ärzten diskriminierte (Medizinische Reform vom 22. September 1848) – sie sahen aber nicht, daß sie mit dieser Forderung die Zulassung zu ihrem Beruf dem Staat anheim gaben.

Virchow – neben vielen anderen – bekam schließlich zu spüren, daß der Staat sich mit so ambivalenter Identifizierung nicht zufriedengab. Am 29. März 1849 erhielt er seine Suspension, d. h. er wurde seiner amtlichen Funktionen in der Charité enthoben. ›Die nächste Veranlassung waren die Wahlen, die weitere meine unaufhörliche und organisierte Opposition gegen die Regierung‹, schreibt er an den Vater am 6. April 1849. Virchow, als Lehrer damals schon sehr anerkannt, in ärztlichen Vereinen, bei den Geburtshelfern wie im Verein für wissenschaftliche Medizin, ebenso in der Generalversammlung der Berliner Ärzte eine führende Figur, erhielt von vielen Seiten Unterstützung. ›Es entstand unter den Ärzten, Studenten etc. eine große Agitation‹ (ebd.). Virchows Protest gegen die Absetzung wird vom Minister zunächst abschlägig beschieden, schließlich aber geht er – von verschiedenen Seiten bedrängt – doch auf Virchows Vorschlag ein, ihm nur die Wohnung in der Charité zu nehmen, aber ihn in seinen amtlichen Funktionen zu belassen.

Seit der Schrift über die Typhusepidemie in Oberschlesien war

Virchow als scharfer Kritiker der Regierung und der Bürokratie bekannt. Im Streit um die Medizinalreform hat er keine Gelegenheit zur Opposition vorübergehen lassen. Was ihn schließlich gefährdet hat, war seine Tätigkeit bei den von der oktroyierten Verfassung vorgeschriebenen Wahlen im Januar 1849. Bei diesen Wahlen war die Charité zu einem besonderen Wahlbezirk gemacht worden – sehr sinnvoll, da doch alle in der Charité mehr oder weniger vom Staate abhängig waren. Virchow wurde agitatorisch tätig als Vorsitzender der Volkspartei, d. h. der Opposition. Virchow bestand darauf, daß diese politische Tätigkeit als private aufzufassen sei und keine Verletzung der Pflichten seiner amtlichen Funktion darstelle. (Brief an den Vater vom 13. April 1849). Aber: im Staatsdienst und in der Opposition? Was Virchow rettete, war nur seine Reputation, zwei andere Charité-Chirurgen, die ebenso gehandelt hatten, blieben suspendiert. (Brief an den Vater vom 8. März 1849)

Aber auch bei Virchow hatte der Hieb gesessen, die Einschüchterung hatte Erfolg. Es scheint, daß die Einstellung seiner Zeitschrift ›Die Medizinische Reform‹ sogar darauf zurückzuführen ist. Am 6. August 1849 schreibt er an den Vater: ›Meine literarische Tätigkeit habe ich bedeutend eingeschränkt. Die ›Reform‹ ist seit einem Monat geschlossen, weil die Realisierung der demokratischen Forderungen auch in der Medizin noch lange anstehen wird, und die ewige Opposition jetzt meine Stellung nur erschweren würde‹. Virchow war froh, bald darauf Berlin verlassen zu können, er folgte einem Ruf nach Würzburg. Nach Berlin kehrte er in der nächsten Zeit nicht mehr zurück. Nur noch einmal zu seiner Hochzeit 1850, wo er dann auch prompt polizeilich ausgewiesen wurde. (Ackerknecht, 18).

Virchow, R., *Briefe an seine Eltern 1839 bis 1864*, Hrsg. von M. Rabel, geb. Virchow, Leipzig: W. Engelmann 1907.
Ackerknecht, E. H., *Rudolf Virchow. Arzt. Politiker. Anthropologe*, Stuttgart: Ferdinand Encke 1957.

XIV. Resignation

Am 10. November 1848 marschieren auf Befehl des Königs 40 000 Soldaten in Berlin ein, am 12. November wird der Belagerungszustand verhängt, am 5. Dezember durch königliches Dekret die preußische Nationalversammlung aufgelöst und eine Verfassung oktroyiert. Durch Mitteilung im Staatsanzeiger vom 18. Februar 1849 teilt der Kultusminister mit, daß er den von den Berliner Ärzten gewünschten Kongreß zur Beratung der medizinischen Reform nicht einberufen wird, daß er sich seine eigenen Berater sucht, die Reform des Medizinalwesens steht als ›Medizinaledikt‹ bevor (Die medizinische Reform, 23. Februar 1849).

Damit beginnt die Resignation: ›Wir unsererseits haben die Hoffnung aufgegeben, daß die nächste Zukunft die praktische Lösung derjenigen Fragen, welche die öffentliche Gesundheitspflege umfaßt, anbahnen werde … Täuschen wir uns darüber nicht, daß es jetzt wirklich in gewisser Beziehung zu spät ist. Die öffentliche Gesundheitspflege ist ein Teil der sozialen Frage, und diese ist vorderhand gewaltsam zurückgedrängt‹. (Virchow, Die medizinische Reform, 19. Januar 1849). Die Entwürfe, die die Generalversammlung der Berliner Ärzte ausgearbeitet hat, werden nun als Träume bezeichnet, die der jüngeren Generation übergeben werden. (Virchow, Medizinische Reform, 8. Juni 1849).

Die medizinische Reform erscheint zunächst noch weiter, vom dritten Quartal an von Virchow allein betrieben, sie wird zugleich radikaler wie kraftloser. Die erste Nummer vom dritten Quartal vom 5. Januar 1849 erscheint mit der Aufforderung zum Widerstand. Es wird jetzt die Rechnungslegung vornehmer Ärzte öffentlich gebrandmarkt (Medizinische Reform, 19. Januar 1849), die polizeiliche Einmischung in die Ausübung des Arztberufes zum Thema gemacht (Medizinische Reform, 16. Februar 1849), ein Berufsverbotsfall (Berufsverbote trafen Juden) aufgegriffen.

Doch schließlich stellt Virchow die Zeitung ein und zieht sich aus der aktiven Politik zurück (später, am 7. April 1851 schreibt er an seinen Vater: ›Ich enthalte mich nicht deshalb von der Politik, weil ich meine frühere Politik perhorresziere, sondern einfach, weil ich mich enthalten will, weil ich keine aktive Politik treiben will‹). Im Schlußartikel der medizinischen Reform schreibt Virchow: ›Wenn die ›Reform‹ … mit diesem Blatte ihr Erscheinen einstellt, so geschieht es nur im Hinblick auf die politische Lage unseres Volkes, und die dadurch bedingte Unmöglichkeit einer vernünftigen Reorganisation der öffentlichen Gesundheitspflege, des medizinischen Unterrichts und der ärztlichen Verhältnisse … Wir hatten an die Macht der Vernunft gegenüber der rohen Gewalt, der Kultur gegenüber den Kanonen, zuviel geglaubt; wir haben unsere Irrtümer eingesehen‹. Und noch einmal: ›Die medizinische Reform, die wir gemeint haben, war eine Reform der Wissenschaft und der Gesellschaft‹ (Virchow, in: Die medizinische Reform vom 29. Juli 1849).

XV. Wissenschaft und Politik

›Not meddling with divinity, metaphysics morals, politics‹ (R. Hooke) – das ist die Initiationsformel, die die neuzeitliche Naturwissenschaft hat sprechen müssen, um die Konzession der Herrschenden zu erhalten. Wissenschaft erkennt – und das heißt – was ist, und hat sich deshalb der Wertung zu enthalten. Wissenschaft ist Theorie, d. h. schauen und nicht handeln. Noch Pasteur formuliert im 19. Jahrhundert, von dem wir doch sagen, daß sich in ihm Wissenschaft zur Produktivkraft entfaltet: ›Es gibt keine angewandte Wissenschaft, es gibt nur die Wissenschaft und ihre Anwendung‹.

Die Sozialmedizin damals, wie die politische Psychologie Brückners heute, haben das Initiationsversprechen der Wissenschaft gebrochen und damit die Privilegien, die Freiheit, den politischen Schutz verwirkt. Wo Wissenschaft politisch wird, begegnet sie der Macht und wird als solche behandelt. Aber auch intern sind die Sanktionen furchtbar: Wer handelnd erkennt, verändert das Objekt, wer normativ denkt, verstellt die Tatsachen, wer politisch handelt, – der verläßt die Wissenschaft: dann soll er doch gehen.

2. Über Brückners politische Psychologie

1. Wissenschaft sei keine Politik!

Ein Apfel ist keine Birne, ein Pferd kein Auto, Wissenschaft ist keine Politik: Für das durchschnittliche Verständnis heute trennt Wissenschaft und Politik ein Artunterschied, Wissenschaft und Politik sind artverschiedene Bereiche menschlicher Praxis. Die Politisierung der Wissenschaft, Wissenschaft als Politik – das geht eigentlich gar nicht, es ist irrational, eine Metabasis, die moralisch verwerflich und dann politisch zu sanktionieren ist. Dieses Verständnis drückt sich auch theoretisch aus. So unterscheidet der Soziologe Storer vier gesellschaftliche Subsysteme: das Familiensystem, das ökonomische System, das wissenschaftliche System und das politische System, die je ihr spezifisches Produkt und ihren besonderen Austauschmodus haben. Der Systemtheoretiker Luhmann verschärft dieses Bild, indem er für die verschiedenen Subsysteme je spezifische Medien angibt, innerhalb deren sich das jeweilige gesellschaftliche Handeln vollzieht: Ist die Liebe das Medium der Familie, das Geld das Medium der Ökonomie, so Wahrheit das Medium der Wissenschaft und Macht das Medium der Politik. Und wie Wahrheit nichts mit Macht zu tun haben darf, so natürlich auch nicht Wissenschaft mit Politik.

Dieses Verständnis einer Artverschiedenheit, das sich zunächst ontologisch gibt, dann moralisch wird und schließlich politisch mit Sanktionen droht, drängt ängstlich die Phänomene der Fusion von Wissenschaft und Technik in der Wissenschaftspolitik, in der verwissenschaftlichen Politik, in der Wandlung der Wissenschaft zur Produktivkraft, die doch vor aller Augen liegen, ab – verdrängt aber insbesondere seine eigene geschichtliche Genese: die Trennung von Wissenschaft und Politik ist für die neuzeitliche Wissenschaft selbst ein historisches Produkt, was Wissenschaft heißt, was als rational gilt, ist selbst politisch und gesellschaftlich bestimmt. Als gegen Ende des 17. Jahrhunderts die sich seit der Renaissance entwickelnde neue Wissenschaft ihre Institutionalisierung erreichte, geschah das in einem Klima der Restauration: Gegenüber ursprünglich weiteren Ansätzen, etwa Bacons, die die wissenschaftliche Bewegung des 17. Jahrhunderts trugen, pädagogischen, sozialreformerischen, politischen, schwor man solchen Zielen ausdrücklich ab, um die gewünschten, staatlich geschützten Institutionen zu erhalten. So formuliert Hooke für die Gründung der Royal Society in England: »Gegenstand und Ziel der Royal Society ist es, die Kenntnisse von natürlichen Dingen, von allen nützlichen Künsten, Produktionsweisen, mechanischen Praktiken, Maschinen und Erfindungen durch Experimente zu verbessern –, ohne sich in Theologie, Metaphysik, Moral, Politik, Grammatik, Rhetorik oder Logik einzumischen.«[1] Der Gewinn dieses Verzichtes war groß: Er bedeutete nicht nur staatlichen Schutz der Institutionen und teilweise Finanzierung, sondern auch Privilegien wie die Zensurfreiheit, er bedeutete eben auch die Freiheit vor der Einmischung des Staates in die Wissenschaft.

Aber diese Art der Institutionalisierung definierte die Rationalität der neuen Wissenschaft, und sie schloß die Politik selbst von dieser Rationalität zunächst aus: Politik, wie Pädagogik, wie Ökonomie oder andere menschliche Praxisbereiche gehörten nicht zum Arbeitsbereich der neuen Wissenschaft – die Entwicklung der entsprechenden Wissenschaften wurde um 200 Jahre verzögert. Als sie dann doch zum großen Teil im 19. Jahrhundert ans Licht traten, waren sie nach dem Modell der schon existierenden, der Naturwissenschaft, als positive Wissenschaften geformt. Daß sich die Humanwissenschaften diesem Modell positiver Wissenschaft nicht zwanglos anpassen lassen, zeigen die in unserem Jahrhundert immer wieder auflebenden Streite um die normative Perspektive dieser Wissenschaften, der Werturteilsstreit, der Positivismusstreit, die Debatte um die Parteilichkeit in Geschichts- und Sozialwissenschaften. Soll für die einen die Wissenschaft zur bloßen Daten- und Regelbeschaffung für wertende Urteile und politisches Handeln dienen, so ist für die anderen die wertende Perspektive im sozialen Bereich notwendig, um überhaupt erst relevante Daten zu entdecken.

Max Weber hat gegenüber diesen wissenschaftstheoretischen Zänkereien bereits 1917 deutlich gemacht, daß es hier letzten Endes um eine *politische* Frage geht. Wie im 17. Jahrhundert, so ist auch heute noch die Möglichkeit einer Wissenschaft als Politik durch die politische Beziehung der Institution Wissenschaft zum Staat bestimmt. Und diese Beziehung drückt sich für Max Weber wie für uns heute in der BRD so aus, daß die Wissenschaft zum größten Teil im öffentlichen Dienst, von Beamten betrieben wird. Und, sagt Max Weber, »man darf doch offenbar nicht in einem Atem die Zulassung der Kathederwertung verlangen und – wenn die Konsequenzen gezogen werden sollen – darauf hinweisen, daß die Universität eine staatliche Anstalt für die Vorbildung ›staatstreu‹ gesonnener Beamter sei« (Weber 1968, 496). Er stellt deshalb resigniert fest: »Gerade die entscheidensten und wichtigsten praktisch/politischen Wertfragen sind heute von den Kathedern deutscher Universitäten durch die Natur der politischen Verhältnisse *ausgeschlossen*« (Weber 1968, 496).

2. Ist politische Psychologie politisch?

In seiner Denkschrift zur Lage der Psychologie hat Graf Hoyos 1964 die politische Psychologie als eine Unterabteilung der angewandten Psychologie neben etwa Werbepsychologie und Wehrpsychologie aufgeführt. Dieses Verständnis von politischer Psychologie herrscht auch anderswo, auch dort, wo sie betrieben wird. Es gibt die allgemeine Psychologie, und es gibt ihre Anwendung in speziellen Bereichen menschlicher Praxis, beispielsweise im Politischen. Das heißt aber, eine Wechselwirkung wird nicht unterstellt, Psychologie wird durch ihren Bezug auf Politik nicht selbst politisch, die Politik verändert sich nicht, sondern bedient sich nur eines zusätzlichen Instrumentes, der politischen Psychologie. So ist das klassische Thema der politischen Psychologie das Wahlverhalten, ihr Verfahren nicht anders als das der Werbepsychologie.

Dieses Verständnis von politischer Psychologie prägt sie auch dort, wo sie sich in der BRD, wenigstens halbwegs institutionalisiert, auch mit inhaltlichen politischen Issues beschäftigte, nämlich in der Reihe Politische Psychologie, die G. Baumert und W. v. Bayer-Katte von 1963 bis 1969 herausgegeben haben. An Themen wie Autoritarismus und Nationalsozialismus oder wie der politischen Rolle der Angst beispielsweise hätte die Psychologie auch selbst politisch werden können. Aber das instrumentalistische Verständnis der Psychologie herrscht auch hier vor. Ich zitiere einen der Mitherausgeber dieser Bände, K. D. Hartmann: »Die Politische Psychologie (befaßt sich) mit den politischen Erscheinungen im Rahmen politischer Strukturen und Funktionen . . . Sie stellt fest, welche psychologischen Zusammenhänge beachtet werden müssen, wenn bestimmte Ziele verwirklicht werden sollen« (Hartmann 1966, 15–16). Das heißt aber, daß der Psychologe sich in seiner Arbeit völlig unpolitisch fühlen kann, ja sogar nicht einmal verantwortlich ist für die Verwendung seiner Ergebnisse. »Psychologische Erkenntnisse . . . sind an sich politisch neutral . . . Es liegt letztlich im Willen und in der Verantwortung der Politiker, wie das Instrument der politischen Psychologie (. . .) eingesetzt wird, und in welcher Richtung es sich entwickelt« (Hartmann 1966, 17).[1a]

Mit dem Hintergrund dieser Art von politischer Psychologie wollten die Fachvertreter 1968 sich der Forderung nach einer Politisierung der Psychologie entziehen. Politisierung der Psychologie? Aber wir haben doch die politische Psychologie! So äußerte C. F. Graumann auf dem Symposium »Psychologie und politisches Verhalten«, das während des 26. Kongresses der Deutschen Gesellschaft für Psychologie 1968 in Tübingen stattfand, seine Genugtuung darüber, daß es die eben genannte Reihe über Politische Psychologie schon gäbe, daß der Berufsverband der deutschen Psychologen eine Sektion Politische Psychologie gebildet habe, daß der Fachverband Psychologie soeben ein Manifest zur politischen Psychologie verabschiedet habe, das Krofdorfer Manifest. Ihm war dabei offenbar noch nicht klar, daß das Krofdorfer Manifest Forderungen enthielt, die das gängige Verständnis politischer Psychologie durchaus zu sprengen geeignet waren. So die Thematisierung von Entscheidungs- und Herrschaftsprozessen, die soziale Beeinflussung durch Massenmedien, so die Forderung nach Entwicklung von Methoden politischer Aufklärung und Methoden der Bekämpfung autoritärer und faschistischer Tendenzen. Daß Politisierung der Psychologie mehr bedeutete als die verstärkte Betätigung in einem der Bereiche angewandter Psychologie, wurde den Teilnehmern der damaligen Sitzung durch eine Besetzung des Podiums durch Studenten und durch den Vortrag ihrer Thesen dann deutlich. Hier hieß es, der Gegenstand der Psychologie sei nicht mehr Denken, Wollen, Fühlen oder Erleben und Verhalten, sondern »die Manipulation des Menschen durch den Menschen, ihr Gegenstand ist die Perpetuierung von Ideologie« (Bericht C. F. Graumann, 1969, 116). Daß die Psychologie an dieser Manipulation des Menschen, an dieser Perpetuierung von Ideologie durch ihre bisherige instrumentalistische Einstellung schuldhaft beteiligt sei, das war die Behauptung der revoltierenden Studenten.

Die Konsequenz für einen Teil der damaligen kritischen und oppositionellen Psychologen, die sich 1969 dann in einem eigenen Kongreß zusammenfanden, war deshalb »die Zerschlagung der Psychologie« selbst (Maikowski/Mattes/Rotter, 1976, 290 ff.). Aus dem gemäßigten Teil der damaligen Opposition sind die kritische Psychologie Holzkamps und die politische Psychologie Brückners entstanden. Holzkamps breit angelegter Versuch einer Rekonstruktion der Psychologie von ihrer wissenschaftstheoretischen Basis her, hat sich durch die Integration in marxistische Gesellschaftsanalyse den Bezug zu realen politischen Gruppierungen gesichert und kann, wie die Marburger Kongresse über kritische Psychologie zeigen, fast als eine Art »Bewegung« bezeichnet werden. Wissenschaftlich hat sie sich freilich in die Probleme einer Ortsbestimmung von Psychologie im Rahmen des wissenschaftlichen Sozialismus verfangen.[2] Brückners politische Psychologie, die – getragen von den antiautoritären Motiven der Studentenbewegung – zunächst mit einer Art Kollektivierung seines Hannoverschen Institutes begann[3], wurde mehr und mehr zur von einem oder einigen zeitgeschichtlich sensiblen Individuen geübten psychologischen Form politischer Aufklärung. Das Fach Psychologie, die Zunft der Psychologen blieb von beidem fast unberührt. So konnte T. H. Hermann in seinem Bericht zur Lage der Psychologie 1972, nachdem er die Angriffe auf die Psychologie (von Holzkamp, Mitscherlich und Lorenz) referiert hatte, beruhigt feststellen, »die Karawane der internationalen Psychologie zieht vorbei«. (Hermann, 1974, 23) Der Bericht hält nicht fest, ob über diese Metapher gelacht wurde.

3. Methodologie und Gegenstand der politischen Psychologie Brückners

Brückner versteht seine Psychologie als politische Psychologie, nicht etwa weil sie politisch verwendbar wäre oder sich auf Politik bezieht, sondern weil sie in sich selbst politisch ist[3a], d. h. sie ist Psychologie im politischen Handlungszusammenhang. Der Gegenstand der politischen Psychologie ist die Beziehung der Biographie des Einzelnen und der politischen Geschichte. »Die politische Psychologie lebt von der Idee des Zusammenhangs zwischen der Lebensgeschichte der einzelnen Individuen und dem, was sie sich geschichtlich antun.«[4] Dieser Zusammenhang hat naturgemäß zwei Seiten: Es geht um die Frage, wie die innere psychologische Situation der einzelnen Individuen sich politisch auswirkt (beispielsweise der autoritäre Charakter)[5], und es geht umgekehrt um die Frage, was unter bestimmten politischen Verhältnissen dem Einzelnen psychisch möglich ist. Dabei bleibt diese Psychologie Psychologie und wird nicht etwa selbst politische Wissenschaft oder Soziologie, weil für Brückner »die Sorge um das Individuum« (Transformation 1974, 95) bestimmend bleibt. Das Interesse dieser Psychologie richtet sich also auf Gegenstände wie die Beziehung von Privatheit und gesellschaftlichen Verhältnissen, interne Triebökonomie und politisches Verhalten, die Möglichkeit von Individualität innerhalb bestimmter Gesellschaftsformationen.

Methodisch ist die politische Psychologie der Tradition der Psychoanalyse verbunden. Danach gehört in ihr Erkenntnis und Handlung eng zusammen: »Richtige Aussagen und Urteile sind das Ergebnis von Arbeit. Sie besteht konkret in der Überwindung der spontanen Befangenheit des Bewußtseins, das als ein naives an bloße Erscheinungen fixiert ist und zudem nie ahnt, inwieweit es diese »Erscheinung« seiner sozialen Welt selbst mitgemacht hat. *Daß* Bewußtsein die Wirklichkeit widerspiegelt, ist immer nur als Produkt eines zeitlich ausgedehnten kollektiven Arbeitsprozesses möglich, in dem der Einzelne gelernt hat, das falsche Bild, das er hatte, zu zerstören.« (Transformation 1974, 144). D. h. also, daß zur Erkenntnisgewinnung in der politischen Psychologie kollektive, d. h. politische Selbstaufklärung gehört. Sie will die Verhältnisse, die sie zum Gegenstand macht, nicht einfach so lassen wie sie sind, denn sie sind ja zunächst bloßer Anschein, Befangenheit des Bewußtseins, d. h. »jeder Anfang ist falsch.« (1974, 96) Die politische Psychologie bezieht sich also auf Tatbestände individuellen und kollektiven Bewußtseins (in ihrer Beziehung) unter der Perspektive ihrer notwendigen Veränderung: »Zur Methode ihrer Erkenntnis gehört politische und psychologische Aktivität; sie erkennt Tatbestände, indem sie versucht, die Tatbestände zu verändern.« (Transformation 1974, 95)

Brückner ist sich bewußt, daß er mit dieser Politisierung der Wissenschaft auf eine Tradition zurückgreift, die vor der Institutionalisierung neuzeitlicher Wissenschaft in der Zeit englischer und französischer Restauration lag. Die politische Psychologie greift auf die ursprüngliche Emanzipationsidee der neuen Wissenschaft zurück[6]. Freiheit und Autonomie der Wissenschaft hießen zunächst Freiheit von feudaler und kirchlicher Bevormundung. Wenn aber Freiheit zur Neutralisierung gegenüber menschlichen Interessen und Indifferenz gegenüber Politik und Herrschaftsverhältnissen wird, »so nimmt ›Freiheit der Wissenschaft‹ mit einem Male reaktionäre Züge an[7].« Durch diese Orientierung an politischer und menschlicher Emanzipation erhält politische Psychologie Wertungen, d. h. also Annahmen und Ablehnungen. »Anzunehmen«, schreibt Brückner, »war nur das Geschichtsangemessene. Ausschließlich diejenige Gesellschaftsordnung sollte als akzeptierbar gelten, ›in der die Betroffenen die Verhältnisse nach ihren eigenen Bedürfnissen gestalten können‹[8].« Die Parteilichkeit für die Betroffenen und die Emanzipation aller Menschen führt aber zu der Frage, »welche Gruppen eine vom Stand der Naturbeherrschung, d. h. von Entwicklung der Produktivkräfte her, mögliche Emanzipation *aller* Menschen verhindern« und ferner, welche »den Träger einer emanzipatorischen Veränderung der Gesellschaft« abgeben können[9]. Diese Fragestellung führte Brückner zu der Forderung der Fundierung der politischen Psychologie im Rahmen einer Gesellschaftstheorie.

4. Psychologie als Politik

Wo ist der Ansatzpunkt der politischen Psychologie Brückners, wer ist ihr Adressat, worauf richtet sich ihre aufklärende Aktivität? Nach den – relativ orthodoxen – Fundierungssätzen in der politischen Ökonomie könnte man vermuten, daß Brückners psychologische Bemühung um die Arbeiterklasse zentriert ist. Das ist aber nicht der Fall. Vielmehr zeigt er – in der »Sozialpsychologie des Kapitalismus« (1973) –, daß es über Mechanismen der Reputationsgewinnung und der sozialen Abstiegsangst gelungen ist, die Arbeiterklasse gesellschaftlich zu integrieren und damit den Klassengegensatz auf der Ebene manifester Widersprüche zum Verschwinden zu bringen. Ausgangspunkt von Brückners kontinuierlicher politischer Aufklärungsarbeit ist der formierte Kapitalismus, die hochintegrierte Gesellschaft, der Wohlfahrtsstaat. Sein Buch ›Freiheit, Gleichheit, Sicherheit – von den Widersprüchen des Wohlstands‹ (1966) versucht mühsam, den Scein der Befriedigung der Gesellschaft im Wohlfahrtsstaat zu durchdringen und die Defizienzen der bürgerlichen Gesellschaft durch Spiegelung an den Maximen der französischen Revolution sichtbar zu machen. Das Buch erscheint im Fischerverlag und kennt seinen Adressaten noch nicht.

1967/68 dann findet Brückner in der sich entfaltenden Studentenbewegung das politisch aufklärende Handlungspotential, das sich anschickt, den Schleier der Befriedigung zu zerreißen und die bürgerliche Revolution zu vollenden: Er versteht die Studentenrevolte primär als eine Revolution des bürgerlichen Bewußtseins, was sich in ihr ankündigt, ist das authentische Individuum: »Hier und heute ist es das authentische Individuum, ist es das Bewußtsein von Freiheit und Rationalität der bürgerlichen Revolution, das in den protestierenden Studenten zum Bewußtsein seiner selbst kommt.« (Transformation 1974, 107).

Die Studentenbewegung hat in ihrem universalistischen Engagement (gegen Autoritäten, gegen innere und äußere Repression, für Selbstbestimmung der Völker, für Partizipation auf allen Ebenen der Lebensgestaltung) einen partikularen Gegner gefunden, den Staat der BRD mit seinen Exekutivorganen. Sie hat sich mehr und mehr durch diesen Gegner definiert und ist teils an ihm zerbrochen, teils als Bewegung zerfallen, weil sie sich als solche nicht hat universalisieren können. Brückners Arbeit wird in der Folge durch diesen Prozeß bestimmt. Sie erhält damit zwei Hauptschwerpunkte, die Untersuchung etatistischer Denk-, Erfahrungs- und Handlungsweisen und die Bildung, Selbstaufklärung und schließlich Therapie des Bewußtseins der neuen Linken. Als Beispiel für ersteres sei nur das mit Krovoza gemeinsam verfaßte Buch »Staatsfeinde« über innerstaatliche Feinderklärung in der Bundesrepublik genannt. Der zweite Schwerpunkt verdient hier die primäre Aufmerksamkeit, weil in ihm (seit 68) zugleich der Adressat Brücknerscher Psychologie als Politik genannt ist. War mit dem Aufbruch der Studentenbewegung noch die Hoffnung auf universale Aufklärung gegeben, so wird mit ihrem Zerfall die Linke selbst mehr und mehr zum aufklärungsbedürftigen Adressaten. Das fing 68 schon an mit Brückners Kritik an der Kommune I, ihrer »Unfähigkeit, es in einer nur minimalen Differenz zum Falschen gelassen auszuhalten« (Transformation 1974, 114). Das wird immer deutlicher mit dem Anwachsen von Gewalt durch linke Fraktionen. Brückners Politik wendet sich an das in Ohnmacht und Repression sich verengende Bewußtsein der Genossen. So in seinem Buch über die Ermordung Ulrich Schmückers durch Angehörige der Bewegung 2. Juni und in seinem Buch über Ulrike Meinhof und die deutschen Verhältnisse. Er versucht, wo Zusammenhänge sich zuziehen, Differenzen offenzuhalten: die Bundesrepublik ist *kein* faschistischer Staat, das gesellschaftlich-politische Leben wird *nicht* durchgängig staatlich kontrolliert (1976, 103/104), Berlin ist *nicht* Vietnam. Er wendet sich gegen den Amoklauf an Abstraktionen, Analogien, Verkürzungen und Extrapolationen (1976, 176), durch die linke radikalisierte Gruppen sich in die imaginäre Situation eines ›Volkskrieges‹ eingeschrieben haben. Er bekämpft die Anfänge rassistischer Momente in der Klassenauseinandersetzung (1976, 145) und das Verschwinden des Menschen unter der Charaktermaske (1974 b, 56) bei der Wahrnehmung der Genossen untereinander und ihrer Gegner.

Brückners Psychologie als Politik ist so über weite Strecken zu einer Aufklärung und Therapie linken Bewußtseins geworden.

5. Opposition und Reaktion

Zu Brückners politischer Psychologie gehört wesentlich Handeln: »Zur Methode ihrer Erkenntnis gehört politische und psychologische Aktivität« (Transformation 1974, 95). Worin aber besteht diese Aktivität, an welche Art von Handeln ist zu denken? Wir erinnern uns, daß Brückners Psychologie der Psychoanalyse verpflichtet ist. Handeln als Bestandteil psychologischer Erkenntnis heißt im Sinne dieser Tradition: Aufklären, den Schein als Schein verstehen lehren, zur Selbsterkenntnis Anlaß geben. Brückners Handeln ist deshalb, obgleich es als politisches Handeln zu bezeichnen ist – nicht ein Handeln im Zusammenhang der Auseinandersetzung politischer Machtgruppen, Parteien, Gewerkschaften usw.; dieses Handeln ist Aufklärung, Publizieren, Reden, es hat seinen Ort im politischen Diskurs.

Brückners Äußerungen sind teilweise als politische Opposition zu werten, d. h. als Widerspruch gegen das, was man offiziell vom Staat, seinen Organen, zu halten hat, und als was sich Politiker und Politiken darstellen. Diese Opposition hat zu einer Konfrontation Brückners mit dem Staat geführt, deren vorläufiges Ergebnis eine Dienstenthebung Brückners von seiner Position als Professor der Psychologie an der TH Hannover, ein Hausverbot und der Einbehalt eines Teils seiner Bezüge darstellen, und als deren entgültiges Ergebnis von seiten der staatlichen Administration die Suspendierung Brückners angestrebt wird.

Dieser Vorgang knüpft sich an Brückners Wiederveröffentlichung des Textes eines unbekannten Studenten »Buback – Ein Nachruf« und an seine Analysen des Terrorismus in der Bundesrepublik Deutschland. Die Vorwürfe stützen sich textlich auf das Vorwort, das der Wiederveröffentlichung des Bubacknachrufes vorangestellt ist, auf Brückners Broschüre »Die Mescalero-Affäre«, auf mündliche Äußerungen Brückners, die von der niederländischen Rundfunkgesellschaft VPRO gesendet wurden, und auf ein Interview, das Brückner der berliner Studentenzeitschrift »Zwietracht« gegeben hat.

Es werden Brückner im wesentlichen zwei Dinge vorgeworfen:[10]

1. Er zeige eine feindselige, abwertende Haltung dem Staat gegenüber. Dies wird abgeleitet aus Äußerungen, in denen Brückner beispielsweise den Staat Bundesrepublik Deutschland als »ebenso repressiv als präventiv organisierten« bezeichnet und meint, daß er auf sehr lange Zeit mit »argentinischen Verhältnissen« koexistieren könne. Die freiheitlich demokratische Grundordnung mache er verächtlich, wenn er davon spreche, daß die Staatsparteien, in der auf das Repräsentationsprinzip gestützten bürgerlichen Demokratien, »in der Phantasie ihrer Vertreter die Interessen der Bevölkerung vertreten.«

2. Brückner zeige eine Bindung an die Rote Armee Fraktion und leiste für sie psychologische Unterstützung. Die erste Behauptung wird auf eine Äußerung Brückners aus der Sendung des niederländischen Rundfunks gestützt, in dem er von dem Selbstverständnis der Mitglieder der RAF, Revolutionäre und Sozialrevolutionäre zu sein, spricht und hinzufügt, »und das bindet uns ein Stück weit«. Die zweite Behauptung stützt sich auf Brückners Analyse der Entstehung terroristischer Gruppen in der Bundesrepublik Deutschland selbst, auf Grund deren er zu der Auffassung gekommen ist, es ließen sich objektive und subjektive Gründe

finden, die den Entschluß der Mitglieder der RAF, die Waffe in die Hand zu nehmen, verstehbar machen.

Auf Grund dieser Vorwürfe hält das Verwaltungsgericht Hannover in seinem Urteil vom 24. Aug. 1978 den hinreichenden Verdacht eines Dienstvergehens Brückners, d. h. eines Verstoßes gegen seine Pflichten als Beamter für gegeben. Was zu diesen Pflichten gehört, wird aus einem Urteil des Bundesverfassungsgerichts vom 22. 5. 75 entnommen, nach dem nur die Verfassungstreuepflicht der Beamten mehr fordert »als nur eine formal korrekte, im übrigen uninteressierte, kühle, innerlich distanzierte Haltung gegenüber Staat und Verfassung; sie fordert vom Beamten insbesondere, daß er sich eindeutig von Gruppen und Bestrebungen distanziert, die diesen Staat, seine verfassungsmäßigen Organe und die geltende Verfassungsordnung angreifen, bekämpfen und diffamieren. Vom Beamten wird erwartet, daß er diesen Staat und seine Verfassung als einen hohen positiven Wert erkennt und anerkennt, für den einzutreten es sich lohnt.«

Nun kann man sicherlich auch darüber streiten, was vernünftigerweise von einem Beamten zu erwarten ist. Für unseren Zusammenhang ist es aber wichtiger zu fragen, ob nicht Brückners Äußerungen als freie öffentliche Äußerungen eines Wissenschaftlers geschützt sind. Dazu erklärt das Urteil des Verwaltungsgerichts Hannover:

1. daß das Grundrecht der Meinungsfreiheit durch die Dienstpflichten des Beamten eingeschränkt sei: »Er (der Bürger) ist jedoch in seiner Eigenschaft als Beamter mit besonderen Dienstpflichten belastet, die, soweit sie für die Erhaltung eines funktionsfähigen öffentlichen Dienstes unerläßlich sind, die Wahrnehmung von Grundrechten einschränken können.« Der Beamte sei aber zur Erhaltung und ständigen Verwirklichung der freiheitlich demokratischen Grundordnung berufen. »Die dienstrechtlichen Regelungen über die Verfassungstreuepflicht sind daher als allgemeines Gesetz im Sinne von Artikel 5 Abs. 2 GG anzusehen und geeignet, das Grundrecht der Meinungsfreiheit einzuschränken, . . .«

2. erklärt das Verwaltungsgericht Hannover, das Brückners Äußerungen nicht als wissenschaftliche anzusehen seien und deshalb nicht durch das Recht der freien Forschung und Lehre nach Artikel 5 Abs. 3 des Grundgesetzes geschützt seien. »In dem gegen den Beamten eingeleiteten Disziplinarverfahren geht es

nicht darum, ihm etwa ein Bekenntnis zu einer wissenschaftlichen Lehre vorzuwerfen, oder eine wissenschaftliche Lehre als solche einer rechtlichen Beurteilung zu unterziehen, sondern um Folgerungen aus einem aktiven politischen Verhalten des Antragstellers.«

Das Resultat wäre nach dem Vorgehen der niedersächsischen Regierung und den bisher beteiligten Gerichten also, daß ein Typ, von Psychologie wie ihn Brückner vertritt, ein Typ, zu dem essentiell politisch aufklärerische Aktivität gehört, von einem Staatsbeamten nicht ausgeführt werden kann. Damit ist die Gefahr gegeben, daß dieser Typ von Psychologie von den Hochschulen verschwindet bzw. sich gar nicht erst entfalten kann. Mit anderen Worten: Der Staat und die Gerichte definieren Wissenschaft nach wie vor im Sinne der eingangs zitierten Initiationsformel neuzeitlicher Wissenschaft nach Hooke. Als Wissenschaft gilt nur dasjenige Erkenntnisunternehmen, das sich explizit politischen Handelns enthält. Wissenschaft geht genau in dem Moment ihrer Privilegien, die sie in ihrer Institutionalisierungsphase den herrschenden Mächten abgerungen hat, verlustig, in dem sie ihr Versprechen politischer Enthaltsamkeit bricht. Oder: »die Freiheit zu lehren und zu lernen hat ein Ende, sobald man Ansprüche an den Staat macht.«[11]

Anmerkungen

1 Zitiert nach v. d. Daele 1977.
1a Entsprechend äußert sich W. Jacobsen in seinem einführenden Artikel Was ist ›politische Psychologie‹?: Er betont: »Zielsetzung der politischen Psychologie ist also nur Erkenntnis« (10). – »Nicht selten wird der Forscher auch selbst politisch interessiert, ja sogar politisch aktiv sein. Durch seine vorangegangene wissenschaftliche Schulung, die er genossen hat, ist er aber dazu befähigt, sein politisches Wollen so lange aus seinem Bewußtsein abzuspalten, wie er sich seiner Forschungsarbeit widmet« (13). Das Wort ›abspalten‹ macht deutlich, wie die historisch-politisch erzwungene Trennung von Wissenschaft und Politik durch individuelle Bewußtseinsspaltung erlitten wird – ein typisches Thema der im nächsten Abschnitt zu beschreibenden *Brückner*schen politischen Psychologie.
2 S. dazu den Bericht über den 1. int. Kongreß Kritische Psychologie (Braun, Holzkamp 1977).

3 S. Brückner/Krovoza, Was heißt Politisierung der Wissenschaft und was kann sie für die Sozialwissenschaften heißen. Frankfurt: EVA 1972.

3a Mitunter werde das ›Vorurteil‹ geäußert, schreibt W. Jacobsen in dem (Anm. 1a) zitierten Aufsatz (9), »›politische‹ Psychologie sei doch ex definitione von vornherein ›politisch‹, sei Politik«. Dagegen hält er: »Das Adjektiv soll ... nur ausdrücken, auf welches Sach- oder Themengebiet sich die betreffende Sonderdisziplin bezieht« (9). »Zielsetzung der politischen Psychologie ist also nur die Erkenntnis« (10).

4 Brückner, Die Transformation des demokratischen Bewußtseins, 1974, 94.

5 Adornos und Horkheimers Studien über den autoritären Charakter werden von Brückner als Beispiele seiner Auffassung von politischer Psychologie gesehen.

6 Brückner, Krovoza, Was heißt Politisierung der Wissenschaft und was kann sie für die Sozialwissenschaften heißen? Frankfurt: EVA 1972, § 8, Die bürgerliche Herkunft der Politisierungsthese.

7 l. c. Anm. 6, 71.

8 l. c. Anm. 6, 32.

9 l. c. Anm. 6, 39.

10 Nach dem Urteil des Verwaltungsgerichts Hannover v. 24. 8. 78.

11 Feststellung des geheimen Rats Schmidt 1847, vergl. Kapitel V. 1, Abschn. XIII in diesem Buch.

Literaturliste

Baumert, G./W. V. Bayer-Katte, Politische Psychologie. Eine Schriftenreihe, Bde. 1-8. Frankfurt: EVA 1963

Braun, K.-H./K. Holzkamp, Kritische Psychologie. Ber. über den 1. Int. Kongreß Kritische Psychologie, 13.–15. Mai 1977 in Marburg, Bd. 1 und 2. Köln: Pahl-Rugenstein 1977

Brückner, P., A. Krovoza, Staatsfeinde. Innerstaatliche Feinderklärung in der Bundesrepublik. Berlin: Wagenbach 1972

Brückner, P., A. Krovoza, Was heißt Politisierung der Wissenschaft und was kann sie für die Sozialwissenschaften heißen. Frankfurt: EVA 1972

Brückner, P., Freiheit, Gleichheit, Sicherheit. Von den Widersprüchen des Wohlstandes. Frankfurt: Fischer (1966) 1973

Brückner, P., Zur Sozialpsychologie des Kapitalismus. Sozialpsychologie der antiautoritären Bewegung I. Frankfurt: EVA 4. Aufl. 1973

Brückner, P., B. Sichtermann, Gewalt und Solidarität. Zur Ermordung Ulrich Schmückers durch Genossen: Dokumente und Analysen. Berlin: Wagenbach 1974

Brückner, P., Die Transformation des demokratischen Bewußtseins in: J.

Agnoli/P. Brückner, Die Transformation der Demokratie. Frankfurt: EVA (1968) Neuausgabe 1974

Brückner, P., Ulrike Marie Meinhof und die deutschen Verhältnisse. Berlin: Wagenbach 1976

Brückner, P., Die Mescalero-Affäre. Ein Lehrstück für Aufklärung und politische Kultur. Hannover: Internationalismus Buchladen

v. d. Daele, W., Die soziale Konstruktion der Wissenschaft. Institutionalisierung und Definition der positiven Wissenschaft in der 2. Hälfte des 17. Jahrhunderts, in: G. Böhme/W. v. d. Daele/W. Krohn, Experimentelle Philosophie. Frankfurt: Suhrkamp 1977

Graumann, C. F.: Bericht über Symposion II: Psychologie und politisches Verhalten, in: Ber. über den 26. Kongreß d. Dt. Ges. f. Psychologie, Tübingen 1968, S. 106-132. Göttingen: Verl. f. Psychologie 1969

Hartmann, K. D., Der Beitrag der politischen Psychologie zur politischen Bildung, in: Politische Psychologie Bd. 4, Politische Erziehung als psychologisches Problem, S. 14-39. Frankfurt: EVA 1966

Hermann, Th., Zur Lage der Psychologie in: Ber. über den 28. Kongreß d. Dt. Ges. f. Psychologie in Saarbrücken 1972. Göttingen: Verlag f. Psychologie 1974, 3-25

Hoyos, Graf C., Denkschrift zur Lage der Psychologie. Im Auftrag der Dt. Forschungsgemeinschaft. Wiesbaden: Steiner 1964

Jacobsen, W., Was ist »politische Psychologie«? in: Politische Psychologie als Aufgabe unserer Zeit (Politische Psychologie Bd. 1). Frankfurt: EVA 1969, 9-16

Maikowski, R./P. Mattes/G. Rott, Psychologie und ihre Praxis. Materialien zur Geschichte und Funktion einer Einzelwissenschaft in der Bundesrepublik. Frankfurt: Fischer 1976

Urteil des Verwaltungsgerichts Hannover vom 24. 8. 78, Az: DK. B32/77

Weber, M., Der Sinn der »Wertfreiheit« der soziologischen und ökonomischen Wissenschaften, in: M. Weber, Gesammelte Aufsätze zur Wissenschaftslehre. Tübingen: Mohr 1968, 489-540

VI. Aktuelle Alternativen

Ilona Ostner
1. Wissenschaft für die Frauen – Wissenschaft im Interesse von Frauen

Ende der sechziger Jahre noch konnte der Soziologe Claus Offe in seiner Analyse des politischen Willensbildungsprozesses weiblichen Interessen eine »Konfliktfähigkeit« absprechen und (Haus-) Frauen damit in die Gruppe anderer nicht-konfliktfähiger »Minderheiten« wie Schüler und Studenten, Arbeitslose, Pensionäre, Kriminelle, Geisteskranke und ethnische Minoritäten einreihen: Diesen Gruppen fehle das für eine Interessendurchsetzung notwendige Druckmittel – die kollektive Verweigerung einer gesellschaftlich relevanten »Leistung«. Und der Bürger sei eben nur in dem Maße »Bedürfnissubjekt«, in dem er »Leistungssubjekt« ist[1].

Gemessen an dem, was damals an sozialwissenschaftlichen Analysen zum Thema »Frau« vorlag, ist diese Aussage, auch wenn sie Frauen nur nebenbei erwähnt, fortschrittlich[2]. Ich habe sie an den Anfang meiner Überlegungen zu einer (Sozial-)»Wissenschaft für Frauen« gestellt, weil sie die kurzsichtige Parteilichkeit unserer Gesellschaft für Verwertungsinteressen und deren Wiederholung auf der Ebene der Theoriebildung entlarvt. Angesichts dieser kurzsichtigen Parteilichkeit für kurzfristige Erfordernisse des Verwertungsprozesses und für alles, was sichtbar und meßbar verwertet werden kann und wird, versinkt die wenig sichtbare, faßbare oder meßbare, ins Private abgedrängte, weibliche Arbeit in gesellschaftlicher Irrelevanz. Die Argumentation von Offe deckt auf, weshalb Frauen bis in die letzte Zeit ein eher beiläufiges und vernachlässigtes Thema – auch der Forschung – waren; und wie Frauen, wenn sie überhaupt zum »Forschungsgegenstand« erhoben wurden, thematisiert wurden.

Untersuchungen der sechziger und frühen siebziger Jahre, die sich mit dem Thema »Frau« befaßten, waren keine Wissenschaft für Frauen, erst recht keine im Interesse von Frauen und auch nicht in diesem Sinn gemeint.

Und heute? Werden nicht allenthalben Frauen als »blinder Fleck« in der durchforsteten Forschungslandschaft entdeckt? Hat nicht die Analyse des krisenhaften kapitalistischen Reproduk-

tionsprozesses der Frau längst den Status als »Leistungssubjekt«
eingeräumt, ihren Beitrag zur bislang billigen Reproduktion der
Ware Arbeitskraft erkannt? Und immer mehr Wissenschaftler
setzen ihre am privatistischen Rückzug der Arbeitenden auf
»Leben statt Arbeit« bzw. »Leben nach der Arbeit« zerbroche-
nen Hoffnungen auf gesellschaftliche Umwälzungen auf jene
»Subjektivität«, die angeblich vor allem in der Mutter-Kind-Be-
ziehung, jenem vermeintlichen Relikt vorkapitalistischer Arbeitsweisen, produziert wird[3] – als widerständiges Potential in dieser
Gesellschaft. Entfremdungserfahrungen im beruflichen Alltag
lassen immer mehr Wissenschaftler nach Möglichkeiten von »Eigenarbeit«[4] vergleichbar der Arbeit der Frau in der Familie
suchen. Frauenthemen sind auch für männliche Forscher »hoffä-
hig« geworden.

»Wir legten Selbstkritik ab. Wir publizierten. Wir ließen euch die
Initiative. Wir legten eine andere Kleidung an. Wir lasen heimlich die
›Courage‹. Wir blickten euch nicht mehr auf den Busen. Wir gaben uns
selbst als Softies zu erkennen. Wir entlarvten das Patriarchat. Wir verherr-
lichten das Mutterrecht. Immerhin war es jetzt Gmelin, der den ›Bankrott
der Männerherrschaft‹ erklärte. Goldberg schließlich beschrieb den ›Ver-
unsicherten Mann‹. Und war es nicht Vinnai, der das ›Elend der Männ-
lichkeit‹ beklagte? Stellte nicht gerade Peter Schneider die Frage nach der
›Emanzipation der Männer‹? Hat jemand glorreicher als Bornemann und
Pilgrim euch unsere alten maskulinen Eigenschaften zu Füßen gelegt? Hat
jemand traumhafter als Herbert Marcuse die Vision eines feministischen
Sozialismus besungen? Und schließlich die Schwerpunkthefte unserer
Zeitschriften, die eurer Bewegung gewidmet waren – wollt ihr die gering-
schätzen?«

Kann eine von Männern eingeleitete und/oder gemachte »Wissenschaft für Frauen« überhaupt eine Wissenschaft *für* Frauen
sein? Kehrt nicht im vermeintlich Neuen das Alte wieder? Die
Indienstnahme eines fiktiv »Weiblichen« für sich verändernde
und veränderte männliche Interessen; die Verpflichtung weiblicher Energien auf »Produktion von Subjektivität« – für wen auch
immer? In all diesen – meist von Männern entwickelten Ansätzen
– schwingt »selbst-verliebt«, neidvoll ironisch oder verächtlich,
larmoyant kulturkritisch und moralisierend gewendet auch der
Versuch mit, Frauen und Fraueninteressen unter Kontrolle zu
bringen und damit – wenigstens ein Stück weit – Verlustängsten
zu begegnen.

Wie also, von wem und in welchem Interesse werden Frauen heute zum »Forschungsgegenstand« gemacht? Ich kann diese umfassenden Fragen hier nicht beantworten. Eine von Frauen für Frauen initiierte Frauenforschung beginnt sich erst zu entwikkeln; welche Gestalt sie annehmen wird, ist noch offen. Ich möchte aber an zwei Formen von Frauenforschung – einer von Frauen selbst eingeleiteten und einer staatlich, sozusagen »von oben« verfügten Frauenforschung – versuchen zu zeigen, wie schwierig es ist auszumachen, welche Wissenschaft langfristig wirklich im Interesse von Frauen ist. Denn beide geben vor im Interesse von Frauen zu sein; und auch »offizielle«, staatlich geförderte, finanzierte usw. Frauenforschung wird weitgehend von Frauen gemacht. Die Grenze zwischen diesen einzelnen Frauenforschungsansätzen ist fließend und Frauenforschung selbst – als Wissenschaft im Interesse von Frauen – ein Seiltanz ohne Netz, ein prekärer Balanceakt.

Ich werde zunächst darauf eingehen, welche gesellschaftlichen Entwicklungen das Interesse und einen Bedarf an Frauenforschung geweckt haben: wo staatlich und von Frauen initiierte Frauenforschung ansetzt; wo und wie beide – mehr oder weniger unbeabsichtigt – ineinandergreifen und aufeinander reagieren. Abschließend möchte ich auf einige Schwierigkeiten und Gefahren einer Wissenschaft im Interesse von Frauen, wie sie sich abzuzeichnen beginnt, hinweisen.

Frauenforschung, von Frauen selbst initiiert, entsteht zunächst als Reflexion der eigenen Situation an der Hochschule; sie entsteht im Zusammenhang mit der Studentenbewegung bzw. genauer: in Auseinandersetzung mit und Absetzung von ihr. Denn: die Hoffnung vieler Frauen, daß mit der Kritik der Studenten am Wissenschaftsbetrieb auch dessen »sexistische«, frauenunterdrükkende Praxis – wie sie z. B. Hans Anger[6] in seiner Untersuchung über die deutsche Universität beschrieben hat – offengelegt und aufgehoben würde, – diese Hoffnung hat sich nicht erfüllt. Die von Frauen eingeleiteten Diskussionen über Frauenunterdrükkung an der Hochschule und ihre Ursachen wurde begünstigt durch die Mitte der sechziger Jahre entstandene Bildungs- und Bildungsreservendebatte. Diese Debatte auf dem Hintergrund einer drohenden Verknappung von – vor allem – qualifizierten Arbeitskräften leitete eine Forschungsaktivität des Staates ein, die damals noch primär auf die Beseitigung von ungleichen Bildungschancen u. a. zwischen Männern und Frauen abzielte. (So erhielten z. B. die Frauen das erste Mal in der Geschichte der deutschen Universität die Möglichkeit, verstärkt in die unteren Ränge des Wissenschaftsbetriebes einzurücken. Diese von den Frauen selbst eingeleitete Forschung über Möglichkeiten einer Veränderung ihrer Lebens- und Arbeitsbedingungen wurde also zunächst »offiziell« gefördert und finanziert: die »berufstätige Frau«, die »gleichwertige Partnerin« des Mannes, – dieses Leitbild wurde – zunächst und für kurze Zeit – »chic«.

Ich möchte im folgenden etwas genauer zeigen, weshalb von staatlicher Seite verstärkt Frauenforschung aktiviert und gefördert wird. So selektiv und vermittelt staatliche Forschungsförderung auch auf den Problembereich »Frau« bezogen sein mag, sie gibt doch den Blick frei auf Formen, in denen Frauen und Fraueninteressen in Dienst genommen werden sollen für die Einlösung objektiv gesellschaftlicher Erwartungen, – damit auch Einblick in entsprechende Verwertung und Interpretation von veröffentlichten Forschungsergebnissen.

In dieser staatlichen Aktivität spielte das Interesse an einer verbesserten Ausbildung für Frauen, an einer Verbesserung von Möglichkeiten für Frauen, Beruf und Familie zu vereinbaren, wie überhaupt der Appell an Frauen, doch Mut zu haben für eine kontinuierliche und qualifizierte Berufsarbeit, nur die Rolle eines kurzen Intermezzos; eines Zwischenspieles, das sich der Tatsache verdankte, daß staatliche Maßnahmen gesellschaftlichen Entwicklungstendenzen, wie der sich jetzt allmählich zeigenden strukturellen Krise des Arbeitsmarktes, hinterherhinkten. Verspätet, noch auf dem Hintergrund des Arbeitskräftemangels der sechziger Jahre, und ohne mit der fortschreitenden Rationalisierung und Intensivierung der Arbeit und der damit verbundenen sukzessiven Freisetzung gerade von weiblichen Arbeitskräften zu rechnen, – auf diesem Hintergrund noch wird das Ehe- und Familienrecht im Sinne einer größeren Selbstbestimmung von Frauen, wird u. a. die Kontrolle weiblicher Reproduktionsfähigkeit durch eine Neuordnung des Paragraphen 218 gelockert. Soziologisch formuliert: der Status der Frau wird flexibilisiert – d. h. für mehr Möglichkeiten im Lauf einer einzelnen Biographie geöffnet. Frauen werden so den sich rasch verändernden Erfordernissen des Arbeitsmarktes besser angepaßt. Und tatsächlich steigt die Quote – gerade der erwerbstätigen Mütter –, und zwar nicht nur und zum geringeren Teil aus finanziellen Motiven. Noch ganz unter dem Leitbild weiblicher Berufstätigkeit wird vom DGB das Jahr 1972 zum Jahr der »Arbeitnehmerin« erklärt, unter dem gleichen Motto 1975 allgemein das »Jahr der Frau«, 1979 soll dann das »Jahr des Kindes« werden – Zeichen der Tendenzwende. Das Jahr der Frau kommt verspätet, weil das ursprünglich anvisierte Ziel – Integration der Frau in die Berufswelt – durch die krisenhafte gesellschaftliche Entwicklung bereits wieder überholt und inopportun geworden war.

Ebenfalls 1975 bewilligte die Deutsche Forschungsgemeinschaft unter dem gleichen Motto »Integration der Frau in die Berufswelt« ein Forschungsprogramm, das fünf Jahre laufen sollte und lief. Ein im letzten Jahr von den Forscherinnen formulierter Verlängerungsantrag mit einem erweiterten Titel »Frauen und Frauenarbeit« wurde abgelehnt. Zeichen der Zeit? Immerhin hat sich im Lauf des Schwerpunktprogrammes, dem ich mich inhaltlich und methodisch zugehörig fühle, gezeigt, daß diese Form der Forschungsförderung und Finanzierung von Frauenprojekten einen – von den Frauen selbst eingeleiteten – Zusammenschluß und eine inhaltliche Kooperation von Frauen sowie eine größere Nähe zu und Kommunikationsmöglichkeiten mit den Frauen, von denen die Projekte »handeln«, ermöglicht[7].

Angesichts der gesellschaftlichen Krise endet jene staatlich initiierte Frauenforschung nicht; sie nimmt nur eine neue Richtung. Zurück bleiben zahlreiche Studien zu Möglichkeiten der Rationalisierung der Hausarbeit, Projekte zu außerfamilialer Kinderbetreuung, sehr detaillierte Beschreibungen der Arbeitssituation von Frauen in typischen Frauenberufsfeldern – Untersuchungen, die gekennzeichnet sind durch die Lockerung des Tabus weiblicher Berufsarbeit über längere Phasen und eine Anerkennung der faktischen Bedeutung weiblicher Familienarbeit.

Ich möchte kurz auf diese »Tendenzwende« und auf das, was dahintersteckt und sich nur sehr verkürzt und oberflächlich als »ökonomische Krise« beschreiben läßt, eingehen.

Bereits die Studentenbewegung, die weltweite Protestwelle der westlichen Jugend; die vielfältigen Formen der Verweigerung tradierter Selbstverständlichkeiten, wie Leistung, inhaltsleerem Gehorsam; wilde Streiks und die vielfältigen »heimlichen« Formen der Verweigerung von Lohnarbeit; sinkende Geburten und Versuche, aus dieser Gesellschaft »auszusteigen«, durch alternative Lebensformen, aber auch durch Drogen, »neue Innerlichkeit«[8]

usw. machen allmählich sichtbar, was zunächst oberflächlich betrachtet nur eine – technokratisch zu meisternde – ökonomische Krise zu sein schien; in Wirklichkeit war sie jedoch auch Ausdruck einer umfassenden Motivationskrise, eines Zusammenbruchs von lange Zeit unangefochtenen Weltbildern (z. B. von »Machbarkeits-Ideologien«), einer Sinnkrise, die bis heute fortdauert. Orientierungen, die Männer und Frauen bislang geholfen haben, sich in unserer Gesellschaft zu verorten und zurechtzufinden, werden brüchig oder gehen verloren.

Was ist mit »Motivationskrise« oder »Krise des Subjekts« gemeint? Da wird z. B. immer häufiger, auch von Frauenforscherinnen und Teilen der Frauenbewegung, rekurriert auf wachsende »Leistungsverweigerung« von Jugendlichen, auf das, was man auch »mangelndes Stehvermögen in offenen und ambivalenten Situationen« im beruflichen, schulischen und privaten Alltag nennen kann. »Disziplinlos«, »unfähig zum Bedürfnisaufschub«, selbstverliebt kreisend um eigene Probleme, den eigenen Körper usw. wird dieser Typus, als »oraler, symbiotischer, regressiver« – wie auch immer – Charakter und »Neuer Sozialisationstyp« von Teilen der Linken und auch der Frauenbewegung einmal als Hoffnung und Rebell euphorisch gefeiert – vielleicht auch überhaupt erst »kreiert«, auf jeden Fall jedoch mit »normativer Kraft« versehen und zum Teil zum Programm erhoben; obwohl offen bleibt, unter welchen Bedingungen man überhaupt von utopischem Charakter und Sozialisationsgehalten sprechen kann; von anderen wird er als Versuch »kollektiver Infantilisierung« kritisiert[9].

Da wird es allerdings auch für Männer und Frauen – in einer Zeit struktureller Arbeitslosigkeit – immer schwieriger, der ohnehin widersprüchlichen Anforderung beruflicher Arbeit nachzukommen, sich mit dem Gegenstand der Arbeit zu identifizieren und sich gleichzeitig von ihm zurückzuziehen, ihn loszulassen, gleichgültig ihm gegenüberstehen. Ähnliches gilt für die widersprüchliche Einbindung – vor allem von Frauen – in Familie, die ungeteilte Aufmerksamkeit abfordert, ohne jedoch langfristige Sicherheit bieten zu können. So steht dem wachsenden Bedarf, widersprüchlichen Anforderungen in allen Lebensbereichen gerecht zu werden, eine sinkende Bereitschaft zum Aushalten dieser prekären Balance gegenüber, und überall beginnt die Suche nach Eindeutigkeit, Selbst-Gewißheit, Sicherheit. Das Entstehen und Erstarken der Frauenbewegung ist sicher auch in diesem Zusammenhang zu sehen.

Beides – die Krise kapitalistischer Verwertung und die »Krise des Subjekts« – bedingt sich gegenseitig. Die »Krise des Subjekts« erscheint auf der allgemein gesellschaftlichen Ebene als Problem der Herstellung und Wiederherstellung von Arbeitsvermögen,

– damit meine ich jene Fähigkeiten und Motivationen, die notwendig sind, um sich langfristig in unserer Gesellschaft als Arbeitskraft und Staatsbürger am Leben zu erhalten. Von politischer Seite wurde die Krise der umfassenden Reproduktion von Arbeitsvermögen immer auch formuliert als Krise der Familie, damit auch als Versagen der Frauen in ihren familialen Aufgaben. Staatlich initiierte Frauenforschung soll jetzt nach Möglichkeiten einer Stärkung von und Hilfe für Frauen in ihren Familienaufgaben suchen. Der Zweite Familienbericht geht bereits auf die »Krise der Familie« ein: Er spricht davon, die Erziehungskraft und Sozialisationsfunktion der Familie zu stärken, ihr Erziehungshilfen zu geben, Frauenforschung in der Form zu betreiben, daß Frauen so zufriedengestellt werden, daß sie ihren Gebär-, Erziehungs- und Ehepflichten wieder bereitwillig nachkommen.

Nachdem die Krise erst einmal als »Krise der Reproduktion von Motivationen« aufgedeckt worden war, geriet die Strategie einer Integration von Frauen in die Berufswelt in Gegensatz zu den umfassenderen Strategien der Sicherung von ausreichend gefügigen Arbeitskräften und Staatsbürgern. Wie diese Fehleinschätzung wieder gutmachen? Und – würden die Frauen mitziehen?

Die Zweifel sind berechtigt. Die seit Ende der sechziger Jahre sichtbare Aufweichung der Rollenvorschriften für Frauen, Forschungsaktivitäten zur Eröffnung von neuen Betätigungsfeldern für Frauen, Projekte zur Vereinbarung von Familie und Beruf, die langsame Enttabuisierung einer Berufsarbeit von Ehefrauen und Müttern; all das entsprach einem seit langer Zeit unterdrückten Bedürfnis der Frauen – zwar nicht unbedingt nach Lohnarbeit –, jedoch einem Bedürfnis nach Grenzüberschreitung, Heraustreten aus der Isolation und Abhängigkeit von Ehe und Familie: Teilzeitberufstätigkeit, überhaupt Nähe zur Berufswelt, zur Öffentlichkeit, Anerkennung als Person mit Fähigkeiten, die etwas wert sind, u. a. Geld, all das gehört inzwischen – anders als noch in der Generation unserer Mütter – zum festen Selbstverständnis von Frauen.

Wir Frauen sind – anders als unsere Mütter – aufgewachsen in einer Gesellschaft, die zwar auf ein stabiles Weiblichkeitsstereotyp, wie das der Mutter, Ehefrau und Hausfrau angewiesen bleibt; die aber andererseits den Frauen zunehmend die Variation dieses Status (Offe) ermöglichen muß – ein Dilemma, das diese Gesellschaft selbst hervorbringt und auf erweiterter Stufe reproduziert. Gerade die Tatsache, daß uns Frauen – anders als unseren Müttern – heute mehr und zum Teil sich widersprechende, d. h. qualitativ im Erfahrungsgehalt gegensätzliche Existenzweisen geöffnet werden und zwar im Lauf eines Lebens – Verhaltensweisen und Selbstbild der jugendlichen, auf jeden Fall berufstätigen, noch-nicht-verheirateten Frau unterscheiden sich fundamental von der Lebensweise und den Erfahrungen einer frischgebackenen Ehefrau und Mutter, bedeuten häufig Verschlechterung und Enttäuschung usw. – formal gleiche Ausbildung für Jungen und Mädchen, Selbständigkeit und Berufstätigkeit als Leitbild für die unverheiratete Frau, Partnerschaft, Mutterschaft, stabile Zweierbeziehung, die Entleerung des Lebens der älteren Frau von diesen Familienpflichten, all das hat das enge, starre Leitbild der Frau als Ehefrau, Hausfrau und Mutter für uns Frauen relativiert, unglaubwürdig, unannehmbar und wenig attraktiv gemacht. All das hat zugleich jene Frauen verunsichert, die, einmal fixiert auf Ehe und Familie, sich mit jenen Frauen vergleichen, denen es gelungen ist, sich mehr Möglichkeiten offen zu halten. Die Verunsicherung vieler Frauen und unsere Weigerung, je nach Stand gesellschaftlicher Problemlagen, den Marsch in die Familie zurück bzw. aus ihr heraus anzutreten, zeigt sich u. a. in sinkenden Geburtenzahlen und in der Zahl arbeitsloser Frauen, die beim Arbeitsamt auf einem Arbeitsplatz bestehen.

Anders als in den dreißiger Jahren können Frauen (noch) nicht wieder mit einem Appell an »die Wiedergeburt der Frau zum Kinde« und durch das Kind zwangsweise aus der Berufswelt entfernt und auf Familie und Mutterschaft verpflichtet werden. Wie also eine Rückbesinnung der Frauen einleiten? Welche Bedürfnisse und Interessen der Frauen sind geeignet für eine Rückbindung der Frauen an Ehe und Mutterschaft? Mit diesen Fragen habe ich die neue Stoßrichtung staatlich initiierter Forschungsaktivitäten in Sachen Frau gekennzeichnet, aber auch ihre Ambivalenz beschrieben. Knüpft sie nicht an wirklichen und drängenden Bedürfnissen der Frauen an? Sind Frauen nicht »überlastet«, den rasch sich verändernden Bedingungen privater Versorgungsarbeit in der Familie, den Ansprüchen an sie und den Wechselfällen beruflicher Arbeit kaum mehr gewachsen?

Viel – wenn auch sicher unbeabsichtigt – hat die von Frauen für Frauen intendierte – immer auch irgendwie staatlich finanzierte – Forschung beigetragen zur Beantwortung der Frage, welche weiblichen Interessen geeignet sind, um Frauen wieder stärker in Ehe und Familie zu integrieren. Die von Frauen selbst vorangetriebene Forschung war es, die zunächst auf die strukturelle Ausblendung der Fragen, wie denn Frauen eigentlich leben und arbeiten, und in welchem Verhältnis eigentlich private weibliche, unbezahlte und nicht anerkannte Arbeit und männliche bezahlte Berufsarbeit stehen, hinwies und damit Konflikt- aber auch »Befriedungs-Potential« freilegte. Der erste Schritt in dieser von Frauen vorangetriebenen Forschung war, gegen die Flut von Mythen über das »ewige« und »wahre Weibliche« anzukämpfen, die seit Jahrhunderten geholfen hat, das parasitäre, ausbeuterische Verhältnis einer Lohnarbeitsgesellschaft zu weiblichen Lebens- und Arbeitsweisen – nicht nur in der Familie – auch im Betrieb zuzudecken. Denn der strukturellen Vernachlässigung des Aspektes, wie Frauen wirklich leben und arbeiten müssen, stand eine Flut von Bildern über die »wahre weibliche Bestimmung« – Männerphantasien und Phantasiefrauen – gegenüber.

Wie kam es dazu, daß Frauen durch ihre Analysen Möglichkeiten und Wege für staatlich initiierte Forschung wiesen, Fraueninteressen aufzugreifen und zu »befrieden«?

Ich habe bereits darauf hingewiesen, daß Frauenforschung von Frauen inhaltlich getragen, vor allem im Zusammenhang mit der Studentenbewegung, mit den Kämpfen um den Paragraphen 218 und auch mit einer zunehmenden Politisierung von erwerbstätigen Frauen – u. a. gegen den fortschreitenden rapiden Verschleiß ihrer Arbeitskraft durch Intensivierung – entstand. Für viele von uns Frauen begann hier der Bruch mit der sozialistischen Tradition einer »Frauenbefreiung durch Lohnarbeit« und mit der abstrakten Gleichheitsideologie, mit der wir lange genug kokettiert hatten. Kampf gegen Weiblichkeitsmythen hieß fortan Kampf gegen die die Ausblendung des weiblichen Lebenszusammenhanges im marxistischen Theoriegebäude, gegen seine verborgene Fortschrittsgläubigkeit im Sinne technischer Verfügung und Naturbeherrschung und gegen die Verkürzung der Begriffe von Arbeit und Leben. Es war die Frauenbewegung und ihre Theoretikerinnen[10], zuerst die italienischen, englischen und amerikanischen Frauen – die also dieses parasitäre Verhältnis von Lohn- bzw. Berufsarbeit und unbezahlter weiblicher Arbeit in der Familie, auf dem unsere Gesellschaft aufbaut, entlarvten und mit diesem parasitären Verhältnis auch dessen Folgeprobleme für

Frauen: Abhängigkeit und Isolation; die unentgeltliche Nutzung weiblicher »stiller« Jeder(frau)qualifikationen durch die Betriebe; die schnellere, intensivere Nutzung weiblicher Arbeitskraft, die nach frühzeitigem Verschleiß wieder in die Obhut der Familie – die wie selbstverständlich vorausgesetzt wird – zurückgeschickt werden kann; den Zwang, auf dauerhafte private Bindung, auf Kinder im Fall einer qualifizierten Berufstätigkeit verzichten zu müssen; den »Pensionierungsschock« im Alter von ungefähr vierzig Jahren, wenn die Kinder erwachsen werden und die Frau weder in der Familie noch auf dem Arbeitsmarkt wirklich gebraucht wird usw. Die von Frauen massenhaft getragene Debatte um die Aufhebung des § 218 hat zugleich ihr Bewußtsein dafür geschärft, daß sie als Frauen entmündigt sind durch die Reglementierung ihres Körpers, ihrer Psyche, durch den Verlust von Wissen um den eigenen Körper und die Abhängigkeit von Experten – Ärzten, Lehrern usw. Auch die Kinder, die Frauen doch entschädigen sollen für erfahrene Diskriminierung und geringere Lebenschancen, gehören den Frauen nicht, werden ihnen genommen; selbst in Schwangerschaft, Geburt und täglicher Sorge für die Kinder werden Frauen fremdbestimmt und kontrolliert.

Ich habe die wichtigsten Ansatzpunkte dieser – feministischen – Frauenforschung gezeigt: die Neuinterpretation des Verhältnisses von weiblicher Arbeit in der Familie und Berufsarbeit, sowie Versuche, Selbst-Bewußtsein und Selbst-Bestimmung über den eigenen Körper, das eigene Leben, in Fragen von Gesundheit, Erziehung wiederzugewinnen. Es ging und geht auch heute darum, das eigene Leben selbst in die Hand zu nehmen, Wissen, Fertigkeiten und Fähigkeiten zurückzugewinnen.

Die Forderungen »Lohn für die Hausarbeit« und »mein Bauch gehört mir« haben nicht nur einen empfindlichen Nerv geschlechtsspezifischer – den Frauen aufgezwungener – Arbeitsteilung getroffen; sie haben auch das erste Mal in der Geschichte unserer Gesellschaft bislang verschleierte Funktionszusammenhänge offengelegt und politisiert: die stillschweigende Reglementierung von Frauen zu primären Trägerinnen der Herstellung und Wiederherstellung von Arbeitsvermögen jenseits der Tauschsphäre. Es zeigte sich, daß die Forderung von Frauen nach Rückgewinnung von Kompetenzen und Anerkennung ihrer Arbeit, die Verweigerung von »Arbeit aus Liebe«, von Kinderkriegen und kompensatorischer Emotionalität sehr wohl »organisations-« und »konfliktfähige« Interessen – (im Gegensatz zu dieser These vgl. Offe) – sind; daß diese Forderungen der Frauen mehr staatliche Aktivitäten einzuleiten vermochten als der sozialistische Ruf nach »Gleichheit von Mann und Frau als Lohnarbeiter«, Frauenemanzipation durch Kampf mit dem männlichen Lohnarbeiter gemeinsam gegen Lohnarbeitsbedingungen. (Die Gleichheit der Frau als Lohnarbeiter ist ohne die Aufhebung weiblicher Familienarbeit nicht herzustellen; diese Aufhebung ist aber weder im männlichen, noch im allgemein gesellschaftlichen Interesse – das beweisen gerade die staatssozialistischen Länder.)

Aktionen und Schriften der neuen Frauenbewegung haben aber auch geholfen, den Rahmen abzustecken für ein umfassendes Programm zur Erforschung von »neuralgischen« Punkten im weiblichen Lebenszusammenhang, von Problembereichen, deren Erforschung auch im Interesse von Frauen ist und doch zugleich hilft, sie an ihre alte Rolle als Ehefrau, Mutter, Hausfrau rückzubinden. Solche Punkte sind z. B.

– die Notwendigkeit einer Anerkennung weiblicher Arbeit in der Familie als Arbeit (Erziehungsgeld, scheinbare Professionalisierung der Mutterrolle, Einbindung weiblicher Fähigkeiten in kommunale Aktivitäten, also Appell an »unbezahlte«, ehrenamtliche Sozialarbeit/Laienarbeit in der Gemeinde . . .)

– die Eröffnung von Möglichkeiten eigenverantwortlicher Schwangerschaft und Geburt (sanfte Geburt, rooming in usw.)

– die Notwendigkeit der Stärkung der Stellung der Frau – zumindest – in der Familie (Forschungsprojekte zur Gewalt in der Ehe; Entwicklung von Programmen zum Training von Ehefähigkeit und Partnerschaft usw.).

Sind solch genuin weibliche Interessen und Bedürfnisse nach Anerkennung in und außerhalb der Familie, nach selbst-bewußter und -bestimmter, eigenverantwortlicher Mutterschaft, nach Liebe, Sicherheit und Geborgenheit auch in privaten Beziehungen erst einmal offengelegt, so können sich Experten aller Art ihrer – zu welchem Zweck auch immer – bemächtigen, auch um sie schließlich umzubiegen in eine bloße »Befriedung« der Frauen, in eine Indienstnahme von Fraueninteressen für eine Stärkung der Frauen als Produzentinnen von erwerbsarbeitsfähigen Arbeitskräften. Und weil diese Strategien an faktischen Bedürfnissen von Frauen anzuknüpfen verstehen, kann dies und auch die Produktion neuer – für Frauen akzeptabler – Leitbilder gelingen. Was sind neue Leitbilder? Die berufstätige Frau z. B., die die unmenschliche Berufswelt mit ihren »weiblichen« Fähigkeiten durchdringen und verändern soll; es taucht auf das Bild der »kompetenten Mutter«, wobei sich diese Kompetenz jetzt auf Fragen natürlicher Ernährung, sanfter Geburt – Geburt als orgiastische Potenz der Frau – auf Stillpraktiken usw. beziehen darf; alles in allem liebenswerte Frauenbilder, für Mann und Gesellschaft durchaus akzeptable Bilder, wie sie auch die alte Frauenbewegung im 19. Jahrhundert zu produzieren begann, da, wo sie sich affirmativ einrichtete[11].

Mir geht es darum zu zeigen, wie schwierig es ist, eine Wissenschaft für Frauen zu machen, die sich langfristig nicht wieder als Bumerang erweist: daß sich Frauen nicht eines Tages wiederfinden in neuen alten Formen der Unterdrückung und Einschränkung. Ich bin auf die Ursachen eines wachsenden Interesses an Frauenforschung so ausführlich eingegangen, weil an ihnen m. E. paradigmatisch gezeigt werden kann, was eine Wissenschaft im Interesse von Frauen *nicht* sein kann und auch nicht werden darf: seine Verkehrung. Im Grunde zeigt sich hier ein Dilemma. Ob Frauenforschung eine Wissenschaft im Interesse von Frauen bleibt, hängt nicht nur von ihrer Parteilichkeit, ihren Inhalten und Methoden ab; auch nicht allein davon, wer sie macht, und wie sie sich finanziert; sondern auch davon – und zwar in zunehmenden Maß – wie es ihr gelingt, die Interpretation ihrer Ergebnisse und ihre Umsetzung in praktisches Handeln möglichst lange und »monopolisiert« in der Hand zu behalten und immer noch zur Selbsthilfe anzuleiten: ein schier unmögliches Unterfangen.

Im Grunde gilt für feministische Frauenforschung, was für jede Forschung zum Thema Frau gilt: daß sie sozusagen »gegen den Strich« gelesen und interpretiert werden kann. Eine gegen Fraueninteressen gerichtete Forschung jedweder Couleur entlarvt sich in ihrer Selektivität und Indienstnahme von Fraueninteressen für die Lösung allgemein gesellschaftlicher Probleme (z. B. Arbeitsmarktprobleme, Probleme der Sicherung der »Reproduktion« von Arbeitskraft usw.), für die Befriedigung partikularer Interessen, die nicht jene besonderen der jeweilig erforschten Frauengruppen sind.

Zusammengefaßt: »Verfügte« Forschung ist in engem Zusammenhang mit aktuellen und drohenden gesellschaftlichen Problemlagen zu sehen. Und die Ergebnisse der einmal angeregten Forschungsaktivitäten werden, auch wenn sie von Frauen selbst und für Frauen dann unternommen werden, auch in diesem u. U. restriktiven Sinn interpretiert. Frauen waren und sind Zielgruppen von »verfügter« Forschungsaktivität faktisch nur insoweit, wie man glaubt, durch eine Veränderung und Neudefinition weiblicher »Daseinsbestimmungen« allgemein gesellschaftliche Probleme, die nicht oder nur sehr vermittelt »Frauenprobleme« sind, lösen zu können. So können erforschte Lösungsstrategien, die selten identisch sind mit der Lösung der wirklichen Probleme von Frauen, kurzfristig der »Befriedigung« von Fraueninteressen dienen und langfristig sich doch wieder gegen Frauen wenden, sie in ihrem Status fesseln, diesen festschreiben und fortschreiben. Allerdings bleibt Forschung, von wem auch immer getragen, »kontingent«[12] bezogen auf die jeweiligen Intentionen der Forscher(innen) und die Interessen der untersuchten Gruppe von Frauen: sozialwissenschaftliche (Frauen-)Forschung ist weder im Ablauf noch im gewünschten Ergebnis wirklich planbar oder steuerbar. Das kann auch als Chance begriffen werden[13]. Auch die Ergebnisse einer von oben »verfügten« Frauenforschung können von feministischen Frauenforscherinnen genutzt werden. Sie müssen nur anders interpretiert werden; z. B. indem wir zeigen, welche für Frauen wichtigen Fragen nicht gestellt, welche Ansatzpunkte für eine Veränderung ausgelassen wurden; indem wir eben die Selektivität »verfügter« Forschung und ihren Versuch, Fraueninteressen in Dienst zu nehmen«, aufdecken.

So kann z. B. auch eine »verfügte« Forschung, die sich für die Ausweitung der Möglichkeiten für Hausgeburten einsetzt, Selbstbewußtsein und Zufriedenheit der Frauen vergrößern; sie kann durch die Mitbeteiligung von Mann und Familie eine »gemeinsame Sache«, die das Familienleben zusammenhält, stiften; also Frauen emotional an Familie rückbinden, und letztlich Kosten im Gesundheitswesen verringern. Wem hier mehr geholfen ist, bzw. wer hier wem hilft, ist schwer zu entscheiden.

»Verfügte« Forschung ist sicher nicht an der Erforschung von Möglichkeiten einer radikalen Veränderung der Lebens- und Arbeitssituation von Frauen interessiert. Ich habe bereits darauf hingewiesen, daß es einer »staatlich initiierten« Frauenforschung bisher lediglich um eine »Flexibilisierung« des weiblichen Status ging, nie um eine grundsätzliche Freisetzung von Frauen von Familienpflichten, von privater Sorge für leiblich-seelische Bedürfnisse der einzelnen Familienmitglieder. Ich komme hier auf ein grundlegendes Dilemma unserer Gesellschaft. Als Berufs- bzw. Lohnarbeitsgesellschaft muß sie interessiert sein zunächst

(1) an einer Freisetzung, Vereinzelung, Individualisierung aller Individuen – ungeachtet ihres Geschlechts – für eine mögliche Erwerbsarbeits-Existenz: von daher die Anstrengungen, nicht nur Männer, sondern auch Frauen einigermaßen »erwerbsarbeits- fähig« zu machen und zu erhalten.

Eine »Freisetzung« der Frau gleich dem Mann von der privaten Sorge für andere, – eine so verstandene größere Freiheit der Frau am Arbeitsmarkt, – größere Disponibilität, mehr Bewegungsfrei- heit und Individualität von Frauen, bedeutet zugleich einen An- griff auf das objektiv gesellschaftliche Interesse, mit Hilfe der unentgeltlichen weiblichen privaten Sorge ausreichend und aus- reichend motivierte Arbeitskräfte zu erhalten.

(2) Dieses andere gesellschaftliche Interesse gerät in Wider- spruch zum Interesse an relativer »Gleichheit« von Mann und Frau als Arbeitskräfte.

Diese Gesellschaft kann Menschen nur bedingt nach Prinzipien berufli- cher Arbeit »produzieren«, nach Regeln also, wie sie Waren herstellt und Natur ausbeutet. Bei der (Re-)Produktion menschlicher Natur sind ihr hier Schranken gesetzt. Schon sehr früh – bereits in der Antike – mit der fortschreitenden Trennung von geistiger und materieller Arbeit und forciert seit dem Übergang der feudalistischen Gesellschaft zu unserer »naturbeherrschenden« industriell warenproduzierenden haben Frauen für diese mangelnde Rationalisierbarkeit, Berechenbarkeit und Beherrsch- barkeit natur-, körpergebundener Bedürfnisse und Prozesse herhalten müssen: als »Hexen der Neuzeit«[14], »gebändigt« zu von »Sinnlichkeit entleerten« Müttern und Ehefrauen[15], eingefangen in die Familie; oft haben sie mit Leib und Leben für die Übermacht einer chaotischen, noch nicht technisch verfügbaren Natur büßen müssen.

Eine von Frauen selbst eingeleitete Frauenforschung hat diesen konstitutiven Kern unserer Gesellschaft freigelegt: daß die Frei- setzung des Mannes als Lohnarbeiter die Unfreiheit der Frau als Ehefrau und Mutter, ihre Diskriminierung am Arbeitsmarkt nach sich zieht; daß vor allem durch die familiale Arbeit der Frau das für eine langfristige Berufsarbeit notwendige Motivationspoten- tial produziert wird; daß diese Notwendigkeit einer eigens einge- richteten »Gegenwelt Familie« letztlich zurückverweist auf ein inhumanes Potential unserer Gesellschaft, die mit dem Angewiesensein auf »Gegenwelten« auch ein Bild von Weiblichkeit produziert, das geeignet sein soll für die Projektion der in einer Lohnarbeitsgesellschaft unterdrückten und verdrängten Sehnsüchte und Ängste – vor allem der Männer.

»Frauenzentren, Frauenkalender, Frauenbuchhandlungen, Frauenseminare, Frauenwohngemeinschaften, Frauenfeste, Frauenzeitschriften, Frauenverlage, Frauenhäuser, Frauenkongresse, Frauenfilme, Frauenbands, Frauengesundheitskollektive, Frauenrechtshilfebüros, Frauenmitfahrgelegenheiten ... Ach Frauen, Frauen, Frauen! Was habt ihr euch nicht alles eingerichtet! Was könnt ihr nicht alles miteinander! Was werdet ihr noch alles tun![16]«

Frauen haben angefangen, ihr Leben selbst in die Hand zu nehmen und selbst »Wissen zu schaffen«. Jetzt, wo sich eine feministische Frauenforschung – als autonome oder als staatlich geförderte bzw. öffentlich gebundene – zu institutionalisieren beginnt, zeichnet sich auch hier die Gefahr (1) der Verselbständigung von Ansätzen und Abschottung gegenüber der Heterogenität und Vielfalt von sich verändernden weiblichen Interessen ab; (2) eine neue Hierarchisierung von programmatischen Entwürfen und damit (3) auch die Gefahr der Produktion neuer Weiblichkeitsmythen: Probleme, denen wir Frauen augenblicklich eher ratlos gegenüber stehen. Wieder werden Frauen in »richtige« und »falsche« gespalten, zeichnen sich neue Hierarchien ab, ohne daß eine konsequente Explikation der Normen, die diese Spaltungen tragen, geleistet würde. Woran mißt sich die »Richtigkeit« von Hoffnungen und Wünschen im Frauenalltag? Am abstrakten Ziel einer Aufhebung von Unterdrückung? Und: Was heißt für die einzelnen, je unterschiedlich in Familie und Beruf eingebundenen Frauen Aufhebung von Unterdrückung?

Gerade in der Produktion von neuen »Weiblichkeitsmythen und -bildern« (Bovenschen) zeigt sich m. E., daß wir unsere Geschichte noch nicht aufgearbeitet und begriffen haben. Ist es nicht erschreckend, wenn Teile der Frauenforschung mit Weiblichkeitskonzepten arbeiten, die weit entfernt von dem wirklichen Leben und Arbeiten von Frauen als Folie zu dienen hatten und haben, auf der sich Wünsche, Ängste und Enttäuschungen einer fortschreitend naturbeherrschenden männlich dominierten Gesellschaft abarbeiten durften. Ich teile Silvia Bovenschens Warnung vor einer mythischen Verkehrung unbegriffener weiblicher Geschichte, wenn sich z. B. heute Frauen als Hexen verkleiden und verkünden: »die Hexen sind zurück«. Mit der Erinnerung an die nicht verarbeitete und in dieser

229

Gesellschaft auch kaum zu verarbeitende Geschichte der Vernichtung unzähliger Frauen, mit der Gestalt der Hexe übernehmen die Frauen auch eine männliche Projektionsfigur. Schließlich waren jene gemordeten Frauen keine Hexen, sie wurden erst dazu gemacht. Wie freiwillig war denn dieser Prozeß der Übernahme der Definition »Hexe« und später der Rolle der »Empfindsamen« durch die historische Frau? Das gleiche Unbehagen befällt mich bei dem allzu bereiten und raschen Übergang der Frauen zum neuen Leitbild von »Mutterschaft als Produktivität« und zum »Produkt Kind«, also zu partialisierten, ins Private abgedrängten Interessen. Hat nicht gerade die sukzessive Verkürzung umfassender Interessen nach alternativem Leben und Arbeiten auf private Interessen einer privilegierten Gruppe das beinahe nahtlose Ineinandergreifen von Lebensreformbewegung und faschistischem Denken in Gesundheits- und rassistischen Reinheits- bzw. Elitevorstellungen geführt?[27]

Ich habe versucht zu zeigen, auf welchem Hintergrund Frauenforschung entstanden ist. Wenn feministische Frauenforschung eine Wissenschaft im Interesse von Frauen sein will, muß der Forschungsprozeß zugleich Reflexionsprozeß u. a. folgender Fragen sein:

– Wie ist die Forschungsfragestellung entstanden? Werden mit ihr weibliche Interessen sozusagen nur »projektiv« oder instrumentell aufgegriffen für Eigeninteressen des Forschenden, für Zwecke, denen Fraueninteressen nur also Folie dienen? Es geht hier um eine Klarlegung der Ziele der Forschung.
– In welchem Zusammenhang steht meine Forschung zu anderen, z. B. staatlich geförderten und initiierten Forschungsprojekten? Es geht hier um die Frage nach dem gesellschaftlichen Problemhintergrund für Frauenforschung – letztlich um die Frage, welche Ergebnisse feministischer Forschung helfen, allgemein gesellschaftliche Probleme zu lösen.
– Inwieweit ist das Einschwenken auf kurzfristige Strategien zur Verbesserung der Lage von Frauen notwendig – auch wenn sie langfristig nicht einem feministischen Anspruch von »Aufhebung von Unterdrückung« entsprechen?
– Inwieweit werden neue Weiblichkeitsbilder produziert, die den Forschungsprozeß leiten und ein Eingehen auf die Interessen der Frauen langfristig verhindern? (z. B. »Widerstand« heißt nur: »Ablehnung der traditionellen Frauenrolle«)?

Es geht hier letztlich um eine ideologiekritische Wissenschaft für Frauen, um die Offenlegung des Forschungsprozesses, seiner latenten Wertungen und politischen Implikationen.

Frauenbewegung und feministische Forscherinnen haben mit den Kategorien »Betroffenheit« und »Parteilichkeit« versucht, Wege aufzuzeigen, die garantieren sollen, daß Frauenforschung tatsächlich eine Wissenschaft *für* die Frauen bleibt. Mit der Ausfüllung dieser Kategorien soll die Entfremdung zwischen Wissenschaft und »Erforschten« aufgehoben, alte Hierarchien aufgelöst werden. G. Böhme begreift eine feministische Frauenforschung als Betroffenenforschung. Eine Wissenschaft für Frauen wäre demnach nur dann tatsächlich eine Forschung im Interesse von Frauen, wenn sie

»von und in Kooperation mit den Betroffenen – ausgehend von ihren Problemen gemacht wird, ... wenn ausgehend von einem bestimmten Problem die notwendigen Kompetenzen aufgesucht und nicht umgekehrt aus schon etablierten wissenschaftlichen Disziplinen die Probleme definiert werden«.[19]

Zunächst eine Vorbemerkung: Für mich werden in dieser Beschreibung von Wissenschaft als Betroffenen-Wissenschaft immer auch Bedürfnisse des Forschers selbst sichtbar. Worin unterscheidet sich diese wissenschaftliche Tätigkeit von jenem Mythos professioneller Berufspraxis, in der der Klient (Patient z.B.) den Professionellen (Arzt, Psychotherapeut z. B.) aufsucht, um mit ihm zusammen sein Problem zu lösen? Denn auf Kooperationsbereitschaft ihres »Forschungsgegenstands« oder ihrer Abnehmer ist zumindest eine erfolgreiche Sozialwissenschaft angewiesen – eine gewisse Parteilichkeit und die Übernahme des Standpunktes des anderen sind hier, zumindest bis der Vertrag zwischen Klient/Professionellen zustande gekommen ist, funktionale Voraussetzung. Für mich enthält daher das Konzept einer Betroffenen-Forschung immer auch – sicher nicht nur – ein unbewußt berufsstrategisches Selbstverständnis des Forschers. Wissenschaft legitimiert sich immer aus einem artikulierten Bedarf, will sie nicht Selbstzweck und/oder Herrschaftsinstrument sein, und zwar aus einem Bedarf der Betroffenen. Nur: das haben meine Erfahrungen bisher gezeigt – Frauen haben einen Bedarf nach einem Ersatz für ihre verlorenen Kompetenzen, d. h. nach einem lebenspraktischen Wissen, das ihrer Situation angemessen ist. Wir Forscher können – auch da, wo wir Betroffenen-Wissenschaft treiben, nur »Wissenschaft« anbieten. Forscherinnen können nicht stellvertretend für die ratsuchenden Frauen und auch kaum

Die Frau als Hausärztin

✦✦ Ein ärztliches Nachschlagebuch ✦✦
der Gesundheitspflege und Heilkunde in der Familie
mit besonderer Berücksichtigung der Frauen- und
Kinderkrankheiten, Geburtshilfe und Kinderpflege

von

Dr. med. Anna Fischer-Dückelmann

in Zürich promoviert

Mit 496 Original-Illustrationen, 42 Tafeln und Kunstbeilagen
in feinstem Farbendruck und dem Porträt der Verfasserin

Elftes Hunderttausend

1920
München
Süddeutsches Verlags-Institut
Wien
Österreichisches Verlags-Institut

Vorwort

Der Zweck des vorliegenden Buches ist, eine Fülle von praktischen Ratschlägen, Lebensregeln und Warnungen zur Erhaltung und Wiedergewinnung der körperlichen und seelischen Gesundheit den Frauen auf ihren oft so dornenvollen Lebensweg mitzugeben. Wir glaubten dies am besten zu erreichen, wenn wir ermüdende theoretische Abhandlungen, unverständliche oder abschreckende Abbildungen oder Erklärungen recht seltener krankhafter Zustände, die den Frauen nicht den geringsten Nutzen bringen, möglichst vermeiden und dafür Wort und Bild den Anforderungen des Lebens, das ja so mannigfaltig ist, anzupassen suchen. Möchte uns dies gelungen sein!

Daß wir dabei Erklärungen und kurze wissenschaftliche Begründungen nicht ganz vermeiden konnten, wird jedem begreiflich erscheinen, der sich vorhält, daß ein Buch wie dieses auch belehren soll und den Ansprüchen der Leser verschiedener Bildungsstufen genügen muß. Wir bitten daher unsere Leserinnen, im eigenen Interesse nichts zu überschlagen, sondern die grundlegenden Kapitel des ersten Teiles, namentlich den

Abschnitt über die Ernährung, mit besonderer Aufmerksamkeit zu lesen. Erst dann kann der dritte Teil seinen Zweck vollständig erfüllen, nicht minder der zweite, der zwar den kleinsten Umfang erhielt, aber den Müttern unentbehrlich ist.

Wenn Gegner unserer Richtung uns vielleicht den Vorwurf machen, daß wir in der „Hausärztin" im Gegensatz zu anderen ähnlichen Werken zu viel „Selbsthilfe" gelehrt haben und dadurch eine angeblich schädliche Bestrebung unserer Zeit unterstützen, oder daß wir in unseren Bildern zu viel Nacktheit bringen und daher auch gefährlich wirken — so antworten wir: unsere Zeit hat die Befreiung von der über Leben und Gesundheit gebietenden Autorität des Arztes der alten Art angebahnt; das Volk hat angefangen, sich selbst helfen zu wollen, und jeder einsichtsvolle Arzt, der für die Interessen der Menschheit wirkt und nicht nur für seine Zunft, wird dieses Bestreben als einen glückbringenden Fortschritt freudig begrüßen und ihm alle seine Kräfte weihen. Auch ist es ein Irrtum, zu glauben, der Arzt säge durch diese Unterstützung den Ast selbst ab, auf dem er sitzt; es ändert sich nur einerseits die Art seiner Tätigkeit, indem er mehr ein Hüter der Gesundheit wird, statt wie bisher ausschließlich aus dem Elend seiner kranken Mitmenschen Nutzen zu ziehen; anderseits ist der wissenschaftlich und praktisch ausgebildete Arzt unter den heutigen traurigen Gesundheitsverhältnissen so notwendig, daß er trotz aller Selbsthilfe der Laien nie ganz entbehrlich werden wird. Um laienhafte Selbstüberschätzung der eigenen Fähigkeiten zu verhüten, habe ich daher, wo es notwendig erschien, immer auf die Gefahr der Selbstbehandlung hingewiesen und stets die Zuziehung des fachgebildeten Arztes betont.

Was den zweiten Vorwurf anbelangt, so habe ich es gerade als eine der Aufgaben eines solchen Buches betrachtet, angesichts der im Niedergang begriffenen Schönheit des menschlichen Körpers und des immer mangelhafter werdenden Natursinnes auf gewisse Grundlagen zurückzuführen, um

Vorwort.

auf das noch von Krankheit, Vorurteilen und Unwissenheit umgebene weibliche Geschlecht befreiend und erhebend einzuwirken. Diejenigen, die unser Buch mit reinem Sinn und vorurteilslosem Geiste prüfen, wissen auch, daß man Gesundheit und Schönheit nur an der Hand der Natur wiederfinden kann, daß daher auch der nackte menschliche Körper nichts Abschreckendes oder Verbotenes an sich hat, sondern nur etwas Ungewohntes geworden ist. Von diesem Standpunkte aus prüfe man unsere Abbildungen und erfreue sich zuerst an unseren nackten Kindern, welche den Sinn für Natürlichkeit am raschesten zu wecken geeignet sind.

Im übrigen wollen wir helfen und heilen und nicht bloß interessieren.

Möge nun das Werk für sich selbst sprechen und die Aufgaben, die wir uns gestellt haben, erfüllen.

Dresden, im Herbst 1901.

Anna Fischer - Dückelmann

mehr mit ihnen, jene Erfahrungen nachholen, die für Wissen und Fähigkeiten im weiblichen Lebenszusammenhang konstitutiv wären; Erfahrungen, für die in unserer Gesellschaft kaum noch Raum und Zeit ist; für die Wissenschaft eben nur schlechter Ersatz ist[20]; (ich kann auf diesen Punkt nicht weiter eingehen, weil mir so etwas wie eine Geschichte der Entleerung unserer Praxis von Erfahrungswissen fehlt).

Eine Betroffenenwissenschaft wäre eigentlich eine Wissenschaft ohne Wissenschaftler – z. B. eine Zusammenkunft von Frauen mit einem gemeinsamen Problem, das »bearbeitet« wird, aus dem Schlüsse gezogen werden – von den Frauen selbst. So kann eine Betroffenen-Wissenschaft wenigstens eine Anleitung zur Selbsthilfe sein.

Feministische Forscherinnen haben dieses Problem, daß Frauenforschung entweder sehr leicht in Gefahr gerät, »Sozialarbeit« für Frauen, damit auch besserwissend, wohlwollend pädagogisierend zu sein, oder Wertungen zu transportieren, die den Frauen bereits wieder aufdrängen, was politische Richtung und »wahre Weiblichkeit« zu sein hat, genau gesehen.

Maria Mies hat in ihrem Aufsatz über »Methodische Postulate zur Frauenforschung«[21] stellvertretend für andere feministische Forscherinnen darauf hingewiesen, daß es nicht genügt, abstrakt allgemein die Kriterien kritischer Forschung einzulösen. Es kann nicht nur darum gehen, methodische Postulate zu erfüllen, wie eine »Sicht von unten«, eine Anerkennung der Frau, um die es geht oder die Wissen nachfragt, als »sister sociologist«, als Forscherin ohne Diplom, d. h. um eine Anerkennung der dem Forscher meist fremden Situationsdeutungen und Verhaltensweisen, oder um eine Aufhebung der hierarchischen Kommunikationsstruktur. Denn letztlich geht es um eine inhaltliche Auffüllung der Begriffe »Betroffenheit« und »Parteilichkeit«, es geht um Wertentscheidungen, was eine Verbesserung von weiblichen Lebensbedingungen sein kann und sein soll, und wie die dazugehörige Gesellschaft aussehen soll. Solche Fragen können aber – gerade wenn die Forscherin ernst macht mit ihrer Forderung nach einer Sicht »von unten« – für verschiedene Frauen ganz unterschiedlich beantwortet werden.

Maria Mies ist da sehr optimistisch. Die beste Gewähr für eine gelingende feministische Forschung ist für sie die gemeinsame

Unterdrückungserfahrung von Forscherinnen und ratsuchenden Frauen, die beide Seiten zusammenführt zum Kampf gegen Frauenunterdrückung. Ich bin da skeptischer. Was tun, wenn Frauen objektive Unterdrückung subjektiv entweder nicht als solche oder zumindest ambivalent erfahren; wenn sie für erfahrene Unterdrückung immer auch entschädigt werden? Sie überreden? Der Widerstand gegen die traditionelle Frauenrolle als forschungsleitende Strategie, die Verweigerung z. B. von »Arbeit aus Liebe« geht an der Wirklichkeit vieler Frauen vorbei. Liebe ist eben nicht nur bzw. zum geringeren Teil oder gar nicht Arbeit, sondern eben »Liebe«, »Nicht-Aushandelung«, »Nicht-Konkurrenz«[22], damit Sinnbild einer Qualität – Bedingungslosigkeit – die in unserer Gesellschaft kritisch gewendet werden kann. Wie diese Qualität retten, wenn sie erst einmal entlarvt, »entzaubert« und als »Arbeits-Leistung« gleich der beruflichen kalkuliert – liebst du mich, lieb ich dich – ihres zweideutigen Sinngehalts beraubt ist? Solche historisch hervorgebrachten repressiven und doch zugleich utopischen Potentiale geben Frauen nicht gerne auf.

Solche Probleme werden zwar durch jene »Postulate einer feministischen Frauenforschung« angesprochen, sind aber doch noch ungelöst. Zumindest liegt eine Frauenforschung, der es gelungen ist, eine Wissenschaft für Frauen im Interesse von Frauen und gleichzeitig Anleitung für eine selbstbestimmte Praxis von Frauen mit Frauen zu sein, erst in Ansätzen vor. Vielleicht ist der Anspruch – nicht nur an eine feministische Forschung – sondern an eine »Betroffenen-Wissenschaft« und Wissenschaft überhaupt zu hoch (vgl. Anm. 13). Die Verpflichtung von Frauenforschung auf »Betroffenheit«, »Parteilichkeit« und Praxisnähe, worunter übrigens die Nähe zur Praxis anderer »betroffener« Frauen und immer weniger zur eigenen verstanden wird, ist inzwischen beinahe zum Ritual und fast schon zum Denkverbot, in jedem Fall aber zum Kooperationsverbot mit Männern geworden. Als ob mein Sohn keine Zukunft hätte! Frauenforschung ist ein Balanceakt, in dem die Forscherinnen aushalten müssen, daß sie, selbst wenn es ihnen gelingt, ein wenig in die Haut anderer Frauen zu schlüpfen, andere lebensgeschichtliche Erfahrungen und Interessen haben, – immer auch anders sind. Grenzen einer feministischen Frauenforschung unterscheiden sich wenig von Grenzen anderer »Betroffenen-Forschung«, z. B. der »Aktionsforschung« ...

»Daß eine Beziehung im Forschungsprozeß ›von Subjekt zu Subjekt und nicht mehr von Subjekt zu Objekt‹ (Moser) hergestellt wird, darf nicht darüber hinwegtäuschen, daß die Möglichkeit der Sozialwissenschaft zur Verbesserung der Lebenssituation der Menschen sehr begrenzt sind. (. . .) Aktionsforschung kann und will also politische Aktion nicht ersetzen. Der Aktionsforscher wirkt emanzipatorisch, ohne sein Selbstverständnis und seine Rolle als Forscher aufzugeben. Darin liegt die Ambivalenz der Rolle des Aktionsforschers: in der Praxisnähe nicht so weit zu gehen, daß das Forschungsinteresse hinter dem praktischen ganz zurücktritt, und auch nicht um der Forschung willen die Interessen der Betroffenen zu vernachlässigen. Dies ist ein Balanceakt, der aus zwei Gründen durchzuhalten ist: Zum einen ist es ja gerade die gesellschaftliche Rolle und das Bewußtsein des Sozialforschers, die in der Kommunikation und auch Konfrontation mit gesellschaftlichen Randgruppen für diese die Möglichkeit mit sich bringen soll, zu Erkenntnissen und Handeln zu kommen, die ohne den Kontakt mit dem Forscher nicht entstanden wären. Zum anderen ist eine gewisse Distanz des Forschers zur Gruppe notwendig, will er nicht Gefahr laufen, sich in partikularistischen Interessen zu verlieren. Dieser Schwierigkeit entgeht der Forscher, in dem er von allem Anfang an klarmacht, daß er sich wieder aus dem Projekt zurückziehen und den Beteiligten die Lösung ihrer Probleme selbst überlassen will . . .«[23].

Anmerkungen

1 »Konfliktfähigkeit beruht auf der Fähigkeit einer Organisation bzw. der ihr entsprechenden Funktionsgruppe, kollektiv die Leistung zu verweigern bzw. eine systemrelevante Leistungsverweigerung glaubhaft anzudrohen. Eine Reihe von Status- und Funktionsgruppen ist zwar organisationsfähig, aber nicht konfliktfähig (jedenfalls nicht in den Grenzen des institutionell vorgesehenen Konfliktverhaltens. Beispiele sind die Gruppen der Hausfrauen, der Schüler und Studenten, der Arbeitslosen, der Pensionäre, der Kriminellen und Geisteskranken und der ethnischen Minoritäten. Die Bedürfnisse dieser Gruppen sind mit verminderter Durchsetzungskraft ausgestattet, weil sie am Rande oder außerhalb des Leistungsverwertungsprozesses stehen und ihnen daher das Sanktionsmittel einer ins Gewicht fallenden Leistungsverweigerung nicht zur Verfügung steht« (Claus Offe, Politische Herrschaft und Klassenstrukturen. Zur Analyse spätkapitalistischer Gesellschaftssysteme, in: G. Kress, D. Senghaas (Hrsg.), Politikwissenschaft, Frankfurt 1969, S. 169.

2 Ich nenne diese Argumentation fortschrittlich, weil sie die damals verbreitete »Naturwüchsigkeit«, mit der z. B. rollentheoretische Ansätze, die den größten Teil sozialwissenschaftlicher Beschäftigung mit dem Thema »Frau« ausmachten, den Frauen von Geburt an geringere Möglichkeiten ihr Leben in die Hand zu nehmen, zuweisen, weil sie diese »Naturwüchsigkeit« als eine gesellschaftlich durch die Arbeitsverhältnisse hergestellte aufdeckt. So heißt es z. B. bei Uta Gerhardt (Rollenanalyse als kritische Soziologie, Neuwied und Berlin 1971, S. 196), daß die askriptiven Statusrollen, worunter Geschlecht, Alter und Schichtzugehörigkeit (!) gefaßt werden, festlegen, ». . . in welchen Leistungsrollen das Individuum Gelegenheit hat, seine Tüchtigkeit zu zeigen«. Einseitig wird die Argumentation von Offe da, wo er sich so sehr auf den Verwertungsprozeß konzentriert, daß er die Frage nicht mehr stellt, was denn den Menschen bislang »erwerbsarbeitsfähig«, leistungsfähig durch die Widersprüche der Erwerbsarbeit hindurch – nicht nur am Geld, sondern auch »gebrauchswert«-orientiert gemacht hat.

3 Vgl. z. B. O. Negt, A. Kluge, Öffentlichkeit und Erfahrung, Frankfurt 1972, S. 44 ff.; A. Krovoza, Produktion und Sozialisation, Frankfurt 1976.

4 Vgl. dazu C. und E. von Weizsäcker: Für ein Recht auf Eigenarbeit, in: Technologie und Politik, Band 10, Reinbek 1978; R. zur Lippe, Am eigenen Leibe. Zur Ökonomie des Lebens, Frankfurt 1978.

5 Jürgen Hofmann, Laßt es gut sein! Grußadresse linker Männer an die Frauenbewegung in deren zehntem Jahr, in: Ästhetik und Kommunikation 37, 1979 »weibliche utopien – männliche verluste«, S. 35 ff.

6 H. Anger, Probleme der deutschen Universität, Tübingen 1960; vgl. auch I. Kassner, S. Lorenz, Trauer muß Aspasia tragen. Die Geschichte der Vertreibung der Frau aus der Wissenschaft, München 1977.

7 In diesem Zusammenhang sind detaillierte Analysen weiblicher Arbeit, beruflicher Arbeit und privater Versorgungsarbeit, bäuerlicher Arbeit von Frauen, Industrie- und Büroarbeit, weiblicher Handwerkstätigkeiten und weiblicher Arbeit in der Familie entstanden. Konstitutiv für diese Analysen war die Methode des »Perspektivewechsels«, die zunächst im Projekt »Lohnabhängige Mütter« (Becker-Schmidt u. a. TU Hannover) entwickelt wurde. Mit »Perspektivewechsel« wird berücksichtigt, daß Frauen unterschiedlich und mit unterschiedlichen, sich verändernden Interessen eingebunden sind in die Arbeitsbereiche Beruf und Familie; daß sie in unterschiedlichem Ausmaß – z. B. auch unterschiedlich je nach Familienstand und Familienphase – »Grenzgängerinnen« zwischen beiden Bereichen sind; daß Arbeitserfahrungen im einen Bereich jene im anderen relativieren; daß z. B. Mangelerfahrungen, Erfahrungen von Enge, Einschränkung und Begrenztheit im jeweils anderen – und anders strukturierten – Arbeitsbereich wettgemacht werden können. Veröffentlicht sind bisher folgende Arbeiten: E. Bock-Rosenthal u. a., Wenn Frauen Karriere machen, Frankfurt 1978; C. Eckart, U. Jaerisch, H. Kramer, Frauenarbeit in Familie und Fabrik, Frankfurt 1979; S. Kontos, K. Walser, Hausarbeit ist doch keine Wissenschaft, in: Beiträge zur feministischen Theorie und Praxis, Heft 1/1978; dieselben, Weil nur zählt, was Geld einbringt, Gelnhausen 1979; Projekt »Bäuerinnen« Erlangen, Zur Lage der Bäuerin im landwirtschaftlichen Kleinbetrieb, in: Leviathan Sonderheft 2/1979; F. Weltz, A. Diezinger, V. Lullies, R. Marquardt, Junge Frauen zwischen Beruf und Familie, Frankfurt 1979.

8 Vgl. dazu die Beiträge im Literaturmagazin 9, Reinbek 1978, zum Thema »Der neue Irrationalismus«.

9 Vgl. Häsing, Stubenrauch, Ziehe (Hrsg.), Narziß – ein neuer Sozialisationstyp? Bensheim 1979; dazu kritisch: Literaturmagazin 9 a.a.O.; Kursbuch 55, 1979 zum Thema »Sekten«; und B. Floßdorf, Prolet kaputt? Über das Elend subjekttheoretischer Verelendungsgewißheit, in: Soziale Welt 4/1979.

10 Vgl. z. B. Mariarosa dalla Costa und Selma James, Die Macht der Frauen und der Umsturz der Gesellschaft, Berlin 1973; Juliet Mitchell, Feminism and Psychoanalysis, New York 1974; Shulamith Firestone, Frauenbefreiung und sexuelle Revolution, Frankfurt 1975; Michaela Wunderle (Hrsg.), Politik der Subjektivität. Texte der italienischen Frauenbewegung, Frankfurt 1977.

11 Silvia Bovenschen gehört zu den Frauen, die eindringlich vor einer neuen – jetzt von Frauen selbst betriebenen – Stilisierung des »Weibli-

chen«, das dann nicht mehr in seinen historisch gesellschaftlichen Entstehungsbedingungen erforscht wird, warnt; vgl. dazu: S. Bovenschen, Über die Frage: gibt es eine weibliche Ästhetik? in Ästhetik und Kommunikation 25, 1976; dieselbe, Die imaginierte Weiblichkeit. Exemplarische Untersuchungen zu kulturgeschichtlichen und literarischen Präsentationsformen des Weiblichen; sowie Herrad Schenk, Die Problematik der Akzentuierung des »Weiblichen« am Beispiel der Idee der »Mütterlichkeit« in der ersten Frauenbewegung, Referat auf dem 19. Deutschen Soziologentag, April 1979, im Rahmen der Veranstaltung der ad-hoc-Gruppe »Frauenforschung in den Sozialwissenschaften«; dieselbe, Die feministische Herausforderung. 150 Jahre Frauenbewegung in Deutschland, München 1980.

12 Ich verwende hier den Kontingenz-Begriff in der Tradition von N. Luhmann: »kontingent« wäre dann gleichbedeutend etwa mit »immer auch ganz anders möglich«, was sich hier u. a. auch auf die geringe Kalkulierbarkeit der Wirkungen von Forschung und Forschungsergebnissen auf das interessegeleitete Handeln unterschiedlichster Frauengruppen bezieht.

13 Deshalb ist die heftige Polemik gegen einen »Staatsfeminismus«, wie sie von Teilen der Frauenbewegung und Frauenforschung geführt wird, so berechtigt und richtig sie zunächst ist, letztlich doch überzogen – zumindest für den sozialwissenschaftlichen Bereich; sie zeugt zugleich von einer Überschätzung der Wirksamkeit von Forschung und Vermittlungsarbeit von Forscherinnen für die Praxis der Frauen, deren sich Frauenforschung »annimmt«, und damit auch davon, daß die Virulenz heterogener unterschiedlicher und sich kontinuierlich verändernder Fraueninteressen vernachlässigt wird. Gerade auch weil Fraueninteressen ins Private abgedrängt sind, beziehen sie sich nur »kontingent«, also immer »auch ganz anders möglich« auf gesellschaftliche und auch auf »feministische« Erwartungen an Frauen. Eine Aufgabe feministischer Frauenforschung wäre es gerade, mit dieser Ungewißheit und Offenheit einer im Interesse von Frauen für Frauen gemachten Forschung umgehen zu lernen. Zur Diskussion des »Staatsfeminismus« und der zugehörigen Polemik vgl. z. B. I. Stoehr, Auf dem Weg in den Staatsfeminismus? in: alternative 120/121, 1978 und dieselbe, Strategien zur Durchsetzung von feministischen Interessen beim Lernen und Forschen, in: Beiträge zur feministischen Theorie und Praxis 2/1979; sowie die einzelnen Selbstdarstellungen von Frauenforschungs- bzw. Frauenforscherinnen-Gruppen und ihre gegenseitigen Abgrenzungs- und Abschottungsversuche in der TAZ vom 11./14./15. April 1980 unter dem Stichwort »Frauenwissenschaft – Frauen schaffen Wissen«.

14 Vgl. Claudia Honegger (Hrsg.), Die Hexen der Neuzeit. Studien zur Sozialgeschichte eines kulturellen Deutungsmusters, Frankfurt 1978;

Silvia Bovenschen, Die aktuelle Hexe, die historische Hexe und der Hexenmythos. Die Hexe: Subjekt der Naturaneignung und Objekt der Naturbeherrschung, in: Becker, Bovenschen u. a., Aus der Zeit der Verzweiflung. Zur Genese und Aktualität des Hexenbildes, Frankfurt 1977.

15 Vgl. S. Bovenschen, Die imaginierte Weiblichkeit a.a.O.; Renate Möhrmann, Die andere Frau. Emanzipationsansätze deutscher Schriftstellerinnen im Vorfeld der Achtundvierziger-Revolution, Stuttgart 1977.

16 Jürgen Hofmann, Laßt es gut sein! a.a.O. S. 35.

17 Vgl. dazu zusammenfassend J. Peters (Hrsg.), Die Geschichte alternativer Projekte von 1800 bis 1975, Berlin 1980.

18 Dieses Dilemma, Frauen sofort und kurzfristig helfen zu müssen und damit unter Umständen eine für sie langfristig nachteilige Lebens- und Arbeitssituation zu festigen oder gar überhaupt erst möglich zu machen, spiegeln die einzelnen Arbeitspapiere, die im Rahmen des Symposiums »über die Rechte der Frauen und ihre Anwendung in Familie und Beruf« (Universität Bremen, November 1979) vorgelegt wurden.

19 G. Böhme, Die Entfremdung der Wissenschaft und ihre gesellschaftliche Aneignung, in: Wechselwirkung, H4 (1979).

20 Marx sagt im »Kapital«, daß der Mensch, indem und wie er auf seine äußere Natur einwirkt und diese verändert, zugleich auf seine eigene Natur einwirkt und diese verändert. In privaten Lebensformen, also auch in der Familie, ist jedoch die Möglichkeit für ein »Einwirken auf äußere Natur« kaum mehr gegeben; ihr Fehlen ist ja geradezu konstitutiv für »Privatheit«. In der Familie – in der Privatheit – wird sehr viel »Zeit totgeschlagen«, »verbracht«. Sinnliche Erfahrung reduziert sich so in der Privatheit vor allem auf gegenseitige »Körpererfahrung« und alltägliche materielle Sorge für leiblich-seelische Bedürfnisse, die nicht oder kaum mehr eingebunden ist in ein »Einwirken auf äußere Natur«. Mit dieser Freisetzung des privaten Alltags, mit dieser »Arbeits-Ersparnis«, sind nicht nur Möglichkeiten lustbetonter Erfahrung verlorengegangen (vgl. H. Marcuse, Der eindimensionale Mensch, Neuwied und Berlin 1968, S. 92): es ist auch eine Wissenslücke entstanden: Wie soll versorgt, mit leiblich-seelischen Bedürfnissen in der Privatheit umgegangen werden? Nach Maßgabe beruflicher Prinzipien von Arbeit – oder ganz anders – als Negation dieser »beruflichen« Prinzipien? Wie soll dieses Wissen erworben werden? Das Dilemma, in dem Frauenforscher(innen) stehen, wenn sie Wissen schaffen z. B. für einen selbstbestimmten Umgang mit dem Körper, besteht darin, daß sie auf »wissenschaftliches«, funktional spezifisches Fachwissen oder auf wissenschaftlich erarbeitetes, nicht-wissenschaftliches Wissen anderer nicht-privater und nicht-familialer Sozialformen zurückgreifen

müssen (vgl. dazu I. Ostner, B. Pieper, Problemstruktur Familie, in: dieselben, Arbeitsbereich Familie, Frankfurt 1980).

21 M. Mies, Methodische Postulate zur Frauenforschung – dargestellt am Beispiel der Gewalt gegen Frauen, in Beiträge zur feministischen Theorie und Praxis, Heft 1/1978, S. 41 ff.

22 Als Plädoyer für die »andere Seite« von weiblichen Wünschen nach Liebe, Schönheit, »Erfolg ohne Arbeit«, für die auch utopischen Aspekte der Hausarbeit kann das Buch von Ulrike Prokop, Weiblicher Lebenszusammenhang, Frankfurt 1976, verstanden werden.

23 D. Kramer, H. Kramer, S. Lehmann, Aktionsforschung: Sozialforschung und gesellschaftliche Wirklichkeit, in K. Horn (Hrsg.), Aktionsforschung: Balanceakt ohne Netz? Frankfurt 1979, S. 30 ff.

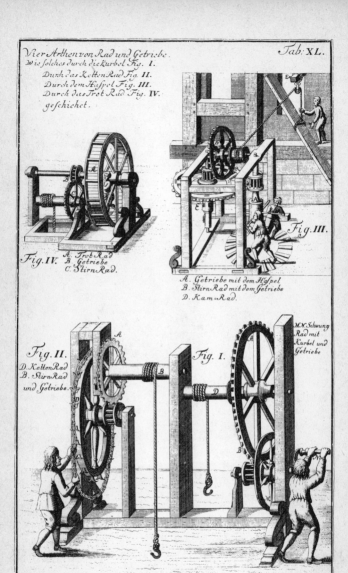

Gernot Böhme und Joachim Grebe
2. Soziale Naturwissenschaft
Über die wissenschaftliche Bearbeitung der Stoffwechselbeziehung Mensch-Natur[1]

I. Materielle und geistige Aneignung der Natur

Wir gehen davon aus, daß die bisherige Naturwissenschaft die materielle Aneignung der Natur durch den Menschen nicht adäquat berücksichtigt hat. Wir suchen unter dem Stichwort »Soziale Naturwissenschaft« nach einer Modifikation der bisherigen Naturwissenschaft, die diesen Mangel nicht mehr enthält und deshalb geeignet ist, den heute sich als Umweltproblem stellenden Aufgaben einer Regulierung der Stoffwechselbeziehung Mensch-Natur zu begegnen.

Wir verbinden damit die Hoffnung, daß die Naturwissenschaft den Anschluß an das Baconsche Programm wiedergewinnt, in dem mit der Idee des neuen Wissens der Willen zu sozialem Fortschritt verbunden war[2]. Daß wissenschaftlicher Fortschritt und gesellschaftlicher Fortschritt drastisch auseinanderfallen können, ist eine Erfahrung, die heute das Programm einer sozialen Naturwissenschaft motiviert.

Daß die Naturwissenschaft die materielle Aneignung der Natur durch den Menschen bisher unzureichend berücksichtigt hat, läßt sich global und schlagend durch den Hinweis beweisen, daß die Umweltprobleme mit ihren teils katastrophalen Tendenzen durch eben diese Naturwissenschaft miterzeugt sind –, was Georg Picht zu dem Dictum Anlaß gegeben hat: »eine Naturwissenschaft, die die Natur zerstört, kann nicht wahr sein«. Trotzdem ist die Behauptung nicht trivial, scheint auch nicht zu berücksichtigen, was die wissenssoziologische Diskussion von Scheler bis Habermas[3] mühsam erarbeitet hat: nämlich daß naturwissenschaftliches Wissen im Prinzip technisch orientiert ist, daß es Kontroll- und Herrschaftswissen ist. Wenn das Resultat dieser Untersuchungen ist, daß die Naturwissenschaft prinzipiell auf die materielle Aneignung der Natur bezogen ist, dann muß unsere Behauptung verblüffen, daß die materielle Aneignung der Natur aus der

Naturwissenschaft gerade herausgehalten wurde – und sich deshalb methodisch nicht auf diesen Wissenstyp ausgewirkt hat.

Um uns dieser Behauptung zu nähern, beginnen wir mit dem Hinweis, daß Naturerkenntnis überhaupt nicht Nat*uraneignung* zu sein braucht, auch nicht geistige Aneignung. Es läßt sich zeigen, daß beispielsweise platonische Naturwissenschaft »Orientierungswissen« war, d. h. nicht der Aneignung der Natur, sondern der Orientierung des Menschen im Kosmos diente[4]. Daß Erkenntnis überhaupt *Aneignung* ist, ist bereits ein Spezifikum neuzeitlicher Wissenschaft.

Was ist unter Aneignung zu verstehen? Aneignung der Natur heißt, daß man sie sich zu eigen macht, daß der Mensch sich die Natur angleicht, sie assimiliert. In der materiellen Aneignung geschieht das durch Arbeit und Konsum: der Natur wird dadurch menschliche Form aufgeprägt bzw. sie wird dem menschlichen Leib integriert. Intellektuelle Aneignung der Natur heiße entsprechend, daß sie nach Kategorien des humanen Zusammenhangs erfahren und gedacht wird. Das ist beispielsweise nicht der Fall, wenn sie als Wirken von Göttern und Nymphen sich zeigt – es sei denn, man wolle neuzeitlich die Konkretheit solcher Erfahrungen leugnen und Götter als ›Projektionen‹ auffassen. Wenn die Griechen Natur als Physis bezeichneten, als Blühen, als das Aufgehende, das, was ›von selbst‹ geschieht, so formulieren sie damit die Erfahrung, die sie mit der Natur als dem Anderen machten.

Wie intellektuelle Aneignung der Natur geschieht, ist durch den Begriff noch nicht festgelegt, auch wird neuzeitliche Naturwissenschaft als intellektuelle Aneignung verschieden interpretiert. So ist heute in der Nachfolge Sohn-Rethels[5] die Behauptung geläufig, die Kategorien der Naturaneignung entstammten der Zirkulationssphäre, man denke die Natur ›von der Ware her‹.

Wir versuchen hier Methode und Geschichte neuzeitlicher Naturwissenschaft als intellektueller Aneignung der Natur aus ihrer Beziehung zur materiellen zu verstehen. Und zwar zeigt es sich, daß die intellektuelle Aneignung der Natur sich die materiell angeeignete Natur zum Modell nahm, nicht aber die materielle Aneignung der Natur thematisierte.[6] Wenn man Descartes' Maxime, die Natur ebenso genau kennen zu lernen, »wie wir die verschiedenen Techniken (métiers) unserer Handwerker kennen«[7], mit Recht als Motto der neuzeitlichen Naturwissenschaft zitiert, so muß doch präzisierend hinzugefügt werden, daß faktisch die Wissenschaft die Natur wie die *Produkte* der Handwerker, nicht aber wie ihre métiers betrachtet hat.

Die Naturwissenschaft ist, wie Scheler sagt, ein Kind der Ehe zwischen Handwerk und Gelehrtentum[8]. Das erste Ergebnis und damit das Paradigma dieses Zusammentreffens war die Mechanik als Naturtheorie. In der Antike wurde die Mechanik als Kunst, nicht als Wissenschaft angesehen. Von der Natur, der Physis, handelt sie überhaupt nicht – denn Natur war ja, was von selbst geschieht. Dagegen war die Mechanik, wie der Name sagt, ein Verfahren, der Natur etwas ›abzulisten‹, d. h. also gegen oder neben der Natur zu handeln (para physin). Die in der Renaissance gewonnene Einsicht, daß solches Überlisten nur ging, wo die Natur mitspielte, schlug sogleich in den Versuch um, nun das Wirken der Natur selbst nach dem Modell mechanischer Apparate zu verstehen, als Zwangszusammenhang, als große Uhr. Die Erfahrung, daß auch materiell angeeignete Natur Natur ist, wirkte sich so aus, daß die Natur von nun an so entworfen wurde, *als ob* sie angeeignete Natur sei.

Das hatte weitreichende Konsequenzen: Erstens wurde die Natur als Physis, als Hintergrund und Partner der Aneignung quasi aus der Wissenschaft verdrängt. Auf der anderen Seite wurde aber auch nicht das Aneignungsverhalten der Menschen (Arbeit und Konsum) Inhalt der Naturwissenschaft. Zweitens setzte die intellektuelle Aneignung der Natur die materielle stets voraus – bis auf den Fall der Astronomie, die auch ohne die Arbeit des Menschen in der Natur reine Verhältnisse vorfand. Überall sonst aber konnte sich die neue Naturwissenschaft nur dort und insoweit entfalten, als durch die handwerkliche Arbeit die Natur bereits materiell angeeignet war, d. h. faktische Isolierungen, reine Materialien, technische Zwangszusammenhänge geschaffen waren. Deshalb hatte die Wissenschaft lange zu tun, den Vorsprung der materiellen Aneignung aufzuholen. Drittens war die neue Naturwissenschaft, von der von Anfang an großer praktischer Nutzen erwartet wurde, bis zum Anfang des 19. Jahrhunderts praktisch nicht wirksam, eben weil sie hinter der materiellen Aneignung herhinkte und auch nur dort anwendbar war, wo durch materielle Aneignung bereits ›reine‹ und kontrollierbare Bedingungen geschaffen waren.

Es dauerte deshalb Jahrhunderte, bis diese Art von naturwissenschaftlicher Erkenntnis auf eine Höhe gebracht war, von der her man daran denken konnte, die materielle Naturaneignung zu *verbessern*. Das geschah auf fast allen Gebieten erst im 19. Jahrhundert, in der Mechanik beispielsweise durch die Turbine, im Bereich der Landwirtschaft durch die Agrikulturchemie Liebigs[9]. Damit setzte zugleich ein explosionsartiges Anwachsen der materiellen Aneignung ein. Denn nun wurde das intellektuelle Potential von Naturerkenntnis ausschöpfbar, das vorher unter der Perspektive des ›als ob‹ angesammelt worden war. Auf dieser Basis konnten dann auch neue Formen der materiellen Aneignung erdacht werden. So wurden Technologien entwickelt, die auf der Basis rein handwerklicher Traditionen nicht denkbar gewesen wären: die Kältetechnik Lindes, die Synthese organischer Stoffe in der Farbenproduktion und die Elektrotechnik. Mit dem 19. Jahrhundert setzt dann auch die Verwissenschaftlichung des Aneignungsprozesses selbst ein: es gibt nicht mehr nur Wissenschaften von den Produkten der Naturaneignung, sondern verwissenschaftlichte Technik: die Ingenieurwissenschaften.

Damit hätte eine Einsicht der Naturwissenschaft in ihr ›Wesen‹ – daß sie nämlich die Natur nur als angeeignete thematisierte – einsetzen können. Das wurde jedoch vorerst dadurch verhindert, daß die Ingenieurwissenschaften ihren Rang als Wissenschaften durch Anlehnung an die existierenden »reinen« Naturwissenschaften zu gewinnen suchten.

II. Die Mensch/Natur-Beziehung in der industrialisierten Gesellschaft

Seit dem Ende des 19. Jahrhunderts ist das Verhältnis der Gesellschaft zur äußeren Natur durch qualitativ neue Momente bestimmt.

a) Das erste könnte man *technologische Multiplikation* des Stoffwechsels nennen. Zwar braucht der Mensch nach wie vor zur Gewährleistung seines physiologischen Grundumsatzes Nahrungsmittel mit dem Nährwert von durchschnittlich ca. 2000 kcal pro Tag. Die Stoff- und Energieumsätze in Landwirtschaft und Lebensmittelindustrie betragen umgerechnet pro Kopf der Bevölkerung mittlerweile jedoch ein Vielfaches von diesem Basiswert.

Die Landwirtschaft, die eigentlich als einziger Wirtschaftszweig direkt die Sonnenenergie nutzen kann, wird immer stärker zum Großverbraucher anderer Energiequellen und Rohstoffe. Haltbarmachung, Verpackung und Transport erfordern weitere Stoff- und Energieumsätze sowie infrastrukturelle Maßnahmen. Neben dieser technologischen Multiplikation bei der Produktion von unmittelbaren Lebensmitteln ist zusätzlich eine Umschichtung der Produktion auf Gegenstände zu beobachten, die neue Bedürfnisse in den Bereichen Gesundheit, Wohnen, Kleidung, Transport und Kommunikation befriedigen. Die Verkehrsmittel Bahn, Auto und Flugzeug sind Beispiele für diesen Typ neuartiger Gebrauchsgegenstände, deren Produktion und Unterhaltung gewaltige Rohstoff- und Energiemengen verschlingen und deren Basis (nicht die alleinige Ursache) der Aufschwung von Wissenschaft und Technologie ist.

b) Das *Tempo* des Verbrauchs von Rohstoffen und primären Energieträgern ist in diesem Jahrhundert so gestiegen, daß bei Beibehaltung der traditionellen Gewinnungsmethoden und Technologien eine Erschöpfung der Ressourcen abzusehen ist:

In den drei Jahrzehnten nach Beendigung des zweiten Weltkrieges wurden ebenso viele mineralische Rohstoffe verbraucht wie in der gesamten Menschheitsgeschichte und der Verbrauch an fossilen Brennstoffen wird in den letzten dreißig Jahren dieses Jahrhunderts so groß sein wie in den Jahren 1 bis 1970 unserer Zeitrechnung.

Gleichzeitig wachsen aber auch die wissenschaftlich-technischen Anstrengungen, die wirtschaftlich nutzbaren Ressourcen zu vergrößern und den Einsatz der Rohstoffe und Energieträger zu effektivieren. Obwohl der Verbrauch an Energieträgern und Rohstoffen gewachsen ist, sind die erkundeten, nutzbaren Vorräte häufig noch schneller gewachsen: so erhöhte sich die Vorratsdauer von Erdöl in der nichtsozialistischen Welt von 1950 bis 1979 von 21 auf 35 Jahre, bei Erdgas von 27 auf 45 Jahre, bei Kohle von 430 auf 600 Jahre und bei Eisen von 125 auf 150 Jahre.

Die Ressourcen werden quantitativ und qualitativ erweitert. Für quantitative Erweiterung ist ein Beispiel die Erschließung der Rohstoffvorkommen auf dem Meeresboden (7/10 der Erdoberfläche!) oder die Verwertung von Eisenerzen mit nur 20 bis 30% Eisengehalt (früher wurden nur Erze mit einem Mindestgehalt von 60 bis 70% für ausbeutungswürdig angesehen).

Qualitative Erweiterungen werden bei den Primärenergieträgern deutlich in der wachsenden Nutzung von Atomkernumwandlungs-, Sonnen-, Wind-, Gezeitenenergie und Erdwärme oder z. B. bei der abzusehenden Substitution von Kupferleitungen durch Glasfasern bei der Nachrichtenübermittlung.

c) Die vom Menschen induzierten Stoff- und Energieumsetzungen haben *Größenordnungen* erreicht, die regional und sogar schon global mit den natürlichen geophysikalischen und biologischen Prozessen vergleichbar geworden sind und gravierende Wirkungen auf die großen Umweltkompartimente Biosphäre, Atmosphäre, Lithosphäre und Hydrosphäre hervorgerufen haben.

In regionalen Ballungsgebieten entsteht bereits heute ein großer Teil des gesamten Energieumsatzes durch den Menschen. In Manhattan beträgt der Prozentsatz dieses anthropogenen Energieumsatzes bezogen auf die eingestrahlte Sonnenenergie 285%, in Moskau 58%, in München 10% und im Ruhrgebiet 1%.[10] Veränderungen im Kleinklima sind eine der Folgen. Überregionale Bedeutung hat mittlerweile der photochemische Smog erlangt, der in Sommermonaten in Gebieten mit hoher Verkehrs- und Industrieemission beobachtet wird. Er schädigt die Gesundheit von Mensch, Tier und Pflanze und beschleunigt die Korrosion von Materialien. Die mit dem biologischen Umkippen kleiner Gewässer begonnene Entwicklung setzt sich heute in der biologischen Abtötung von Ostsee und Mittelmeer fort. Neben den höheren Lebewesen kommt den Mikroorganismen des Meeres jedoch eine erhebliche Bedeutung zu, etwa im Sauerstoff-Zyklus der Erde.

Umweltchemikalien wie DDT und Schwermetallverbindungen wurden in den letzten Jahrzehnten über den ganzen Globus verteilt. Durch Nahrungsketten werden sie in einigen Lebewesen und Pflanzen angereichert und gelangen zurück zum Konsumenten. Globale Auswirkungen kann die Emission von Fluorchlorkohlenwasserstoffen haben. Sie haben sich wegen ihrer Reaktionsträgheit in der Troposphäre bis in die Stratosphäre hinein verteilt und greifen mittels photolytisch erzeugter Chloratome katalytisch die lebenswichtige Ozonschicht an.

Zusammengefaßt: Die materielle Aneignung der Natur durch den Menschen hat eine Größenordnung erreicht, die es nicht mehr zuläßt, dieses Aneignungsverhalten der menschlichen Ge-

sellschaft aus dem Themenbereich der Naturwissenschaft heraus-
zuhalten.

III. Zur Kritik der traditionellen Natur- und Ingenieurwissenschaft

Die materielle Aneignung der Natur durch den Menschen ist also
für die konkrete Gestalt der vorfindlichen Natur ein wesentlicher
Faktor. Wir wollen nun die Frage stellen, ob die bisherige Naturwissenschaft geeignet ist, dieser Tatsache zu entsprechen. Würde
man den Thesen der Wissenssoziologie folgen, so müßte man
diese Frage eigentlich trivialerweise positiv beantworten können.
Denn die Wissenssoziologie behauptet ja seit je, daß die Naturwissenschaft den Stand der Produktivkräfte spiegele, d. h. also
den Stand der materiellen Aneignung der Natur durch den Menschen, daß sie – allgemeiner ausgedrückt – ein Spiegel der gesellschaftlichen Verhältnisse sei. Es ist aber noch ein Unterschied zu
machen zwischen der Tatsache, daß die *Vorstellungen* von der
Natur ein Spiegel der gesellschaftlichen Verhältnisse sind und der
Tatsache, daß die Natur selbst durch die materielle Aneignung
durch den Menschen mitkonstituiert wird. Ferner ist in der
Beziehung zwischen materieller und intellektueller Aneignung
der Natur auch mit Ungleichzeitigkeiten, mindestens mit Phasen-
verzögerungen zu rechnen. So behaupten wir, daß die Naturwissenschaft in ihren theoretischen und methodischen Konzepten
hinter dem Stand der materiellen Aneignung herhinkt, und daß
dies bei dem im vorhergehenden Abschnitt erwähnten Multipli-
kationseffekt (Intensivierung der materiellen Aneignung der Natur durch die Naturwissenschaft) von bedenklichen Folgen ist.
Wenn man dagegen umgekehrt mit der Wissenssoziologie behauptet, daß die Naturwissenschaft stets die materielle Aneignung der Natur spiegele, so ist eine solche Behauptung selbst
ideologisch, sie verschleiert nämlich, daß in der sogenannten
Konstitution der Natur durch den Menschen der Mensch nicht
nur als denkendes Subjekt, sondern auch als handelndes Wesen
konstituierend sich auswirkt.

Das führt uns zu unserem ersten generellen Kritikpunkt: a) Die
bisherige Naturwissenschaft behandelt die Natur zwar wie ein
menschliches Produkt (oder das eines göttlichen Werkmeisters),

der Mensch bleibt als materieller Faktor aber aus der Betrachtung heraus, die Wissenschaft macht eine »*menschenfreie*« *Natur* zum Thema. Die Wechselwirkung zwischen Natur und Mensch (besser gesagt, der Gesellschaft) wird nicht systematisch betrachtet, sondern nur die Wechselwirkung von herauspräparierten Natursegmenten und technischen Apparaten – also Wechselwirkungen innerhalb der technisch konzipierten Natur. Wenn man mit Recht die bisherige Naturwissenschaft als experimentelle Wissenschaft bezeichnet, so liegt der Gedanke nahe, daß der Mensch eigentlich doch, nämlich als Experimentator, darin vorkommt. Faktisch ist ja vom Setzen von Anfangsbedingungen, vom Zusammenbringen von Wirkfaktoren (der Inhalt eines Reagenzglases wird zum Inhalt eines anderen Reagenzglases hinzugegeben) und dergleichen die Rede. Der handelnde Mensch selbst kommt dabei aber gerade in der naturwissenschaftlichen Beschreibung nicht als konkreter Wirkfaktor vor, sondern quasi nur als deus ex machina, der dafür sorgt, daß was von selbst geschieht (durch natürliche Wechselwirkung), nicht schon immer geschehen ist, sondern jetzt im Experiment geschieht. Dieses Absehen von der menschlichen Handlung ist ja geradezu die Basis der obersten Norm der Naturwissenschaft, nämlich der *Objektivität*. Objektiv ist die Naturwissenschaft gerade deshalb, weil sie, bzw. insofern sie Naturgeschehen außerhalb und unabhängig von »subjektiver« Beeinflussung darstellt.

b) Wir haben schon in Abschnitt I darauf hingewiesen, daß seit dem Ursprung der neuzeitlichen Naturwissenschaft in der Mechanik die Naturwissenschaft die Natur als angeeignete behandelt bzw. so als ob sie angeeignet sei. Man kann das auch so ausdrükken, daß man sagt: diese bisherige Naturwissenschaft ist eine *Laborwissenschaft*. Für sie ist charakteristisch, daß man mit abgeschlossenen Systemen rechnen kann, daß Idealisierungen vorgenommen werden, daß man mit kontrollierten Bedingungen arbeitet. Die betrachteten Natursegmente werden aus den vorfindbaren Zusammenhängen analytisch isoliert, als »reine« Effekte herauspräpariert und damit erst innerhalb der naturwissenschaftlichen Fachsystematik wissenschaftlich thematisierbar. Es soll hier nicht bestritten werden, daß dieser Weg der Naturerkenntnis möglich ist. Vielmehr war er sogar notwendig, denn sicherlich wird die Erkenntnis vom Einfachen zum Komplexen, von Elementen zum Zusammengesetzten fortschreiten. In dem reduktionistischen Programm der Naturwissenschaft fehlt aber die Reflexion über die beim Präparieren des Gegenstandes ausgeschiedenen Bedingungszusammenhänge – wie soll diese Naturwissenschaft garantieren können, daß der zerlegte Gegenstand angemessen rekonstruiert wird?

Ein Teil dieser Rekonstruktion wird bei der gegebenen gesellschaftlichen Arbeitsteilung von den Ingenieurwissenschaften in ihren jeweiligen Anwendungsbezügen geleistet. Ein Vergleich zwischen Laborchemie und technischer Chemie zeigt nun, daß die Übertragung eines gelungenen Laborexperimentes in den großtechnischen Maßstab zusätzliche wissenschaftliche Untersuchungen notwendig macht, daß es sich also nicht bloß um eine intelligente Veränderung der Skalen (scaling up) handelt. In unserem Beispiel müssen Probleme des Wärme- und Stofftransports, der Reaktionstechnik und der Prozeßsteuerung gelöst werden, bevor der technische Prozeß verstanden und sicher geführt werden kann. Das Resultat weist jedoch eine ähnliche Beschränkung auf wie die Laborwissenschaft: Die schon in der Naturwissenschaft abgeschnittene Frage nach dem Prozeß der materiellen Aneignung – hier zugespitzt in der Frage nach den Wirkungen des materiellen Wirkfaktors Mensch auf die Natur – wird auch in der Ingenieurwissenschaft nicht wieder aufgenommen. Der technische Entwurf der Natur gelingt nur innerhalb des Betriebsgeländes des chemischen Unternehmens. Während sich – im Gegensatz zum Labor – die Stoff- und Energieökonomie innerhalb einer chemischen Fabrik auf einem hohen Entwicklungsniveau befindet, fehlt fast völlig eine Betrachtung der Wirkungen auf die umgebende Natur. Zwar kann der technische Chemiker nicht – wie man das im Labor bei der Arbeit mit kleinen Mengen vielleicht gerade noch kann – etwa die Kühlung eines Reaktors einfach der umgebenden Luft überlassen, sondern er muß die Wärmeabfuhr exakt auslegen. Er greift jedoch genauso fraglos wie sein Laborkollege auf die Umwelt als quasi-unendliches Wärmereservoir zurück, in dem seine Wärmemenge unüberprüft als vernachlässigbar klein gilt. Spätestens hier schlägt das methodische Ausblenden der menschlichen Wirkung auf die Natur in praktische Borniertheit um.

Der Stand der materiellen Aneignung der Natur durch den Menschen, wie er im Abschnitt II dargestellt wurde, erfordert heute eine Reflexion darauf, daß jedes konkrete Reservoir endlich ist, daß die faktische Reproduktion von Effekten in einer bestimmten Größenordnung ihre weitere Reproduzierbarkeit in Frage stellen könnte (z. B. weil Energie und Rohstoffe ausgehen oder weil wie beim DDT der Wirkungsmechanismus durch Mutation aufgehoben wird). Der Mensch ist auf die Natur »da draußen« angewiesen. Diese Natur zeigt ihre Eigenständigkeit oder Selbstregulation in ihrer Evolutionsgeschichte und in ihren ökologischen und geophysikalischen Reproduktionszyklen. Dies aber sind Bedingungen, die vom Menschen nicht in gleicher Weise kontrolliert werden können wie die Vorgänge in Labor und Technikum. Es muß für die heute anstehenden Probleme als Illusion bezeichnet werden, daß der Übergang von der technischen Chemie zu einer Chemie der äußeren Natur nichts weiter als ein nochmaliges scaling up der technischen Chemie sei.[13]

c) Verfehlt die Naturwissenschaft wie dargestellt die makroskopische Natur als Basis und Pol der materiellen Aneignung, so ignoriert sie damit auch den anderen Pol dieses Prozesses: die menschliche Gesellschaft.

Die Gesellschaft greift durch ihre Produktionsstruktur in die Natur ein, um Naturstoffe zu Gebrauchswerten umzugestalten, nicht um primär Erkenntnis zu gewinnen. Die Form der gesellschaftlichen Arbeit entscheidet über die spezifischen Zwecke und Triebkräfte von Produktion und Konsumtion und über Art und Umfang der Eingriffe in die Natur. Zum Verständnis dieser menschlichen Umgestaltung der Natur ist eine Betrachtung der sozialen Seite des Aneignungsprozesses notwendig, der gesellschaftlichen Normen und nicht Naturgesetzen unterliegt. In dem Gegenstand der klassischen Natur und Ingenieurwissenschaft kommt der Mensch als arbeitendes und konsumierendes Subjekt nicht vor. Die tätige Praxis menschlicher Subjekte ist aus der Reflexion der Naturwissenschaftler (natürlich nicht aus dem wirklichen Arbeitsprozeß) eliminiert. Das Ausscheiden dieses Themas aus der Naturwissenschaft hat es ermöglicht, die *Natur* positivistisch, d. h. *außerhalb normativer Betrachtungen* zu thematisieren.

Was sich für den Grundlagenforscher als Wertfreiheit darstellt, ist in Wirklichkeit ideologischer Ausdruck seiner begrenzten objektiven Aufgabe in der gesamtgesellschaftlichen Arbeitsteilung.[14]

Diese Arbeitsteilung reduziert die Funktion der Naturwissenschaft strikt auf Aussagen über begrenzte Naturgegenstände. Die »Freiheit der Wissenschaft« degeneriert zu dem Auftrag, die Möglichkeiten der Naturbeherrschung systematisch zu entwikkeln und sie so darzustellen, daß sie für beliebige (also die herrschenden) Zwecksetzungen verfügbar gemacht werden können. Die Wertfreiheit ist in ihrem Kern die »Freiheit«, nicht über die Zwecke der Naturbeherrschung entscheiden zu müssen. Sie ist darüber hinaus eine Erkenntnisschranke für die Wahrnehmung der sozialen Konstitution dessen, was sich als Natur darstellt.

Das Verhältnis der Ingenieurwissenschaftler zu gesellschaftlichen Normen ist dem der Naturwissenschaftler verwandt, auch wenn der Augenschein zunächst dagegen spricht. Wird doch der Erfolg einer technischen Lösung explizit mit sozialen Maßstäben gemessen: ökonomische Rentabilität, wirtschaftliche (nicht etwa ökologische) Verfügbarkeit von Rohstoffen und Energieträgern, Umweltschutzgesetzgebung, Markterfolg, militärisch-strategische Zielsetzungen. Die technischen Theorien sind entsprechend aufnahmefähig für Normen – zuallererst und mit verblüffender Selbstverständlichkeit für das Kriterium der Wirtschaftlichkeit (das sich freilich nur innerhalb einer gegebenen Ökonomie wirklich definieren läßt und mit gutem Erfolg definiert wird). Die Normen werden allerdings wie andere technische Randbedingungen als vorgegeben eingesetzt oder als Optimierungskriterien verstanden. Die technische Theorie wird eben so konzipiert, daß sie bestimmte Optimierungen gestattet.

Die besondere Teilaufgabe des Ingenieurs besteht darin, menschliche und äußere Natur technisch verfügbar zu machen, wozu ihm die Institution, die ihn beschäftigt, die Randbedingungen setzt. Die gesellschaftliche Objektivität der Wirtschaftsform (oder anderer Normen einer Institution) erhält den gleichen Rang wie die Objektivität natürlich-technischer Gegenstände – beides verschwimmt im Ingenieurbewußtsein schier untrennbar zu ein und demselben »technischen Sachzwang«, dem mit »technischer Rationalität« anscheinend wertneutral beizukommen ist.

d) Hat die bisherige Naturwissenschaft die konkrete Einwirkung des Menschen auf die Natur vernachlässigt und sah sie in dieser systematischen Vernachlässigung gerade ihre Tugend der Objektivität, so muß man auch umgekehrt feststellen, daß sie die Natur nicht betrachtet hat, *insofern sie auf den Menschen als konkretes Wesen wirkt*. Wenn Naturwissenschaft mit Recht als Erfahrungswissenschaft betrachtet wird, so nicht weil sie danach fragt, wie die Natur auf die menschlichen Sinne wirkt, sondern welche Erfahrung man von ihr vermittelt durch Apparate machen kann. Diese Kritik ist schon einmal in Breite ausgeführt worden in Goethes Polemik gegen Newtons Farbenlehre.[15] Es mag manchem fraglich erscheinen, ob es heute sinnvoll ist, auf diese Art von Wissenschaftskritik zurückzukommen. Aber da die zu entwickelnde Naturwissenschaft sich als eine Wissenschaft von der menschlichen Umwelt darstellen soll, muß jedenfalls festgestellt werden, daß die bisherige Naturwissenschaft *nicht* von der Natur handelt, insofern sie auf den Menschen wirkt. Wie sollen allein auf der Basis einer solchen Wissenschaft wünschenswerte Umwelten konzipiert werden?

IV. Das Konzept des Stoffwechsels

Grundbegriff einer Naturwissenschaft, die dem Stand der materiellen Aneignung der Natur (vulgo: der Umweltproblematik) entsprechen soll, muß der Begriff des Stoffwechsels sein. Die materielle Beziehung des Menschen zur Natur stellt sich als Stoffwechsel dar, d. h. wenn man den Ausdruck im engeren Sinne nimmt, als Austausch von Stoffen, im weiteren Sinne dann aber auch als Austausch von Energie und Information.[16]

»Stoffwechsel« ist zunächst eine naturwissenschaftliche Bezeichnung für die physologischen Prozesse in Mensch, Tier und Pflanze, die sich zwischen Nahrungsaufnahme und der Ausscheidung nicht verwerteter Reste abspielen: Transport und Metabolisierung chemischer Substanzen, Bereitstellung und Abfuhr der umgesetzten Energien, Steuerung und Regelung des Gesamtvorgangs. In der Biologie, besonders der Ökologie, werden darüber hinaus alle Wechselwirkungen der Einzelorganismen mit der belebten und anorganischen Umgebung erfaßt, Anpassungsvorgänge- und Mutationen mit eingeschlossen.

Dieser in Medizin und Biologie geläufige Stoffwechselbegriff läßt sich erweitern auf die ganze Natur. Die Gesamtnatur läßt sich dann als ein komplexes Regelsystem von Energieflüssen und Stoffkreisläufen beschreiben, in dem die Teilsysteme Atmosphäre, Hydrosphäre und Lithosphäre mit den biologischen Prozessen verknüpft werden. Das Konzept des Stoffwechsels, wie es die Naturwissenschaften verwenden, enthält neben den klassischen naturwissenschaftlichen Theorien auch theoretische Elemente der Kybernetik und Systemanalyse. Soweit die Entwicklungsdynamik der biologischen Arten und ihrer Lebensräume zum Gegenstand gemacht wird, kommt in der Evolutionsgeschichte und Erdgeschichte noch die historische Dimension hinzu.

Wird das Konzept aber auf die Wechselwirkung zwischen Mensch und Natur angewendet, so erfährt es eine Erweiterung um die soziale und politische Dimension: der Stoffwechsel Mensch-Natur muß als *gesellschaftlich organisierter Naturprozeß* verstanden werden. Der Stoffwechsel – wie er hier für biologische Individuen, Ökosysteme und die Gesamtnatur eingeführt wurde – unterliegt in unterschiedlichem Maße gesellschaftlichen Regelungen und Normsetzungen. Eine Theorie dieses »gesellschaftlich organisierten Naturprozesses« wird folgerichtig zusätzlich sozial-wissenschaftliche Elemente integrieren müssen.

Die Verwendung des Begriffs Stoffwechsel in dieser erweiterten Form geht auf Marx zurück, Marx verwendet den Begriff des Stoffwechsels im Kapital besonders da, wo er die Notwendigkeit der Arbeit als gebrauchswertschaffenden Prozeß hervorhebt.[17] »Die Arbeit ist zunächst ein Prozeß zwischen Mensch und Natur, ein Prozeß, worin der Mensch seinen Stoffwechsel mit der Natur durch seine eigene Tat vermittelt, regelt und kontrolliert. Er tritt dem Naturstoff selbst als eine Naturmacht gegenüber. Die seiner Leiblichkeit angehörigen Naturkräfte, Arme und Beine, Kopf und Hand, setzt er in Bewegung, um sich den Naturstoff in einer für sein eigenes Leben brauchbaren Form anzueignen. Indem er durch diese Bewegung auf die Natur außer ihm wirkt und sie verändert, verändert er zugleich seine eigene Natur.«[18] Im allgemeinen tritt dagegen die Naturaneignung durch Konsum und die damit verbundene Rückwirkung auf die Natur bei Marx nicht so deutlich hervor. Aber auch diesen Aspekt hat Marx gesehen: »Mit dem stets wachsenden Übergewicht der städtischen Bevölkerung, die sie in großen Zentren zusammenhäuft, häuft die kapitalistische Produktion einerseits die geschichtliche Bewegungskraft der Gesellschaft, stört sie andererseits den Stoffwechsel zwischen Mensch und Erde, d. h. die Rückkehr der vom Menschen in der Form von Nahrungs- und Kleidungsmitteln vernutzten Bodenbestandteile zum Boden, also die ewige Naturbedingung dauernder Bodenfruchtbarkeit. Sie zerstört damit zugleich die physische Gesundheit der Stadtarbeiter und das geistige Leben der Landarbeiter. Aber sie zwingt zugleich durch die Zerstörung der bloß naturwüchsig entstandenen Umstände jenes Stoffwechsels, ihn als systematisch regelndes Gesetz der gesellschaftlichen Produktion und in einer der vollen menschlichen Entwicklung adäquaten Form herzustellen.«[19]

Wir heben an diesen Aussagen von Marx drei Punkte hervor: Erstens den *materialistischen* Aspekt des Stoffwechsels. Entscheidend bei der Einführung des Stoffwechselbegriffs zur Charakterisierung der Mensch-Natur-Beziehung ist, daß darin der Mensch nicht bloß als denkendes Subjekt, als Erkennender, der Natur gegenübertritt, sondern selbst als konkreter Wirkfaktor, als Naturmacht – wie Marx sagt.

Zweitens den *historischen* Aspekt des Stoffwechsels. Marx sagt, daß der Mensch durch die Naturaneignung seine eigene Natur verändert. Was jeweils historisch Stoffwechsel zwischen Mensch und Natur ist, ist durch den Stand der bereits vollzogenen Naturaneignung bestimmt.[20] Natürlich ist die Geschichte der Naturaneignung nicht antonom, sondern wird außerdem bestimmt durch die Entwicklung der Gesellschaftsformation. In jedem Fall ist mit einer Historisierung der Naturwissenschaften zu rechnen, wenn durch den Stoffwechsel Mensch/Natur die Humangeschichte der Natur (Moscovici[21]) Thema wird.

Drittens den *normativen* Aspekt des Stoffwechsels. Ist Stoffwechsel zunächst ein bloßer Naturprozeß, der sich dann mit der Gesellschaft auch bloß ›naturwüchsig‹ fortentwickelt, so unterliegt er doch bereits als solcher gesellschaftlichen Regelungen und muß auf Dauer explizit geregelt werden: Die Stoffwechselbeziehungen Mensch/Natur sind überhaupt erst in adäquater Form *herzustellen*.

Da dieser letzte Aspekt für uns derjenige ist, der Anlaß gibt, eine Naturwissenschaft, die explizit die Stoffwechselbeziehungen Mensch/Natur thematisiert, als einen neuen Typ, als *soziale Naturwissenschaft* anzusehen, wollen wir darauf im folgenden Abschnitt noch ausführlicher eingehen.

V. Die Einbeziehung normativer Aspekte in die Wissenschaft von der Natur

Bestünde der normative Aspekt der Stoffwechselbeziehung Mensch/Natur nur in der Forderung des Naturschutzes, so würde er die Wissenschaft nicht affizieren. Ihr bliebe dann, wie bisher, festzustellen, wie die zu schützende Natur »an sich« ist. Aber der Eingriff des Menschen in die Natur ist unvermeidlich.

Der Mensch ist ein Naturwesen, das darauf angewiesen ist, mit der Natur Stoffe zu wechseln. Er ist dadurch notwendiger Teil des Stoffhaushaltes der Natur.

Es macht daher wenig Sinn, die Eroberung der »unberührten Natur« durch den Menschen zu beklagen, es sei denn man negiere die Menschheit insgesamt und damit sich selbst. Auch der bloß romantische Bezug auf das Naturschöne hat zur objektiven Voraussetzung, daß die unmittelbaren Lebensbedingungen garantiert sind, basiert also schon immer auf Stoffwechsel.[22]

Da die vom Menschen bewirkten (makroskopischen) Stoffwechselvorgänge zwar verändert, minimiert, aber nicht grundsätzlich eliminiert werden können, muß die Wirkung der umgesetzten Stoffe und Energien auf ökologische und physikalisch-chemische Zyklen der umgebenden Natur systematische Beachtung finden. Die Entnahme von Material aus der Natur, die Verarbeitung in der Produktion, die Verteilung im Konsum und die Zurückgabe an die Natur in veränderter Form und an anderem Ort setzt neue Prozesse in Gang, die wohlmöglich destruktiv auf vorgefundene Kreisläufe wirken können.

Diese *gesellschaftliche* Bestimmung von Natur muß überhaupt erst einmal Thema der Naturwissenschaft werden. Schon dadurch kommen normative Aspekte in die Naturbetrachtung. Denn die Natur, die dann Thema ist, ist nicht mehr einfach und notwendig so, wie sie ist. Es handelt sich um die mehr oder weniger ›humanisierte‹ Natur.

Der gesellschaftliche Stoffwechsel unterlag in der Geschichte drastischen Veränderungen. Er folgt den Normen des ökonomischen, politischen und kulturellen Systems.

Durch das mehr oder weniger bewußte Eingreifen der Gesellschaft in Materialzyklen, natürliche Energiekreisläufe, Ökosysteme und Landschaften wird den natürlichen Prozessen ein sozialer Stempel aufgedrückt. Die Vorgänge der Natur werden gestört, beeinflußt und durchbrochen durch den gesellschaftlich veranstalteten Stoffwechsel.

Im Ausmaß der gesellschaftlichen Bestimmung der Natur gibt es natürlich Grade, die von der faktischen Aneignung abhängen und von der vollständigen Unterordnung von Naturgesetzen unter gesellschaftliche Regelungen bis zur bloß unterstellten Aneignung im theoretischen Zugang reichen. So äußert sich die ›Selbständigkeit‹ der Natur dort, wo sie vollständig in das humane System integriert ist, wie beispielsweise in Maschinen oder Gebäuden, nur noch als ›Störung‹ oder ›Verschleiß‹. Die gesellschaftlichen Regelungen sind hier den Naturgesetzen übergestülpt, letztere garantieren nur, daß strikt herauskommt, was gesellschaftlich eingeregelt ist. Eine Mittelstellung nimmt beispielsweise der Boden als Acker ein oder auch die Atmosphäre. In diesen Bereichen natürlicher Umwelt besteht die gesellschaftliche Bestimmung z. T. nur quantitativ, nämlich dort, wo sich der Mensch in bestehende Naturprozesse zu seinem Vorteil einschaltet, sie aber durch in- und output-Beziehungen determiniert. Andererseits modifiziert er hier aber die Reproduktionszyklen auch der Form nach – indem er beispielsweise Katalysatoren einführt wie beim Ozonkreislauf das Frigen –, oder er etabliert überhaupt neue Reproduktionszyklen wie beim photochemischen Smog. Dies ist eine Bestimmung der Natur ihrer Form nach. Aber auch diese Bestimmung der ›natürlichen‹ Umwelt bleibt partiell, weil nicht nur die Grundgesetze der Natur, sondern hier auch das System nicht human konstruiert ist. Schließlich ist die Natur trotz aller humanen Bestimmung immer noch größer als der Mensch, es gibt immer noch eine weitere Umwelt, die noch in keiner Weise materiell angeeignet ist, die ›Natur da draußen‹.[23]

Die regelnde Bestimmung der Natur durch die Gesellschaft bezieht sich damit nur auf einen ›mittleren Bereich‹. Weder können Naturprozesse auf der Molekülebene noch die Natur im Großen, d. h. in kosmischen Dimensionen vom Menschen reguliert werden. Er bleibt in seiner Konstruktion oder Rekonstruktion von Natur stets angewiesen darauf, daß es fundamentale Gesetze gibt und daß es den umgebenden Horizont der Natur im ganzen gibt. Nur im mittleren Bereich der Systeme kann der Mensch konstruktiv Naturgeschehen zusammenstellen (im technischen Gerät und bei den chemischen Synthesen) beziehungsweise modifizieren (z. B. in ökologischen Kreisläufen). Dies ist der Bereich, in dem die Normen, nach dem dies geschieht, für den faktischen Bestand der Natur bedeutsam werden, so daß man hier von einer normativ bestimmten Natur reden kann.

Dieser mittlere Bereich ist nun natürlich gerade der Bereich der humanen Dimensionen, d. h. der Bereich der Naturerfahrung im Alltagssinn, der Natur im Sinne von Landschaft, Tier, Pflanze. Wenn wir sagen, daß der Mensch im molekularen und stellaren Bereich immer darauf angewiesen bleibt, daß die Natur auch von selbst da ist, daß sich somit gerade unter der expliziten Thematisierung einer Humanisierung der Natur wieder so etwas wie Physis zeigt, so wird doch im ›mittleren Bereich‹ die Frage umso dringender, ob der Mensch hier noch die Chance hat, die Natur als das andere seiner selbst zu erfahren.

Die erste Aufgabe einer sozialen Naturwissenschaft ist, die faktische Natur in ihrer Abhängigkeit von gesellschaftlich geregelten Stoffwechselprozessen darzustellen. Darüber hinaus stellt sich die Aufgabe einer normativen Konstruktion möglicher Naturen, damit der Mensch auf der Basis dieser Erkenntnis seine Stoffwechselbeziehungen so einrichten kann, daß ihn eine wünschenswerte Umwelt umgibt.

Der nicht mehr vernachlässigbare Einfluß des Menschen auf die Natur verlangt nach einer *sozialen Rekonstruktion der Natur, nach einem Entwurf von Reproduktionszusammenhängen*, in dem gesellschaftliche Ziele mit den Möglichkeiten der Natur abgestimmt werden.

Der Mensch muß dafür sorgen, daß sein Einfluß nicht natürliche Regelkreise außer Funktion setzt, oder er muß notfalls durch soziale Regelung früher vorhandene Kreisläufe modifizieren und ersetzen.

Die normative Betrachtung kommt also bei der wissenschaftlichen Bearbeitung der Stoffwechselbeziehung Mensch/Natur an zwei Stellen hinein: auf der einen Seite sind die normativen, die gesellschaftlichen Faktoren die unabhängigen Variablen, die bestimmen, was in der bereits angeeigneten Natur geschieht. Auf der anderen Seite muß wegen der quantitativ nicht zu vernachlässigenden Rückwirkung des Natursystems auf die Existenz[24] der Gesellschaft, die Stoffwechselbeziehung mit der Natur selbst unter normative Regeln gestellt werden.

VI. Soziale Naturwissenschaft – Wissenschaft von der sozial verfaßten Natur

Das Stoffwechselkonzept eröffnet neue kognitive und soziale Perspektiven für die Wissenschaft von der Natur. Die materielle Aneignung der Natur, die Wirkungen der Gesellschaft auf die äußere Natur und deren Wirkungen auf die Menschen werden zum zentralen Gegenstand einer »Sozialen Naturwissenschaft«. Die Soziale Naturwissenschaft wird die Frage nach den Normen des Naturumgangs stellen (a), sie wird mit einem neuen Begriff von der Natur neue Maßstäbe für die Forschung entwickeln müssen (b), sie wird ihr Verhältnis zu den klassischen Naturwissenschaften bestimmen müssen (c) und sie muß ihre eigenen Organisationsformen finden (d).

a) *Die Soziale Naturwissenschaft zielt auf den Entwurf von Reproduktionsniveaus für den regionalen und globalen Stoffwechsel, die gleichermaßen mit den Bedürfnissen der Menschen wie mit den ökologischen Regelvorgängen verträglich sind.* Dazu muß sie Kriterien entwickeln, inwieweit menschliche Eingriffe mit außermenschlichen Regelzyklen harmonieren bzw. wo *Raubbau und Destruktion* ökologischer Teilsysteme einsetzt. Eine Soziale Naturwissenschaft hat also nicht nur zu sagen, wie die Natur ist, sondern auch wie sie sein könnte und sein soll.[25]

Ein Vergleich mit der Medizin zeigt, daß Wahrheitsanspruch und *normative Orientierung* durchaus verträglich sind. Die Aufgabe der Medizin ist eine über die bloße Deskription von Stoffwechselprozessen hinausgehende Angabe von Krankheitskriterien und die Entwicklung von Strategien, um die Gesundheit zu erhalten oder wieder herzustellen. Medizin kann zwar auch als Technologie menschlicher Apparate konzipiert werden (wozu faktisch auch eine starke Tendenz besteht), grundsätzlich steht und fällt sie jedoch mit einem normativen Gesundheitsbegriff. Sie ist in diesem Sinne ebensowenig wertfrei wie die Soziale Naturwissenschaft.

Diese findet ihren ›Gesundheitsbegriff‹ im Konzept des zwischen Gesellschaft und umgebender Natur abgestimmten *wünschenswerten* Reproduktionsniveaus des Gesamtstoffwechsels.

Eine Wertneutralität der Wissenschaft im Sinne einer Gleichgültigkeit der Wissenschafts- und Technikentwicklung gegen die Erhaltung der menschlichen Gattung wäre absurd, denn »die

Wertneutralität der Resultate der Wissenschaft schlösse die strikte Neutralität gegen die Vernichtung der Menschheit ein.«[26]

Keine Gesellschaft (auch wenn der Augenschein bisweilen anderes suggerieren mag) wird bewußt und mutwillig durch den von ihr kontrollierten Stoffwechsel die Regulationsmechanismen regionaler oder globaler Naturzusammenhänge außer Kraft setzen und damit systematisch die natürlichen Lebensvoraussetzungen untergraben wollen. Insofern kommen der Sozialen Naturwissenschaft wie der Medizin auch in ihrem Bezug auf Normen eine gewisse Objektivität zu oder vielleicht richtiger Intersubjektivität: ihre grundsätzliche Orientierung ist von jedem Menschen zu akzeptieren, weil sie nicht auf die Durchsetzung von Partikularinteressen gegen allgemeine Interessen abzielt.

Im Einzelfall jedoch ergeben sich Probleme: Nicht alle Menschen sind gleichermaßen von den negativen Auswirkungen eines außer Kontrolle geratenen Stoffwechsels betroffen: das Gefährdungspotential und das Interesse es zu vermindern werden davon abhängen, welchen Platz der Betreffende in der Produktionshierarchie einnimmt. Erfahrungsgemäß scheren sich internationale Konzerne oder Militärstrategen wenig um regionale Kreisläufe und konkrete menschliche Bedürfnisse. Auch sind Gegensätze zu erwarten zwischen städtischen Ballungsgebieten mit ihrem unmäßigen Wasser-, Energie- und Stoffumsatz und dem umliegenden flachen Land, das seine originäre Struktur einbüßt und zum Infrastrukturanhängsel (Wasserversorgung, Verkehrsnetz) und zur Mülldeponie zu werden droht. Es ist erkennbar, daß die Berufung auf verallgemeinerbare Interessen nicht mehr als ein Orientierungspunkt sein kann, der die Soziale Naturwissenschaft nur im Prinzip legitimiert.

Damit stellt sich die Frage, wer die Normen des Naturumgangs bestimmen soll. Immerhin kann man soviel sagen:

Damit sich die Naturbasis der menschlichen Existenz auf einem bestimmten Entwicklungsniveau von Natur und Gesellschaft reproduzieren kann, dürfen *nicht beliebige soziale und technische Zwecke* verfolgt werden. Die Soziale Naturwissenschaft muß sich also selbst mit den sozioökonomischen Bedingungen des Umgangs des Menschen mit der makroskopischen Natur kritisch auseinandersetzen, d. h. mit der Produktions- und Konsumtionsstruktur der Gesellschaft. Sie kann also nicht bloß instrumentell gesellschaftlich vorgegebenen Zwecken dienen, wie es in der Wettermacherei oder in plow share Projekten (dem Umlenken von Flüssen, dem Assuan-Staudamm oder dem Qattara-Projekt[27]) vorgeführt oder geplant wurde. Vielmehr wird sie – so wie sie Normen in den Naturbegriff integriert – sich auch an der gesellschaftlichen Normfindung beteiligen müssen.

Auf der anderen Seite kann nicht ex cathedra entschieden werden, was wünschenswerte Naturen sind und wie der gesellschaftliche Stoffwechsel aussehen soll, sondern letzten Endes nur von den Betroffenen selbst. Die Wissenschaft kann dazu aber wesentliche Kriterien angeben, die durchaus manchmal im Widerspruch zu unmittelbar formulierten menschlichen Bedürfnissen stehen können. Der Prozeß der Normfindung ist ein politischer Prozeß, der zwar bereits im Gange ist, für den allerdings erst die geeigneten Formen der Beziehung von Wissenschaft und Öffentlichkeit gefunden werden müssen.

b) Der reduktionistische *Naturbegriff* klassischer Naturwissenschaft wird überwunden zugunsten eines Begriffs von der makroskopischen Natur, der im Stoffwechselkonzept Mensch und Natur in einem System von Wechselwirkung integriert. Die Soziale Naturwissenschaft hebt mit ihrem Gegenstand Stoffwechsel und Reproduktionsniveau auf eine neue, komplexere Ebene ab, auf wirkliche Funktions- und Lebenszusammenhänge in einem sozialen Kontext und regionalen Besonderheiten (soweit es nicht um globale Themen geht). Die Ausdehnung der Naturerkenntnis auf neue Detailgebiete gewinnt ihren Stellenwert aus dieser Stoffwechselperspektive und nicht daraus, daß noch nicht alle Kombinationsmöglichkeiten der chemischen Elemente ausprobiert und die Skalen der Maßsysteme (Länge, Zeit, Temperatur, Energie usw.) noch nicht experimentell in jeder Größenordnung abgearbeitet sind.

Eine Teilfragestellung mag über viele Vermittlungsstufen mit konkreten Stoffwechselproblemen verknüpft sein; das Bewußtsein von dieser Verbindung wird gleichwohl andere Relevanz- und Abbruchkriterien für die naturwissenschaftliche Forschung hervorbringen als der derzeitige Wissenschaftsbetrieb.

Ferner kann man sich leicht vorstellen, daß viele Forschungsgegenstände erst wissenschaftlich bearbeitbar werden, nachdem das Stoffwechselkonzept als Leitlinie gilt, so z. B. der Entwurf einer chemischen Technologie, die nicht auf Marktkriterien, sondern auf eine ökologisch noch vertretbare Wirtschaftsform abgestellt ist. Es wird sich zeigen, daß das Problem- und Interessenbewußtsein, das sich im Alltagswissen der Betroffenen selbst herausbildet, durchaus konstitutiv auch für wissenschaftliche Problemformulierungen sein kann und Erfolgsmaßstäbe für den Fortgang der wissenschaftlichen Arbeit liefert. Nämlich da, wo nur die Betroffenen etwa einer Region, eines Geschlechts oder eines Problemzusammenhangs entscheiden können, ob ihre Probleme wirklich durch den Vorschlag der Wissenschaftler gelöst werden können.

c) Die Soziale Naturwissenschaft ist keine schlechthin neue Wissenschaft, sondern eine Transformation der bisherigen. Was Erkenntnis war, bleibt Erkenntnis, tritt aber in einen neuen Zusammenhang. Die ›klassischen Naturwissenschaften‹ bleiben erhalten, werden aber darüber hinaus im Zusammenhang der sozialen Naturwissenschaft subsidiäre Rollen übernehmen – ebenso wie übrigens Teile der ›klassischen Sozialwissenschaft‹ auch. Einen heuristischen Wert mag auch hier wieder das Beispiel der Medizin[28] haben: In ihr sind ›klassische Naturwissenschaften‹ wie Physik und Chemie ebenso wie ›klassische Sozialwissenschaften‹ wie beispielsweise die Psychologie integriert unter dem komplexen Thema ›menschlicher Leib und seine Gesundheit‹. Entscheidend ist dabei, daß hier eine Integration von Disziplinen vorliegt, die über bloße additive ›Interdisziplinarität‹ hinausgeht.

Es geht in der Sozialen Naturwissenschaft nicht um einen absoluten Neuanfang, sondern um die Verstärkung eines Prozesses, der historisch spätestens im 19. Jahrhundert – beispielsweise mit Liebigs Agrikulturchemie – einsetzte.

Als aktuelle Beispiele seien genannt: die weltweite Forschung an allen naturwissenschaftlichen, medizinischen und sozialen Dimensionen des Ozonproblems oder die neuere Entwicklung einer interdisziplinären Energiewissenschaft.

d) So wie das kognitive Programm der Sozialen Naturwissenschaft über die etablierte Arbeitsteilung der naturwissenschaftlichen und technischen Disziplinen hinausgreift, so wird sie auch ihre eigenen Institutionalisierungsformen finden müssen. Die heutigen Formen von Wissensvermittlung und Forschung sind durch die Additivität der Disziplinen und die Trennung von Grundlagen und Anwendung gekennzeichnet. Nun wird es natürlich auch weiterhin Grundlagenforschung im klassischen Sinne geben müssen, d. h. im Sinne der Frage nach den Bausteinen und elementaren Gesetzen der Natur. In der Sozialen Naturwissenschaft tritt aber die Notwendigkeit von *Anwendungs*grundlagen[29] und von Grundlagen für Systemprobleme in den Vordergrund. Die Soziale Naturwissenschaft muß auf dem Ausbildungssektor Kompetenzen erzeugen, auf der Basis solcher Grundlagen je nach Fragestellung Wissen aus den klassischen Einzeldisziplinen zu erwerben und anzuwenden. Ansätze zu einem Projektstudium wiesen in diese Richtung. Auf dem Forschungssektor hängt viel davon ab, wie sich das Verhältnis von Wissenschaft und Öffentlichkeit neu einspielt. Für die Soziale Naturwissenschaft wäre die Herausbildung von ›Problemgemeinschaften‹ anstelle der alten scientific communities unbedingt erforderlich. Scheiterte interdisziplinäre Forschung bisher u. a. daran, daß die beteiligten Wissenschaftler sich weiterhin ›disziplinär‹ profilieren mußten, – und sich entsprechend in ihrem Publikationsverhalten einstellten –, so werden sich mit den Problemgemeinschaften neue Adressaten wissenschaftlicher Arbeit herausbilden.

Da die Soziale Naturwissenschaft auf einen sozial und ökologisch vertretbaren Stoffwechsel abhebt, muß sie sich auseinandersetzen mit den Bereichen, in denen heute die materielle Aneignung der Natur wissenschaftlich betrieben wird: mit Industrie, industrialisierter Landwirtschaft, Regionalplanung und militärischer Entwicklung. In diesen Bereichen liegt heute die überwiegende wissenschaftlich-technische Kompetenz unserer Gesellschaft. Diese Instanzen definieren ihren ökonomischen Strukturen, politischen Interessen und sozialen Normen gemäß, was als Fortschritt gelten und veranstaltet werden soll.

Es gilt Normen herauszufinden, die nicht nur an partikularen Interessen orientiert sind, sondern für eine gesamtgesellschaftliche Naturpolitik verbindlich sein können.

Anmerkungen

1 Die hier vorgelegten Überlegungen gehen auf ein mit Henning Bockhorn gemeinsam durchgeführtes Kolloquium »Wissenschaftlichtechnische Entwicklung und Umwelt« einerseits und auf eine Fortführung der in der Finalisierungsthese angelegten normativen Tendenzen zurück. (W. Schäfer, Zur Frage der praktischen Orientierung des

theoretischen Diskurses, in: Chr. Hubig/W. v. Rahden (Hrsg.), Konsequenzen kritischer Wissenschaftstheorie. Berlin: de Gruyter 1978, 81–110.

W. Schäfer, Normative Finalisierung. Eine Perspektive, in: Starnberger Studien I. Frankfurt: Suhrkamp 1978, 377–415.

2 v. d. Daele, W., Die soziale Konstruktion der Wissenschaft – Institutionalisierung und Definition der positiven Wissenschaft in der 2. Hälfte des 17. Jahrhunderts, in: G. Böhme/W. v. d. Daele/W. Krohn, Experimentelle Philosophie. Frankfurt: Suhrkamp 1977.

3 M. Scheler, Die Wissensformen und die Gesellschaft. Bern: Francke, 2. Aufl. 1960. J. Habermas, Analytische Wissenschaftstheorie und Dialektik, in: Th. W. Adorno, Der Positivismusstreit in der deutschen Soziologie. Neuwied, Berlin: Luchterhand, 3. Aufl. 1971, 155–192.

4 s. das Kapitel »Platons Theorie der exakten Wissenschaften« in diesem Band (III, 1).

5 Sohn-Rethel, A., Geistige und körperliche Arbeit. Frankfurt: Suhrkamp 1972.

6 Wir möchten diese Tatsache kurz an einem Beispiel illustrieren. Die technische Mechanik noch des 18. Jahrhunderts behandelt Maschinen durchweg als Umsatzaggregate für tote Kräfte. Damit Maschinen aber laufen, mußten nach den damaligen Vorstellungen von außen »lebendige Kräfte« angebracht werden, die aber selbst nicht Gegenstand der Mechanik sind. Fünf Arten von lebendigen Kräften waren bekannt: Feuer, Wasser, Luft, Tiere und Menschen. Allerdings wurden dann seit dem 19. Jahrhundert die lebendigen Kräfte unter dem Titel Energie in die Mechanik integriert, aber doch nur solche, die als kontrollierte Naturkräfte konzipierbar waren, d. h. eben die menschliche Arbeit nicht.

7 Descartes, R., Discours de la méthode. Hamburg: F. Meiner 1960, 100 f.

8 Scheler, l. c. Anm. 3, S. 93.

9 W. Krohn/W. Schäfer, Ursprung und Struktur der Agrikulturchemie, in: Starnberger Studien I, Frankfurt: Suhrkamp 1978.

10 Rolf Bauerschmidt/W. Ströbele, Strategien einer alternativen Energiepolitik, WSI-Mitteilungen 3 (1977) S. 159.

11 K. Buchholz, Verfahrenstechnik (chemical engineering) – its Development, Present State and Structure. In: Social Studies of Science 9 (1979), 33–62.

12 Wir diskutieren hier mit der kognitiven Struktur von Natur- und Ingenieurwissenschaft nur *einen* Faktor, der den heutigen Naturumgang bestimmt. Die sozioökonomische Bedingtheit dieses Desinteresses der Wissenschaft an der Naturbasis der menschlichen Existenz wird dabei nur ausgeklammert, aber sonst durchaus wahrgenommen. Dieser Aufsatz zielt jedoch nicht auf eine politische oder ökonomische

Theorie der Umweltkrise, sondern auf einen Entwurf einer neuen Wissenschaft von der Natur.

13 Der Atmosphärenchemiker Julian Heicklen liefert mit seiner Billig-Therapie des photochemischen Smogs ein keineswegs kurioses Beispiel für diese verbreitete Haltung. Er schlägt vor, mit Flugzeugen Chemikalien wie Diethylhydroxylamin über smoggefährdeten Ballungsgebieten in die Atmosphäre einzutragen, um – wie in einem überdimensionalen Reagenzglas – die reaktiven Vorläufer des Smogs abzufangen. Für zwei Dollar pro fahrendes Auto (also gewissermaßen pro »Verursacher«) eine besonders billige Eskalation einer »Humanisierung der Natur« – mit negativem Vorzeichen.
Julian Heicklen, Atmospheric Chemistry. New York: Academic Press 1976, p. 393.

14 J. Grebe, Naturwissenschaft und kapitalistische Arbeitsteilung, in: Darmstädter Studenten Zeitung Nr. 136 (1973), 24–39.

15 G. Böhme, Ist Goethes Farbenlehre Wissenschaft? in diesem Band, Kap. IV, 1.

16 Das Wort Informationsaustausch soll auch »Formveränderungen der Natur« abdecken, wie sie bei Eingriffen in die Regelung ökologischer und geophysikalischer Systeme oder bei Landschaftsumgestaltungen stattfinden. Der Mensch macht hier im großen, was beim Biber im kleinen anfängt. Wenn dieser Dämme baut und Bäche umleitet, so strukturiert er natürliche Systeme um. Der erweiterte Stoffwechselbegriff soll diese »Biberisierung der Natur« mit einschließen. Vergl. auch Anm. 20.

17 Alfred Schmidt, Der Begriff der Natur in der Lehre von Karl Marx. Frankfurt: Europäische Verlagsanstalt 1962, S. 69.

18 Karl Marx, Das Kapital. Erster Band, Berlin: Dietz Verlag 1969, S. 192.

19 a.a.O., S. 528.

20 Die historische Veränderung menschlichen Stoffwechsels mit der Natur erfolgt in verschiedenen Dimensionen. Eine davon wurde unter dem Stichwort ›Multiplikation‹ in Abschnitt II erwähnt: Es handelt sich um eine Verschiebung der Hauptquantität des Stoffwechsels zu den Mitteln bzw. Instrumenten hin. Eine andere ist der Formwandel des Stoffwechsels: Vollzieht sich der damit verbundene Metabolismus zunächst im menschlichen Leib, so wird er mehr und mehr hinausverlagert. Ferner sind solche Entwicklungslinien zu verfolgen wie: Zunächst wird die Form der Materie verändert (Handwerk), dann wird die Materie selbst verändert (Chemie), dann werden Formen von natürlich nicht vorhandener Materie entworfen und Naturstoffe synthetisiert (Kunststoffchemie, Kerntechnik).

21 S. Moscovici, Essai sur l'histoire humaine de la nature. Paris: Flammarion 1968.

22 Das Festhalten an dieser Einsicht ist kein Plädoyer dafür, die Natur ausschließlich unter dem Gesichtspunkt des materiellen Nutzens zu betrachten. Die Ästhetik von Kulturlandschaften (andere Natur gibt es ja kaum noch) muß verteidigt bzw. weithin erst bewußt geschaffen werden. Der Reiz oberitalienischer und südfranzösischer Landschaften hängt sicher auch damit zusammen, daß dort eine Synthese von natürlicher Beschaffenheit der Landschaft mit Agrikultur und Architektur gelungen scheint.

23 Natur geht nicht in der Definition auf, Substrat von Herrschaft zu sein. Mit den Worten von Ernst Bloch:
    »Unsere bisherige Technik steht in der Natur wie eine Besatzungsarmee in Feindesland und vom Landesinnern weiß sie nichts, die Materie der Sache ist ihr transzendent.« . . . »Die endgültig manifestierte Natur liegt nicht anders wie die endgültig manifestierte Geschichte im Horizont der Zukunft, und nur auf diesen Horizont laufen auch die künftig wohlerwartbaren Vermittlungskategorien konkreter Technik zu. Je mehr gerade statt der äußerlichen eine Allianztechnik möglich werden sollte, eine mit der Mitproduktivität der Natur vermittelte, desto sicherer werden die Bildekräfte einer gefrorenen Natur erneut freigesetzt. Natur ist kein Vorbei, sondern der noch gar nicht geräumte Bauplatz, das noch gar nicht adäquat vorhandene Bauzeug für das noch gar nicht adäquat vorhandene menschliche Haus.« (Zitate aus Ernst Bloch, Das Prinzip Hoffnung, 3, Frankfurt/M.: Suhrkamp 1973, S. 814 bzw. 807).

24 Der Bezug auf die materiellen Bedingungen gesellschaftlicher Existenz scheint dabei nicht einmal hinreichend: Das, was heute an Naturkonstruktion im Bereich molekulare Genetik geschieht, hat möglicherweise Rückwirkungen darauf, wie sich der Mensch moralisch selbst versteht. So stellt beispielsweise das Klonieren (identische Reproduktion von Lebewesen) das Selbstverständnis des Menschen als Individuum in Frage.

25 »Agrikulturchemie wurde als *soziale Naturwissenschaft* bzw. naturwissenschaftlich betriebene Sozialwissenschaft konstituiert. Ihre Bestimmung lag nicht allein darin, die Reproduktionsgesetze der vegetabilischen Natur zu erkennen, sondern vor allem darin, die im wohlverstandenen Interesse der menschlichen Gesellschaft liegende, zweckmäßige Konstruktion natürlicher Kreisläufe zu ermöglichen. Durch diese Konstruktion werden in der Natur Zwecke realisiert, die keine Naturzwecke sind.« Schäfer, Zur Frage der praktischen Orientierung des theoretischen Diskurses, l. c. Anm. 1, S. 108.

26 P. Bulthaup, Zur gesellschaftlichen Funktion der Naturwissenschaften. Frankfurt/M.: Edition Suhrkamp, 1973, S. 19.

27 M. Gregorkiewitz, Das Qattara-Projekt: 213 H-Bomben für Sadat? in: Blätter des Informationszentrums Dritte Welt 65 (1977), 20–29.

269

28 Uns ist klar, daß der aktuelle Zustand der Medizin zu wünschen übrig läßt. Das ändert aber nichts an der Tatsache, daß die Medizin als Wissenschaftstyp einige Merkmale trägt, an denen sich zu orientieren lohnt: 1. sie behandelt einen Naturgegenstand, den Menschen, unter einer normativen Perspektive (gesund/krank); 2. sie integriert in einer Disziplin unter einem Projekt (›gesunder Mensch‹) eine Reihe von anderen Disziplinen, die nach ihren immanenten Fragestellungen nichts miteinander zu tun haben. Durch ersteres ist sie der Beleg dafür, daß normative Vorgehensweisen überhaupt wissenschaftlich möglich sind, durch letzteres, daß mehr als bloße ›Interdisziplinarität‹ möglich ist.

29 Dabei handelt es sich um die Konzepte, die die Anwendung fundamentaler Theorien auf gesellschaftlich interessante Probleme vermitteln. S. Böhme et. al. ›Finalisierung revisited‹ in: Starnberger Studien I, Frankfurt: Suhrkamp 1978.

Drucknachweise

Platons Theorie der exakten Wissenschaften. Aus: Antike und Abendland, XXII (1976), 40–53.

Ist Goethes Farbenlehre Wissenschaft? Aus: Studia Leibniziana IX (1977), 27-54.

Der Streit zwischen Titchener und Baldwin über die Messung von Reaktionszeiten. Teile aus: Die Bedeutung von Experimentalregeln für die Wissenschaft, in: Zt. f. Soziologie 3 (1974), 5-17.

1848 und die Nicht-Entstehung der Sozialmedizin. Aus: Kennis en methode III (1979), 119-141.

Über Brückners politische Psychologie. Aus: Psychologie und Gesellschaftskritik, Sonderheft zu P. Brückner, Gießen: Focus 1980, 61-73.

Wissenschaftliches Wissen und lebensweltliches Wissen am Beispiel der Verwissenschaftlichung der Geburtshilfe. Aus: KZfSS, Sonderheft Wissenssoziologie (Hrsg. V. Meja, N. Stehr) 1980.

Bildnachweise

Seite 26: Titelvignette von J. Rueff, De conceptu et generatione hominis . . . Francforti ad Moenum, apud P. Fabricium, 1580

Seite 122: Goethe, 16 Tafeln zur Farbenlehre, Tafel VII

Seite 170: Die Medizinische Reform Nr. 14, 6 Oct. 1848

Seite 232-35: Anna Fischer-Dückelmann, Die Frau als Hausärztin, München, Wien 1920, inzwischen in völlig überarbeiteter Ausgabe erschienen bei Falken-Verlag, Niedernhausen.

Seite 244: Hebezeuge mit Zahnradgetriebe n. Ramelli, Kupferstich 1725. Dt. Museum

Herausgebern bzw. Verlagen sei hier gedankt für die freundliche Zustimmung zum Wiederabdruck.

Edgar Zilsel
Die sozialen Ursprünge der neuzeitlichen
Wissenschaft

Herausgegeben und übersetzt von Wolfgang Krohn
Mit einer biobibliographischen Notiz
von Jörn Behrmann
stw 152. 288 Seiten

Edgar Zilsel (1891–1944) hat in Wien Mathematik, Physik
und Philosophie studiert. Mit Otto Neurath gehörte er zum
linken Flügel des Wiener Kreises. Einer Universitäts-
karriere zog er die Arbeit an der Wiener Volkshochschule
vor. 1934 Haft. 1938 Ausreise nach England, 1939 in die
USA. Dort dank eines Stipendiums Forschungsarbeiten;
lehrte zunächst am Hunter College der City University of
New York, dann am Mills College in Oakland.

Jörn Behrmann und Wolfgang Krohn sind Mitarbeiter des
Max-Planck-Institutes zur Erforschung der Lebensbedingungen der wissenschaftlich-technischen Welt in Starnberg.

Edgar Zilsel hat im amerikanischen Exil eine zusammen-
hängende Studie über die Entstehung der Naturwissenschaften begonnen, deren Ergebnisse (wegen seines Todes
im Jahre 1944) nur fragmentiert als Aufsatzveröffent-
lichungen vorliegen. Diese Aufsätze folgen aber einer
inneren Systematik, die ihre gemeinsame Veröffentlichung
nahelegt.

Die allgemeine These Zilsels: zwischen 1 300 und 600 existieren drei Schichten von Intellektuellen, die institutionell
und ideologisch voneinander getrennt waren: die Gelehrten, die literarischen Humanisten und die Künstler-Ingenieure. Während die letzte Gruppe Experiment, Sektion
und das wissenschaftlich-technische Instrumentarium entwickelt, bleiben die sozialen Vorurteile der Gelehrten und
Humanisten gegen Handarbeit und experimentelle Verfahren in der Wissenschaft bis ins 16. Jahrhundert stabil.
Erst mit der Generation Bacon, Galilei, Gilbert wird das
kausale Denken der plebejischen Künstler-Ingenieure mit
dem theoretischen Denken der Naturphilosophie verknüpft.

Das Vorwort des Herausgebers rekonstruiert den theoretischen Zusammenhang der Aufsätze und geht auf die
empirischen und begrifflichen Probleme ein, die sich einer
Soziologie der Wissenschaftsgeschichte in der heutigen Forschung stellen.

Joseph Needham
Wissenschaftlicher Universalismus

Über Bedeutung und Besonderheit der chinesischen
Wissenschaft
Herausgegeben, eingeleitet und übersetzt
von Tilman Spengler
stw 264. 416 Seiten

Die in diesem Band vereinigten Arbeiten Joseph Needhams
stehen in enger thematischer Beziehung zu seinem Haupt-
werk *Science and Civilization in China,* der ersten maßgeblichen Gesamtdarstellung des chinesischen Beitrags zur
Universalgeschichte von Wissenschaft und Technik. Needham begreift das Zustandekommen der neuzeitlichen Wissenschaft als einen universalen Vorgang, zu dessen Entstehen Beiträge aus vielen Zivilisationen zusammenkommen
mußten, der aber erst durch die Entdeckungen und sozio-
kulturellen Neuausrichtungen im Europa der Renaissance
die für ihn bestimmende Dynamik erhielt. »Wissenschaftlicher Universalismus« als konkretes Forschungsprogramm
zielt demnach ebenso auf die Beschreibung einzelner Komponenten wie auf eine Kennzeichnung des Milieus, innerhalb dessen eine Kombination der Einzelteile das Unternehmen »moderne Wissenschaft« in Gang setzte.
Wenn der Durchbruch zur modernen Wissenschaft allein in
Europa gelang, in anderen Kulturen dazu aber die kognitiven Voraussetzungen genauso vorhanden waren, dann
müssen, folgert Needham, sozio-kulturelle Unterschiede die
entscheidenden Hemm- bzw. Beschleunigungsfaktoren bezeichnen.
Der Aufsatz »Wissenschaft und Gesellschaft in Ost und
West« geht auf einige dieser Unterschiede ein. »Die Einheit der Wissenschaft, Asiens unentbehrlicher Beitrag«, der
zweite Aufsatz der Auswahl, liefert eine faktische Erhär-
tung der These von der Universalität des Vorgangs, an
dessen Ende die neuzeitliche Wissenschaft stand. Daß es
sich bei diesen Beiträgen um mehr als nur die ständig zitierten Beispiele des Schießpulvers, der Druckkunst und
des magnetischen Kompasses handelt, wird dabei ebenso
deutlich wie die zentrale Rolle des arabischen Kultur-
raums für die Übermittlung der Erfindungen und Erkenntnisse. »Der chinesische Beitrag zu Wissenschaft und Technik« greift das Thema aus chinesischer Perspektive auf.

Needham beschränkt sich hier nicht auf die Aufzählung vieler Einzelfälle, er schildert auch die chinesische Einstellung zu Fragen der sozialen Verfügbarkeit von Wissenschaft und Technik.

Als Beispiele für Needhams Geschick, Problemzusammenhänge global und gleichzeitig detailgetreu in den Griff zu bekommen, dienen die Aufsätze »Der Zeitbegriff im Orient« und »Das fehlende Glied in der Entwicklung des Uhrenbaus: ein chinesischer Beitrag«.

Zunächst räumt Needham mit dem vulgär-philosophischen Klischee des »zeitlosen Orients« auf und zeigt sehr genau, wie konkret sich die Chinesen der Realität zeitlicher Abläufe in der Geschichte bewußt waren. Und zum Nachweis, daß sich derlei Gedanken nicht nur auf den mageren Weiden der Spekulation bewegten, zeigt Needham in seiner Geschichte des chinesischen Uhrenbaus gleichsam das handwerkliche Komplement: mehr noch, die Unruh, die zentrale Vorrichtung der mechanischen Zeitmessung, ist eine chinesische Erfindung.

Die traditionelle chinesische Medizin steht seit einigen Jahren im Brennpunkt nicht nur medizin-historischen Interesses. Das rührt zum einen aus den sozio-politischen Begleitumständen ihrer Wiedergeburt im sozialistischen China her, zum anderen aus dem erklärten Unvermögen westlicher Mediziner, gewisse therapeutische Effekte dieser Medizin in den Begriffen ihrer eigenen Deutungssysteme nachzuvollziehen. In »Medizin und chinesische Kultur« klärt Needham zunächst die Entstehungs- und Entwicklungsbedingungen der traditionellen Medizin Chinas, die wie keine andere wissenschaftliche Disziplin von der sie umlagernden Kultur geprägt wurde, und schlägt dann einige Interpretationen zu ihrer Wirkungsweise vor.

Wolf Lepenies
Das Ende der Naturgeschichte

Wandel kultureller Selbstverständlichkeiten in den
Wissenschaften des 18. und 19. Jahrhunderts
stw 227. 288 Seiten

Thema des Buches von Wolf Lepenies ist der Übergang
vom naturhistorischen zum entwicklungsgeschichtlichen Denken: an der Wende zum 19. Jahrhundert gelangen die
Wissenschaften unter einen Erfahrungsdruck, der zur Aufgabe der alten, räumlich orientierten Klassifikationsver-
fahren führt und jene Phase der Verzeitlichung ankündigt,
die mit der Darwinschen Evolutionstheorie ihren Höhe-
punkt erreicht. Das entwicklungsgeschichtliche Denken setzt
sich dabei in den einzelnen Disziplinen in unterschiedlicher
Weise durch – doch zeigen sich genügend Ähnlichkeiten in
Botanik und Zoologie, Medizin, Chemie und Geologie,
Astronomie, Rechts- und Kunstgeschichte, um der Epoche
von 1775 bis 1825 ein unverwechselbares Gepräge zu
geben. Die »Emanzipation« von der Naturgeschichte gelingt aber nur unvollkommen, insbesondere in der Historie
selbst lassen sich von Michelet bis Jakob Burckhardt Spuren
naturgeschichtlichen Denkens ausmachen, die mehr sind als
bloß Überreste. Es gehört zu den Eigentümlichkeiten ihres
Nachruhms, daß die so geschmähte Naturgeschichte in der
Literatur überlebt. Der Entwicklungsgang der Naturgeschichte kehrt sich von Balzac bis Proust um: gegenüber
der Menagerie der *Comédie humaine* erscheint Prousts Ro-
manwerk als Herbarium. Kennzeichnend ist auch der Be-
deutungswechsel, den der Normalitätsbegriff vom 18. zum
19. Jahrhundert durchmacht, sowie die Veralltäglichung des
Außerordentlichen. Während im 18. Jahrhundert das Wun-
derbare und das Außerordentliche Bestandteil des Wissen-
schaftsprozesses selbst sind, ist die moderne Wissenschaft
durch sensationsfreies Alltagshandeln gekennzeichnet.

Alphabetisches Verzeichnis der suhrkamp taschenbücher wissenschaft

Adorno, Ästhetische Theorie 2
– Drei Studien zu Hegel 110
– Einleitung in die Musiksoziologie 142
– Kierkegaard 7
– Negative Dialektik 113
– Philosophie der neuen Musik 239
– Philosophische Terminologie Bd. 1 23
– Philosophische Terminologie Bd. 2 50
– Prismen 178
– Soziologische Schriften I 306
Materialien zur ästhetischen Theorie Th. W. Adornos 122
Apel, Der Denkweg von Charles S. Peirce 141
– Transformation der Philosophie, Bd. 1 164
– Transformation der Philosophie, Bd. 2 165
Arnaszus, Spieltheorie und Nutzenbegriff 51
Ashby, Einführung in die Kybernetik 34
Avineri, Hegels Theorie des modernen Staates 146
Bachelard, Die Philosophie des Nein 325
Bachofen, Das Mutterrecht 135
Materialien zu Bachofens ›Das Mutterrecht‹ 136
Barth, Wahrheit und Ideologie 68
Becker, Grundlagen der Mathematik 114
Benjamin, Charles Baudelaire 47
– Der Begriff der Kunstkritik 4
– Trauerspiel 259
Materialien zu Benjamins Thesen ›Über den Begriff der Geschichte‹ 121
Bernfeld, Sisyphos 37
Bilz, Studien über Angst und Schmerz 44
– Wie frei ist der Mensch? 17
Bloch, Das Prinzip Hoffnung 3
– Geist der Utopie 35
– Naturrecht 250
– Philosophie d. Renaissance 252
– Subjekt/Objekt 251
– Tübinger Einleitung 253
Materialien zu Blochs ›Prinzip Hoffnung‹ 111
Blumenberg, Aspekte der Epochenschwelle: Cusaner und Nolaner 174
– Der Prozeß der theoretischen Neugierde 24
– Säkularisierung und Selbstbehauptung 79
– Schiffbruch mit Zuschauer 289
Böckenförde, Staat, Gesellschaft, Freiheit 163
Böhme/van den Daele/Krohn, Experimentelle Philosophie 205
Böhme/v. Engelhardt (Hrsg.), Entfremdete Wissenschaft 278
Bourdieu, Entwurf einer Theorie der Praxis 291
– Zur Soziologie der symbolischen Formen 107
Broué/Témime, Revolution und Krieg in Spanien. 2 Bde. 118
Bucharin/Deborin, Kontroversen 64
Bürger, Vermittlung – Rezeption – Funktion 288
– Tradition und Subjektivität 326
Canguilhem, Wissenschaftsgeschichte 286
Childe, Soziale Evolution 115
Chomsky, Aspekte der Syntax-Theorie 42
– Reflexionen über die Sprache 185
– Sprache und Geist 19
Cicourel, Methode und Messung in der Soziologie 99
Claessens, Kapitalismus als Kultur 275
Condorcet, Entwurf einer historischen Darstellung der Fortschritte des menschlichen Geistes 175
Cremerius, Psychosomat. Medizin 211
van den Daele, Krohn, Weingart (Hrsg.), Geplante Forschung 229

Danto, Analytische Geschichtsphilosophie 328
Deborin/Bucharin, Kontroversen 64
Deleuze/Guattari, Anti-Ödipus 224
Denninger (Hrsg.), Freiheitliche demokratische Grundordnung. 2 Bde. 150
Denninger/Lüderssen, Polizei und Strafprozeß 228
Derrida, Die Schrift und die Differenz 177
Dreeben, Was wir in der Schule lernen 294
Dubiel, Wissenschaftsorganisation 258
Durkheim, Soziologie und Philosophie 176
Eckstaedt/Klüwer (Hrsg.), Zeit allein heilt keine Wunden 308
Eco, Das offene Kunstwerk 222
Eder, Die Entstehung staatl. organisierter Gesellschaften 332
Ehlich (Hrsg.), Erzählen im Alltag 323
Einführung in den Strukturalismus 10
Eliade, Schamanismus 126
Elias, Über den Prozeß der Zivilisation, Bd. 1 158
– Über den Prozeß der Zivilisation, Bd. 2 159
Materialien zu Elias' Zivilisationstheorie 233
Erikson, Der junge Mann Luther 117
– Dimensionen einer neuen Identität 100
– Gandhis Wahrheit 265
– Identität und Lebenszyklus 16
Erlich, Russischer Formalismus 21
Ethnomethodologie (hrsg. v. Weingarten/Sack/Schenhein) 71
Euchner, Naturrecht und Politik bei John Locke 280
Fetscher, Rousseaus politische Philosophie 143
Fichte, Politische Schriften (hrsg. v. Batscha/Saage) 201
Fleck, Entstehung und Entwicklung einer wissenschaftlichen Tatsache 312
Foucault (Hrsg.), Der Fall Rivière 128
– Die Ordnung der Dinge 96
– Überwachen und Strafen 184
– Wahnsinn und Gesellschaft 39
Frank, Das Sagbare und das Unsagbare 317
Friedemann, Kant/Fichte/Schlegel/Görres (hrsg. v. Batscha/Saage) 267
Fulda u. a., Kritische Darstellung der Metaphysik 315
Furth, Intelligenz und Erkennen 160
Goffman, Rahmen-Analyse 329
– Stigma 140
Gombrich, Meditationen über ein Steckenpferd 237
Goudsblom, Soziologie auf der Waagschale 223
Grewendorf (Hrsg.), Sprechakttheorie und Semantik 276
Griewank, Der neuzeitliche Revolutionsbegriff 52
Groethuysen, Die Entstehung der bürgerlichen Welt- und Lebensanschauung in Frankreich 2 Bde. 256
Guattari/Deleuze, Anti-Ödipus 224
Habermas, Erkenntnis und Interesse 1
– Theorie und Praxis 243
– Zur Rekonstruktion des Historischen Materialismus 154
Materialien zu Habermas' ›Erkenntnis und Interesse‹ 49
Hegel, Grundlinien der Philosophie des Rechts 145
– Phänomenologie des Geistes 8
Materialien zu Hegels ›Phänomenologie des Geistes‹ 9
Materialien zu Hegels Rechtsphilosophie Bd. 1 88
Materialien zu Hegels Rechtsphilosophie Bd. 2 89

Helfer/Kempe, Das geschlagene Kind 247
Heller, u. a., Die Seele und das Leben 80
Henle, Sprache, Denken, Kultur 120
Höffe, Ethik und Politik 266
Hörisch (Hrsg.), Ich möchte ein solcher werden
    wie . . . 283
Hörmann, Meinen und Verstehen 230
Holbach, System der Natur 259
Holenstein, Roman Jakobsons phänomenologischer
    Strukturalismus 116
– Von der Hintergehbarkeit der Sprache 316
Hymes, Soziolinguistik 299
Jäger (Hrsg.), Kriminologie im Strafprozeß 309
Jaeggi, Theoretische Praxis 149
Jaeggi/Honneth (Hrsg.), Theorien des Historischen
    Materialismus 182
Jacobson, E. Das Selbst und die Welt der Objekte 242
Jakobson, R. Hölderlin, Klee, Brecht 162
– Poetik 262
Kant, Die Metaphysik der Sitten 190
– Kritik der praktischen Vernunft 56
– Kritik der reinen Vernunft 55
– Kritik der Urteilskraft 57
– Schriften zur Anthropologie 1 192
– Schriften zur Anthropologie 2 193
– Schriften zur Metaphysik und Logik 1 188
– Schriften zur Metaphysik und Logik 2 189
– Schriften zur Naturphilosophie 191
– Vorkritische Schriften bis 1768 1 186
– Vorkritische Schriften bis 1768 2 187
Kant zu ehren 61
Materialien zu Kants ›Kritik der praktischen Vernunft‹ 59
Materialien zu Kants ›Kritik der reinen Vernunft‹ 58
Materialien zu Kants ›Kritik der Urteilskraft‹ 60
Materialien zu Kants ›Rechtsphilosophie‹ 171
Kenny, Wittgenstein 69
Keupp/Zaumseil (Hrsg.), Gesellschaftliche Organi-
    sierung psychischen Leidens 246
Kierkegaard, Philosophische Brocken 147
– Über den Begriff der Ironie 127
Koch (Hrsg.), Die juristische Methode im Staatsrecht
    198
Körner, Erfahrung und Theorie 197
Kohut, Die Zukunft der Psychoanalyse 125
– Introspektion, Empathie und Psychoanalyse 207
– Narzißmus 157
Kojève, Hegel. Kommentar zur ›Phänomenologie
    des Geistes‹ 97
Koselleck, Kritik und Krise 36
Koyré, Von der geschlossenen Welt zum unendlichen
    Universum 320
Kracauer, Der Detektiv-Roman 297
– Geschichte – Vor den letzten Dingen 11
Kuhn, Die Entstehung des Neuen 236
– Die Struktur wissenschaftlicher Revolutionen 25
Lacan, Schriften 1 137
Lange, Geschichte des Materialismus 70
Laplanche/Pontalis, Das Vokabular der
    Psychoanalyse 7
Leach, Kultur und Kommunikation 212
Leclaire, Der psychoanalytische Prozeß 119
Lenneberg, Biologische Grundlagen der Sprache 217
Lenski, Macht und Privileg 183
Lepenies, Das Ende d. Naturgeschichte 227
Leuninger, Reflexionen über die Universal-
    grammatik 282
Lévi-Strauss, Das wilde Denken 14
– Mythologica I, Das Rohe und das Gekochte
    167

– Mythologica II, Vom Honig zur Asche 168
– Mythologica III, Der Ursprung der Tischsitten
    169
– Mythologica IV, Der nackte Mensch. 2 Bde. 170
– Strukturale Anthropologie 1 226
– Traurige Tropen 240
Lindner/Lüdke (Hrsg.), Materialien zur ästhetischen
    Theorie Th. W. Adornos. Konstruktion der
    Moderne 122
Locke, Zwei Abhandlungen 213
Lorenzen, Konstruktive Wissenschaftstheorie 93
– Methodisches Denken 73
Lorenzer, Die Wahrheit der psychoanalytischen
    Erkenntnis 173
– Sprachspiel und Interaktionsformen 81
– Sprachzerstörung und Rekonstruktion 31
Lüderssen (Hrsg.) Seminar: Abweichendes Verhal-
    ten IV 87
Lüderssen/Sack (Hrsg.), Vom Nutzen und Nachteil
    der Sozialwissenschaften für das Strafrecht 327
Lüderssen/Seibert (Hrsg.), Autor und Täter 261
Lugowski, Die Form der Individualität im Roman
    151
Luhmann, Theorie, Technik und Moral 206
– Zweckbegriff und Systemrationalität 12
Lukács, Der junge Hegel 33
Macpherson, Politische Theorie des Besitzindividua-
    lismus 41
Malinowski, Eine wissenschaftliche Theorie der Kul-
    tur 104
Mandeville, Die Bienenfabel 300
Markis, Protophilosophie 318
deMause (Hrsg.), Hört ihr die Kinder weinen 339
Martens (Hrsg.), Kindliche Kommunikation 272
Marxismus und Ethik 75
Mead, Geist, Identität und Gesellschaft 28
Mehrtens/Richter (Hrsg.), Naturwissenschaft,
    Technik und NS-Ideologie 303
Menne, Psychoanalyse und Unterschicht 301
Menninger, Selbstzerstörung 249
Merleau-Ponty, Die Abenteuer der Dialektik 105
Miliband, Der Staat in der kapitalistischen Gesell-
    schaft 112
Minder, Glaube, Skepsis und Rationalismus 43
Mittelstraß, Die Möglichkeit von Wissenschaft 62
– (Hrsg.), Methodenprobleme der Wissenschaften
    vom gesellschaftlichen Handeln 270
Mommsen, Max Weber 53
Moore, Soziale Ursprünge von Diktatur und Demo-
    kratie 54
Morris, Pragmatische Semiotik und Handlungs-
    theorie 179
Needham, Wissenschaftlicher Universalismus 264
Neurath, Wissenschaftliche Weltauffassung,
    Sozialismus und Logischer Empirismus 281
Nowotny, Kernenergie: Gefahr oder Notwendig-
    keit 290
O'Connor, Die Finanzkrise des Staates 83
Oelmüller, Unbefriedigte Aufklärung 263
Oppitz, Notwendige Beziehungen 101
Parin/Morgenthaler, Fürchte deinen Nächsten 235
Parsons, Gesellschaften 106
Parsons/Schütz, Briefwechsel 202
Peukert, Wissenschaftstheorie 231
Piaget, Das moralische Urteil beim Kinde 27
– Die Bildung des Zeitbegriffs beim Kinde 77
– Einführung in die genetische Erkenntnistheorie 6
Plessner, Die verspätete Nation 66
Polanyi, Ökonomie und Gesellschaft 295
– Transformation 260

Pontalis, Nach Freud 108
Pontalis/Laplanche, Das Vokabular der Psycho-
analyse 7
Propp, Morphologie des Märchens 131
Quine, Grundzüge der Logik 65
Rawls, Eine Theorie der Gerechtigkeit 271
Redlich/Freedman, Theorie und Praxis der Psychia-
trie. 2 Bde. 148
Ricœur, Die Interpretation 76
Ritter, Metaphysik und Politik 199
v. Savigny, Die Philosophie der normalen Sprache
29
Schadewaldt, Anfänge der Philosophie 218
Schelling, Philosophie der Offenbarung 181
– Über das Wesen der menschlichen Freiheit 138
Materialien zu Schellings philosophischen Anfängen
139
Schleiermacher, Hermeneutik und Kritik 211
Schlick, Allgemeine Erkenntnislehre 269
Schluchter, Rationalismus der Weltbeherrschung 322
– (Hrsg.), Verhalten, Handeln und System 310
Scholem, Die jüdische Mystik 330
– Von der mystischen Gestalt der Gottheit 209
– Zur Kabbala und ihrer Symbolik 13
Schütz, Der sinnhafte Aufbau der sozialen Welt 92
/Luckmann, Strukturen der Lebenswelt Bd. I
284
Schumann, Handel mit Gerechtigkeit 214
Schwemmer, Philosophie der Praxis 331
Seminar: Abweichendes Verhalten I
(hrsg. v. Lüderssen/Sack) 84
– Abweichendes Verhalten II
(hrsg. v. Lüderssen/Sack) 85
– Abweichendes Verhalten III
(hrsg. v. Lüderssen/Sack) 86
– Abweichendes Verhalten IV
(hrsg. v. Lüderssen/Sack) 87
– Angewandte Sozialforschung
(hrsg. v. Badura) 153
– Dialektik I (hrsg. v. Horstmann) 234
– Entstehung der antiken Klassengesellschaft
(hrsg. v. Kippenberg) 130
– Entstehung von Klassengesellschaften
(hrsg. v. Eder) 30
– Familie und Familienrecht I
(hrsg. v. Simitis/Zenz) 102
– Familie und Familienrecht II
(hrsg. v. Simitis/Zenz) 103
– Familie und Gesellschaftsstruktur
(hrsg. v. Rosenbaum) 244
– Freies Handeln und Determinismus
(hrsg. v. Pothast) 257
– Geschichte und Theorie
(hrsg. v. Baumgartner/Rüsen) 98
– Gesellschaft und Homosexualität
(hrsg. v. Lautmann) 200
– Hermeneutik und die Wissenschaften
(hrsg. v. Gadamer/Boehm) 238
– Kommunikation, Interaktion, Identität
(hrsg. v. Auwärter/Kirsch/Schröter) 156
– Literatur- und Kunstsoziologie
(hrsg. v. Bürger) 245
– Medizin, Gesellschaft, Geschichte
(hrsg. v. Deppe/Regus) 67
– Philosophische Hermeneutik
(hrsg. v. Gadamer/Boehm) 144

– Politische Ökonomie (hrsg. v. Vogt) 22
– Regelbegriff in der praktischen Semantik
(hrsg. v. Heringer) 94
– Religion und gesellschaftliche Entwicklung
(hrsg. v. Seyfarth/Sprondel) 38
– Sprache und Ethik (hrsg. v. Grewendorf/Meggle)
91
– Theorien der künstlerischen Produktivität
(hrsg. v. Curtius) 166
Simitis u. a., Kindeswohl 292
Skirbekk (Hrsg.), Wahrheitstheorien 210
Solla Price, Little Science – Big Science 48
Spinner, Pluralismus als Erkenntnismodell 32
Sprachanalyse und Soziologie (hrsg. v. Wiggershaus)
123
Sprache, Denken, Kultur (hrsg. v. Henle) 120
Strauss, Anselm, Spiegel und Masken 109
Strauss, Leo, Naturrecht und Geschichte 216
Szondi, Das lyrische Drama des 18. Jahrhunderts 90
– Einführung in die literarische Hermeneutik 124
– Poetik und Geschichtsphilosophie I 40
– Poetik und Geschichtsphilosophie II 72
– Schriften 1 219
– Schriften 2 220
– Theorie des bürgerlichen Trauerspiels 15
Témime/Broué, Revolution und Krieg in Spanien.
2 Bde. 118
Theorietechnik und Moral 206
Theunissen, Sein und Schein 314
Theunissen/Greve (Hrsg.), Materialien zur Philo-
sophie Kierkegaards 241
Touraine, Was nützt die Soziologie? 133
Troitzsch/Wohlauf (Hrsg.), Technik-Geschichte 319
Tugendhat, Selbstbewußtsein und Selbst-
bestimmung 221
– Vorlesungen zur Einführung in die sprach-
analytische Philosophie 45
Uexküll, Theoretische Biologie 20
Ullrich, Technik und Herrschaft 277
Umweltforschung – die gesteuerte Wissenschaft 215
Wahrheitstheorien 210
Waldenfels, Der Spielraum des Verhaltens 311
Waldenfels/Broekman/Pažanin (Hrsg.), Phäno-
menologie und Marxismus I 195
– Phänomenologie und Marxismus II 196
– Phänomenologie und Marxismus III 232
– Phänomenologie und Marxismus IV 273
Watt, Der bürgerliche Roman 78
Weimann, Literaturgeschichte und Mythologie
204
Weingart, Wissensproduktion und soziale Struktur
155
Weingarten u. a. (Hrsg.), Ethnomethodologie 71
Weizenbaum, Macht der Computer 274
Weizsäcker, Der Gestaltkreis 18
Wesel, Der Mythos vom Matriarchat 333
Winch, Die Idee der Sozialwissenschaft und ihr Ver-
hältnis zur Philosophie 95
Wittgenstein, Das Blaue Buch. Eine philosophische
Betrachtung (Das Braune Buch) 313
– Philosophische Grammatik 5
– Philosophische Untersuchungen 203
Wunderlich, Studien zur Sprechakttheorie 172
Zilsel, Die sozialen Ursprünge der neuzeitlichen
Wissenschaft 152
Zimmer, Philosophie und Religion Indiens 26